소방학개론

홍기헌 · 윤석호 공저

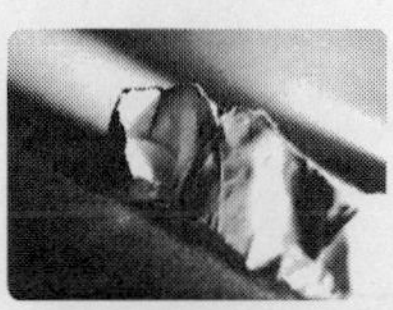

도서출판 상 학 당

欲爲大者 當爲人役

크고자 하거든 남을 섬기라

머 리 말

건축물의 대형화와 초고층화, 지하심층화 등으로 소방관계자가 관리하여야 하는 소방대상물은 하루가 다르게 진화하고 있다. 또한, 우리나라는 G20가입국으로 국내는 물론 지구촌 곳곳에 우리 기술과 문화를 전파해야 하는 의무를 가지고 있기도 하다. 이러한 상황에서 인간의 생명을 존중하고 안전사회의 중추적인 역할을 하는 소방전문가들의 책무 또한 매우 크다고 할 수 있다.

그러나 국내에서는 반복되는 사고에도 땜질처방에 그치는 안전불감증이 만연하고 있고, 소방행정관리자 또한 업무폭주와 열악한 근무여건으로 모든 소방대상물을 정밀점검하기에는 거의 불가능한 실정이다. 이러한 이유로 일부는 민간기업에 위탁하여 점검하는 부분도 많이 있다. 이들이 소방관련 현장업무에 종사하는 경우 기초적인 소방학에 대한 지식이 풍부하여야 하지만 그렇지 않은 경우가 많다.

국내에는 다른 공학기술에 비해 소방기술의 역사가 매우 짧아 소방관련 서적이 충분하지 않은 실정이다. 이 교재는 화재이론, 연소이론, 소화이론, 위험물취급 등 전반적인 내용을 담고 있어 처음 소방을 접하는 분이나 부분적인 지식을 아는 분이 소방 전반에 관해 알기 쉽도록 집필을 하고자 하였다. 내용 중에는 자세하게 다루지 못한 부분이 많이 나타날 것으로 생각이 되나 전반적인 내용을 다루기 위해서라는 것을 말씀드리고 싶다.

이 책을 통하여 소방학과 학생들뿐만 아니라 소방행정관계자, 소방기술에 관해 부분적인 지식을 가지고 있는 기술자들에게 도움이 되길 바라는 마음이 매우 크다. 끝으로, 이 책이 나오기까지 많은 도움을 준 도서출판 상학당의 임직원 여러분께 감사드린다.

공저자 씀

차 례

제 1 장
연 소 론

제 2 장

소화 및 방폭

제 3 장

위험물 관리론

제 4 장
건축방재론

제 1 장

연소론

01 화 재

화재란 사람의 의도에 관계없이 발생하는 연소현상으로 인명과 재산상 피해를 가져와 소화설비를 이용하여 소화할 필요성이 있는 연소현상을 말한다.

1. 화재의 분류

1) 화재대상에 따른 분류

① 건물화재 : 건물구조와 내부에 발생된 화재
② 차량화재 : 차량 및 적재물 화재
③ 선박화재 : 소방법 적용을 받는 선박 및 적재물 화재
④ 항공기화재 : 소방법 적용을 받는 항공기 및 적재물 화재
⑤ 산불화재 : 산림, 들판화재
⑥ 위험물화재 : 위험물(액체, 기체, 독성) 저장소
⑦ 지하화재 : 지하철, 지하가, 지하주차장, 터널

2) 화재소실정도에 따른 분류

① 전소화재 : 70% 이상 소실되어 재사용 불가능
② 반소화재 : 30~70% 소실화재
③ 부분소화재 : 전소, 반소에 해당하지 않는 화재
④ 즉소화재 : 화재발생 즉시 소화된 화재로 인명피해나 물적 피해가 경미한 화재를 말하며 화재 발생건수에는 포함된다.

3) 화재원인에 따른 분류

① 실화 : 실수로 발생된 화재
② 방화 : 의도적으로 발생한 화재
③ 자연발화 : 산화, 마찰, 정전기 등에 의해 자연적으로 발생된 화재
④ 천재지변 : 지진, 낙뢰, 화산 등으로 발생된 화재

대형화재의 기준은 화재크기와 피해규모로 생각할 수 있다. 산불의 경우 인명이나 재산상의 피해는 작아도 몇 천 평 또는 몇 만 평을 태운다면 대형화재로 보아야 하고 규모는

작아도 인명피해가 크면 이것도 대형화재로 보아야 한다. 일반적으로 화재로 인한 사망자가 5인이거나 사상자가 10인 이상 발생한 화재 또는 재산손실이 20억 이상인 화재를 대형화재로 본다.

화재로 인한 사망확률은 연간 화재사망자 500명, 인구 5천만 명, 예상수명 80년인 경우 화재로 인한 사망확률은 다음과 같다.

$$\frac{5천만\ 명}{80년 \times 500명/1년} = 1{,}250명$$

그러므로 우리는 한평생 동안 1,250명당 1명은 화재로 사망한다고 보아야 한다.

4) 가연물의 종류에 따른 분류

〈표 1-1〉 가연물에 따른 화재분류

화재분류	종류	특 성	소화효과
일반화재	A (백색)	• 대부분 화재이다. 발생빈도와 피해액이 가장 크다. • 고체가연물 연소(나무, 종이, 유기물) • 연소 후 재를 남긴다.	냉각소화
유류화재	B (황색)	• 가연성기체와 액체화재(가스, 유류)이다. • 연소 후 재가 없다. • 연소속도 빠르다.	질시소하 (포, 분말, CO_2,하론)
전기화재	C (청색)	• 전기사용 부주의로 발생 • 발화 후 일반화재, 유류화재로 발생	질식소화 (CO_2, 하론, 분말)
금속화재	D (회색)	• 금속가공시 발생하는 금속분(가루), 박(조각), 리본 (촬영시 섬광)에 의해 발생(나트륨, 칼륨, 마그네슘)	마른모래 피복, 팽창질식 (특수분말, 석탄, 소다)
주방화재	K	• 주방에서 동식물유를 취급하는 조리기구에서 발생 • 재발화의 위험이 크다	냉각소화, 질식소화

국제적 분류에서는 NFPA는 A(일반), B(유류), C(전기), D(금속), K(주방)로 분류하고 ISO에서는 A(일반), B(액체), C(가스), D(금속), F(주방)로 나눈다. 우리나라에서는 D급은 분류하지 않고 ABC급만 분류한다.

식용유화재는 콩기름(대두유), 옥수수기름, 해바라기 기름 등에서 발생하는 화재로 1998년까지는 유류화재였으나 유류화재와는 연소형태나 소화방법이 달라 NFPA는 K급, ISO에서는 F급화재로 분류한다.

일반유류의 비점은 발화점보다 낮고 증기발화연소는 유류액체의 발화점보다 훨씬 낮은 온도에서 발화하기 때문에 증기화염을 제거하면 연소는 멈춘다. 그러나 식용유의 경우에는 증기발화점과 유류액체 발화점이 거의 같기 때문에 일단 발화하면 발화점 이상의 유온이 유지된다. 유온이 발화점 이상으로 된 상태에서는 화염을 제거해도 유온온도가 발화점 이상이기 때문에 유면상 화염이 일시 꺼졌다 해도 다시 자연 재발화할 우려가 높다. 그러므로 유온을 내리는 것이 중요하며 발화점보다 약 40~50[℃] 낮추어야 소화가 가능하다. 식용유의 인화점과 발화점은 300[℃], 350[℃]이다.

그러므로 식용류화재를 소화하기 위해서는 기름의 온도를 발화점 이하로 낮추어야 하므로 냉각된 고체물이나 뚜껑을 덮어 질식소화를 하거나 1종 분말소화약제의 비누화현상으로 소화한다. 수렴화재란 투명용기나 빈 유리병의 렌즈역할로 태양광선이 반사·굴절되어 열에너지에 의해 출화되는 현상이다.

[문제 1] 다음 주 화재의 종류와 표시 색상으로 옳게 나열한 것은?

① 일반화재-B급-황색　② 유류화재-A급-백색
③ 전기화재-C급-청색　④ 금속화재-B급-황색

[문제 2] 화재의 소손정도에 따른 분류 중 반소에 해당하는 것은?

① 전체의 30% 이상 70% 미만 소손한 경우
② 전체의 70% 이상 소손한 경우
③ 전체의 50% 이상 80% 미만 소손한 경우
④ 전테의 20% 이상 80% 미만 소손한 경우

2. 화재발생 원인

1) 일반화재

실화(전기, 담뱃불, 나화, 불장난, 불놀이)와 방화 등 다양한 원인에 의해 발생되며 여러 가지 원인대책을 수립하면 80[%] 이상 예방이 가능하다. 화재통계 분석에 따르면 발화원인으로는 전기화재 〉 담배 〉 방화 〉 불장난 순이고 발화장소로는 주택·아파트 〉 차량 〉 공장·작업장 등으로 발생하는 것으로 나타난다.

2) 유류화재

(1) 유류화재

대부분의 유류는 상온 이하의 인화점을 가지므로 (휘발유 -43[℃]) 산소와 점화원만 있으면 연소가 가능하다. 유류화재는 연소열이 높고 연소확대가 빨라 초기소화에 대응하지 못하면 큰 피해가 발생한다. 그러므로 유류저장소는 초기대응을 위한 소화설비를 확보해야 한다. 유류화재를 방지하기 위해서는 유류누출이나 장시간 과열로 인한 증기발생을 억제하여야 한다.

(2) 가스화재

가스화재는 가연성가스(수소, LNG, LPG, 아세틸렌 등)가 누설되었을 때 착화원에 의해 연소되는 현상이다. 가스화재는 액체나 고체가연물에 비하여 분자상태가 불안정하여 작은 점화에너지에도 쉽게 착화되며 기체상태이기 때문에 증기화할 필요가 없어 연소속도가 빠르다.

㈎ 저장상태에 따른 가스의 분류

① 압축가스 : 수소, 질소, 메탄 등과 같이 임계온도(기체가 액체가 되기 위한 최고온도)가 상온보다 낮아 상온에서 압축시켜도 액화되지 않고 단지 기체상태로 압축된 가스로 저장된다.

② 액화가스 : 프로판, 부탄, 탄산가스 등과 같이 임계온도가 상온보다 높아 상온에서 압축시키면 비교적 쉽게 액화되는 가스로 액체상태로 용기에 충전되는 가스이다. 액화가스 중 액화산소, 액화질소 등은 초저온(-154[℃])에서 액화한 후 단열조치를 하여 초저온 상태로 저장한다.

③ 용해가스 : 아세틸렌은 압축하거나 액화시키면 스스로 분해폭발을 일으키는 가스이기 때문에 용기에 다공물질(스폰지, 숯)과 가스를 잘 녹이는 용제(아세톤, 디메틸포름아미드)를 넣어 용해시켜 충전하는 가스이다.

임계온도란 물질이 액화할 수 있는 가장 높은 온도로 임계온도가 넘어가면 분자운동이 너무 활발하여 아무리 압력을 가해도 액화되지 않는다. 임계온도에서 물질이 액체상태로 존재하기 위해 필요한 최소의 압력을 임계압력이라 한다. 부탄의 임계온도는 153[℃]로 상온에서는 액체(5기압)이고 200[℃]에서는 기체가 된다. 수소는 임계온도가 -239[℃]로 상온에서 기체이다. 공기의 임계온도는 -120[℃], CO_2는 31[℃]이다.

㈏ 가스의 연소성에 따른 분류

① 가연성가스 : 폭발하한계 10[%] 이하와 폭발상한과 하한의 차가 20[%] 이상인 가스를 말하며 수소, 아세틸렌, LNG, LPG 등이 있다.

② 불연성가스 : 자기 스스로 뿐만 아니라 다른 물질도 연소시키지 못하는 물질로 N_2, CO_2, Ar이다.

③ 조연성가스 : 다른 가연성가스를 연소시키는 가스로 산소, 염소, 불소, 오존 등이 있다.

[문제 3] 다음 중 생성되는 결과에 따라 분류되는 열원이 다른 하나는?
① 연소열 ② 분해열 ③ 자연발화열 ④ 압축열

3) 전기화재

(1) 발생장소 및 진행

모든 기기에는 통전전류의 한계값이 있는데 전기기기가 고장 또는 재해를 일으키지 않고 안전하게 사용하는 수준의 전류를 정격전류라 하며 이보다 큰 전류를 과전류라 한다. 화재가 발생되는 부분은 과열된 전선이나 전선접속부에서 주로 발생된다. 비닐전선은 340[℃]에서 인화되고 700[℃] 이하의 저온연소시 다이옥신이 발생한다.

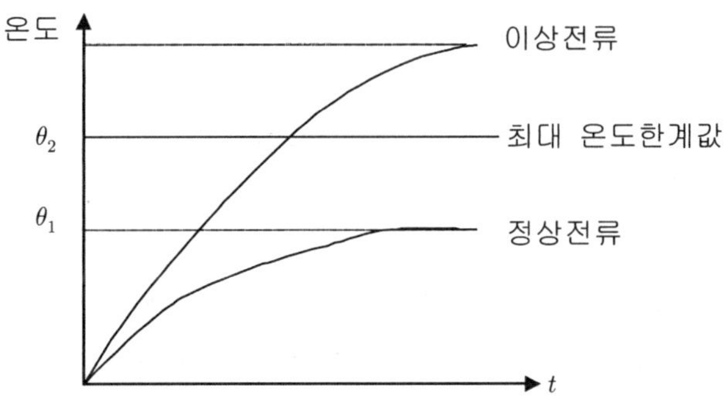

[그림 1-1] 절연파괴 전류

① 절연파괴 진행 : 도체에 전류가 흐르면 도체저항에 의해 열이 발생되며 발생된 열은 전선에서 발생되는 열량과 방출되는 열량이 같은 시점에서 온도상승은 멈추게 된다. 전선에 정격전류가 흘러 온도상승 곡선이 1과 같이 θ_2보다 낮을 때는 문제가 없으나 전선에 과전류가 흘러 발생되는 열량이 곡선 2와 같이 θ_2보다 높게 된다면 전선은 과열되어 절연이 파괴되고 소손된다.
② 과열전선 화재위험성 : 과열전선 주변에 가연물이 있거나 가연성가스·분진 등이 있을 경우 화재·폭발로 진전될 수 있다.
③ 과전류 방지대책 : 기기고장 또는 과부하로 인해 과전류가 흐를 때 회로를 차단할 수 있도록 CB, Fuse, OCR 등을 설치한다.

(2) 발생원인

㈎ 단락발화

전선이 단락되면 전선에는 큰 전류가 흘러 이에 발생되는 열은 전선의 피복을 파괴하고 주위 가연물을 착화시킨다. 단락전류는 배선의 길이, 전선굵기, 전원 측의 단락용량에 따라 다르며 대략 1,000[A] 이상이다.

㈏ 과전류 발화

저항 $R[\Omega]$인 전선에 전류 I[A]가 t[s] 동안 흐를 때 전선에서 발생하는 열은 $P = I^2Rt = 0.24\,I^2Rt$[cal]이다. 이때 발생하는 열과 외기로 방출되는 열과의 평형상태에서 전선의 온도가 결정된다. 전선온도가 정상적인 경우에는 발화되지 않지만 과전류 또는 단락 등에 의한 고장전류가 흐르면 발화원이 될 수 있다. 전선의 저항은 온도가 올라가면 증가하고 전선저항이 증가하면 온도는 더욱 증가하여 결국 발화된다.

㈐ 지락 · 누전 발화

누전전류는 건물의 벽체나 구조물 등을 통해 접지개소로 흘러가는 비정상적인 전류흐름이다. 누전점(전류 인입점), 발화점(발열장소), 접지점에서 발생된 열에 의해 주위 가연물에 인하되어 발화된다. 누전화재 조건은 누전점, 누전경로, 가연물의 존재이다.

누전화재 발화 메커니즘을 보면 기기와 대지 간에 누전전류가 흐르면 누전전류로 인한 발생열이 절연체를 파괴하고 인화성 물질을 발화시키는 순서로 진행된다. 누전화재를 방지하기 위한 대책은 다음과 같다.

① ELB 설치
② 누전경보기 설치
③ 절연저항 측정

그러나 소방설비용 기기류에는 ELB설치를 금지하고 누전경보기를 설치한다.

㈑ 접촉부 발화

전선-전선, 전선-접촉단자 간에 접촉상태가 불안정하여 접촉저항이 증가하여 접촉부 발화가 발생하며 주로 도중접속, 이물질 접속, 접속부 조임 이완 등에서 일어난다.

동선 접촉부분에 불량이 발생하면 동이 산화 · 발열하여 동을 용해시키면서 아산화동을 증식시켜 발열하는 현상을 아산화동 발열현상이라 한다. 아산화동은 상온에서는 수십[kΩ] 저항이 있으나 온도상승과 함께 급격히 저하되어 1,050[℃]부근에서는 3[Ω] 정도로 된다. 그러므로 아산화동에 고온부가 생기면 다른 부분보다 저항치가 낮은 고온부에 전류가 집중적으로 흘러 Joule열에 의해 아산화동이 증식되어 간다.

$$접촉저항 = 집중저항 + 경계저항(산화물, 가스피막)$$

접촉저항을 저감하기 위해서는 다음과 같이 실행해야 한다.

① 접촉압력을 크게 한다.
② 접촉면적을 크게 한다.
③ 고유저항을 낮게 한다.
④ 접촉면을 청결하게 한다.

(마) 열축적 발화

전등, 전열기 등 열방산이 되지 않는 밀폐된 장소의 열축적에 의해 발생된다.

(바) 스파크에 의한 발화

스위치 개폐시 발생하는 스파크나 회전기의 스파크는 주위의 가연성물질을 인화시킬 수 있다.

(사) 절연물 열화 · 탄화에 의한 발화

전선의 절연체가 오랜시간 경과되면 노화되거나 계속적인 고온상태로 탄화되어 도전성을 갖는다. 탄화된 부분에 전압이 걸리면 누설전류에 의한 국부가열로 탄화현상이 촉진되어 누설전류는 증가하게 되어 결국 탄화부분에서 발화한다.
탄화현상(Graphite)이란 절연체 등이 경화되어 도전로로 확대되어 발열되는 현상이고 탄화부분 확대로 지락, 단락 등이 확대되는 것을 트래킹 현상이라 한다.

(아) 낙뢰에 의한 발화

낙뢰는 수백[kV]와 수만[A] 값을 가지므로 전선로에 유입되면 절연을 파괴시키고 대전류로 인한 화재의 원인이 된다.

(자) 정전기 발화

정전기 방전스파크에 의해서 주위 가연성물질이 발화하는 현상이다. 방전현상은 인체-접지도체간, 대전물체-접지도체간, 대전물체-인체 간에 나타난다. 정전기는 고체, 액체, 기체상의 모든 물질에서 발생할 수 있으며 저항이 높은 부도체에서 발생하기 쉽다(벤젠 $1.6\times10^{13}[\Omega]$, 톨루엔 $2.5\times10^{13}[\Omega]$).

① 정전기가 공기 중에서 방전하여 가연성증기, 분진 등을 점화시키기 위해서는 다음 조

건이 요구된다.

㉠ 가연성가스, 증기가 연소범위 이내일 것

㉡ 최소 착화에너지[mJ] 이상일 것

㉢ 방전하기 충분한 전위 이상일 것(300[V] 이상)

② 정전기를 방지하기 위해서는 대전전하를 축적시키지 않고 대지로 방전시켜야 하며 대전을 방지하기 위한 방법은 다음과 같다.

㉠ 접지, 본딩(도체인 경우)

㉡ 상대습도를 70[%] 이상 유지

㉢ 제전기를 이용하여 공기를 이온화시킴

㉣ 대전을 방지하기 위해 전도성 물질(도전섬유, 도전장화, 도전매트)을 사용

(3) 전기화재 방지대책

① 과전류방지 : 차단기 설치, 적정용량의 배선

② 누전방지 : 누전차단기 설치

③ 정전기방지 : 접지, 본딩

④ 스파크 방지 : 방폭설비

⑤ 낙뢰방지 : 피뢰기 설치

4) 금속화재

금속나트륨, 칼륨, 마그네슘 등의 화재는 물과 반응하여 수소(H_2), 아세틸렌(C_2H_2) 등과 같은 가연성가스를 발생하는 금수성 물질 화재로 물소화약제는 금지하고 건조사를 사용한다. 알킬알루미늄 화재 시 가장 적합한 소화제는 팽창질석이나 팽창진주암이다. 특히 나트륨, 칼륨, 마그네슘 등은 발화점이 낮아 화재를 일으킬 위험성이 다른 금속에 비하여 높으므로 열축적 및 분진발생 방지에 최선을 다해야 한다. 알루미늄 및 철 분말은 제조 직후에는 자연발화가 일어나기 쉬우나 시간경과로 표면에 산화피막이 형성되면 산화가 진행되지 않는다. 그러나 알루미늄 조각을 물과 혼합하여 70[℃] 정도 가열하여 3시간 정도 지나면 발화반응이 일어나는데 이것은 알루미늄의 표면에 생긴 피막이 물에 용해되어 산화작용이 일어나는 것이다.

금속칼륨(포타시움)은 물과 반응하여 수소와 열을 발생하는 은백색의 무른 고체이다.

$$2K + 2H_2O \rightarrow 2KOH + H_2 + 92[kcal]$$

수산화칼륨(KOH)을 함유한 증기는 피부에 자극성이 있으며 연소를 일으켜 폭발한다.

① 소화방법은 다음과 같다.
  ㉠ 초기소화는 건조사
  ㉡ 포, CO_2, Halon는 불가능
  ㉢ 소화작업시에는 보호장구를 착용
  ㉣ 일단 발화하면 소화가 곤란하므로 조금씩 나누어 보관
② 금속화재를 일으킬 수 있는 물질은 다음과 같다.
  ㉠ 1류 위험물 : 염소산칼륨, 염소산나트륨, 과산화칼륨, 과산화나트륨
  ㉡ 2류 위험물 : 철분, 마그네슘분, 알루미늄분, 아연분, 안티몬분
  ㉢ 3류 위험물 : 금속칼륨, 금속나트륨, 알킬알미늄, 알킬리튬
③ 금속화재 예방대책은 다음과 같다.
  ㉠ 가공시 열축적 방지(정전기, 불티)
  ㉡ 금속분 발생 억제
  ㉢ 실내에 분진이 부유하지 않도록 환기시설 설치
  ㉣ 금수성 물질을 제외한 금속은 가공시 적당한 습도유지(금수성 물질은 물과 반응하여 수소가스를 발생하므로 화재시 수계소화 불가능)
  ㉤ 금수성 금속의 분, 리본 등은 물 또는 습기와 접촉하지 않도록 한다. 금속칼륨, 나트륨은 석유 속에 저장하고 알킬알루미늄은 불활성기체에 저장
  ㉥ 자연발화성 금속은 별도의 저장용기 또는 보호액속에 저장
  ㉦ 가열충격, 마찰을 피해야 함
  ㉧ 적은 양으로 나누어 보관
  ㉨ 온도상승에 대한 감시제어

3. 화재발생의 단계적 억제방법

① 발생방지(예방 : Prevention) : 점화과정 저지
② 확대방지(억제 : Suppression) : 생성과정 저지
③ 결과방지(방호 : Protection) : 열, 압력, 충격파 억제

02 연소이론

연소란 화학반응의 일종으로 열과 빛을 발생하면서 연소생성물을 생성하는 산화반응이다. 발열반응으로 온도가 높아지면 높아진 온도에 의해 분자운동이 증가하고 증가된 에너지에 따라 열복사선이 방출된다. 열복사선은 온도가 계속 상승하면 파장이 점차 짧아져 가시광선으로 되어 우리 눈에 보이게 된다.

가연물 + 산소 → 연소생성물

1. 연소 메커니즘

연소반응이란 가연물이 가지는 에너지 방출현상으로 연소반응에 따라 반응물에서 생성물로의 물질이 변화한다. 외부로부터 점화에너지를 받으면 가연물은 활성상태가 되고 연소반응이 진행되기 위해 반응물에는 자체의 생성열이 필요하다. 반응물과 생성물과의 에너지 준위 차만큼의 생성열이 방출하는데 이 생성열로 가연물을 가열시켜 연소가 지속되도록 한다.

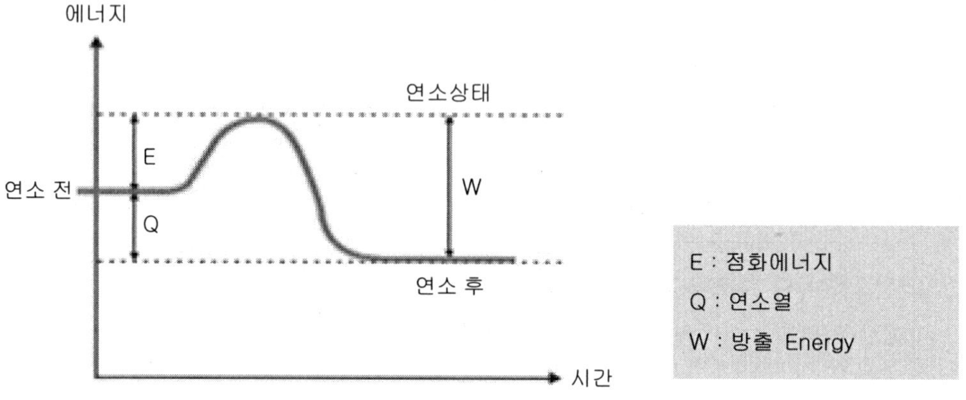

[그림 1-2] 연소반응에 따른 열변화곡선

1) 연소열 발생

연소가 지속되기 위해서는 일정 이상의 반응열이 발생되어야 한다. CO와 SO_2가 산소와 반응시 발생되는 생성열은 다음과 같으며 발열반응을 하여야 계속적인 연소가 가능하다.

$$CO + \frac{1}{2}O_2 \rightarrow CO_2 + 67[kcal]$$

$$SO_2 + \frac{1}{2}O_2 \rightarrow SO_3(\text{아황산가스}) + 21[kcal]$$

2) 연소 반응속도

연소시간 경과에 따라 원계농도는 감소하고 생성계농도는 증가한다.

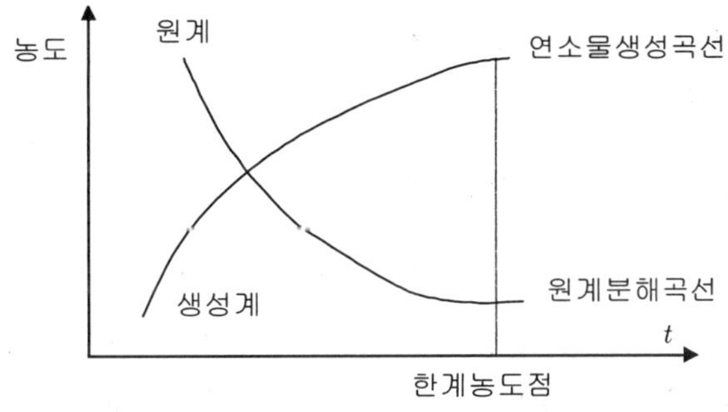

[그림 1-3] 연소반응 속도곡선

반응초기에는 연소농도가 급격히 변화하지만 시간경과에 따라 한계농도에 접근한다. 반응물이 없어지는 속도를 분해속도라 하고 생성물이 생성되는 속도를 생성속도라 하며 이 모두를 연소반응속도라 한다.

반응속도는 미분속도법을 이용한다. 농도변화속도는 일정하지 않으므로 시간에 대한 미분 $\frac{dc}{dt}$로 표시한다.

$$NO + O_3 \rightarrow NO_2 + O_2$$

$$\text{반응속도} = \frac{-d[NO]}{dl} = \frac{d[NO_2]}{dl}, \quad \frac{-d[O_3]}{dl} = \frac{d[O_2]}{dl}$$

3) 연소의 3요소와 4요소

연소현상이 일어나기 위해서는 가연물, 산소, 점화에너지가 필요하며 이를 연소의 3요소(Fire Triangle)라고 한다. 불꽃연소에는 3요소 이외에 연쇄반응이 4번째 요소로 작용하며 이를 연소의 4요소라고 한다. 작열연소에서는 3요소만 존재하며 불꽃연소에서는 4요소로 연소가 발생된다.

(1) 가연물

가연물에는 고체, 액체, 기체 등이 있으며 연소되기 쉬운 조건은 다음과 같다.

① 산소와 친화력이 클 것(산화되기 쉬울 것)
② 발열반응으로 반응열이 클 것
③ 수분이 적을 것
④ 열전도율이 작은 것(고체 〉 액체 〉 기체)
⑤ 표면적이 클 것(기체 〉 액체 〉 고체)
⑥ 활성화에너지(점화에너지)가 작을 것
⑦ 연쇄반응을 할 것

가연물이 될 수 없는 물질은 다음과 같다.

① 반응종결물질 : CO_2, H_2O, 프레온가스, 규조토(SiO_2), 삼산화황(SO_3), 오산화인(P_2O_5)
② 흡열반응물질 : 질소산화물(N_2O : $N_2 + O_2 \rightarrow 2NO - 43.2$[kcal]), 금(Au)
③ 불활성기체 : 네온(Ne), 헬륨(He), 아르곤(Ar), 크세논(Xe), 라돈(Rn), 크롬(Kr)

[문제 4] 다음 중 가연물의 구비조건으로 옳은 것은?
① 열전도율이 작을 것　　② 활성화에너지가 클 것
③ 흡열반응일 것　　④ 불연성가스일 것

(2) 산소 공급원

㈎ 산 소

산소는 다른 원소와 산화반응으로 열과 빛을 내는 원자량 16의 비금속원소로 물에 잘 녹지 않는다. 분자량은 32로 공기보다는 무거우며 생물의 호흡에 꼭 필요한 물질이다. 그 자신은 연소하지 않으나 다른 가연성물질을 태우는 조연성기체로 화재폭발 원인이 된다. 수소와 반응하면 폭발을 하고 물을 생성한다.

㈏ 산화제

가연물 자체에 산소를 함유하고 있어 충격, 마찰에 의해 분해되면서 산소를 방출한다.

① 산화성 고체 : 염소산 염류, 과염소산 염류
② 산화성 액체 : 농질산, 농황산, 과산화물(과염소산 : $HClO_4$, 과산화수소 : H_2O_2)

③ 염소, 불소 등 기체

(다) 자기연소성 물질

열을 가하면 스스로 분해되면서 가연성가스와 산소가 발생되어 산소 없이 연소한다. 연소속도가 빨라 폭발적인 연소현상을 보인다(니트로화합물, 디아조화합물, 질산에스테르, 유기과산화물, 셀룰로이드).

(라) 산화와 환원

산화란 물질이 산소와 결합하거나 수소화합물이 수소를 잃을 때 또는 원소가 전자를 잃는 것을 의미하며 환원이란 산화물이 산소를 잃거나 물질이 수소와 결합할 때 또는 원소가 전자를 얻을 때를 말한다.

(3) 점화원

가연물이 연소하는데 필요한 활성화에너지로 나화, 화학열, 전기열, 기계열 등이 있다.

① 나화 : 담뱃불, 토치램프, 가열로, 전열기, 성냥, 복사열
② 정전기 : 액체유동 대전, 분출가스 대전, 인체대전
③ 전기불꽃 : 전극간에 존재하는 혼합기체에 방전형태로 발화
④ 산화, 흡착, 분해, 중합에 의한 반응열, 미생물열
⑤ 마찰, 충격, 단열압축

(가) 단열압축발화

가연성기체를 높은 압력으로 압축하는 경우 단열상태에서는 압력이 상승하면 온도도 상승하므로 충분한 냉각시설이 없으면 압축기 내의 휘발유, 오일 등은 열분해 된 증기가 낮은 온도의 인화점을 갖게 되므로 연소폭발한다. 단열압축에 의한 온도(T), 압력(P), 부피(V) 관계를 보면

$$\frac{P_2}{P1}=\left(\frac{V_1}{V_2}\right)^r,\quad \frac{T_2}{T_1}=\left(\frac{V_1}{V_2}\right)^{r-1},\quad \frac{P_2}{P_1}=\left(\frac{T_2}{T_1}\right)^{\frac{r}{r-1}}$$

r (비열비 : 정압력비열/정용적비열 : 공기 1.4), P_1 : 1기압, T_1 : 294(21[℃])

(나) 이상기체 상태방정식

$$PV=nRT$$

P : 압력, V : 부피, n : 몰수, R : 기체상수, T : 절대온도

(다) 반응온도의 조성

모든 반응은 온도가 높을수록 속도가 빨라진다. 즉 온도변화에 대한 반응속도의 감도는 다르다.

반응속도$(K)=Ae-\frac{Ea}{RT}$이고 양변에 자연대수를 취하면 $\text{In}K=\text{In}A-\frac{Ea}{RT}$로 지수함수가 상쇄된다. 자연로그보다는 상용로그로 변환하는 것이 사용하기 편안하게 되므로 $\log_{10}K=\log 10A-\frac{Ea}{2.303RT}$(Arrhenius식)이다. 여기서 $R=8.313$[J/mol · K]로 치환하고 $\log_{10}A$를 A로 놓으면

$$\log_{10}K=A-\frac{Ea}{19.14T}=-\frac{Ea}{19.14T}+A$$

이 식을 이용하면 어떤 반응의 활성에너지도 계산할 수 있다. 시간에 대한 1차 함수 형태이다. $\log_{10}A$를 $\frac{1}{T}$에 대해 도시할 경우 직선이 나와야 하며 이때 기울기는 당연히 $-\frac{Ea}{19.14}$와 같아야 한다. 그러므로 활성화에너지를 구할 수 있다. Ea값이 커질수록 K값은 작아지고 반응속도는 더 늦어진다. 즉 온도 T가 증가하면 $\frac{Ea}{RT}$가 감소되고 $-\frac{Ea}{RT}$는 증가하며 $e-\frac{Ea}{RT}$이 증가하게 되어 K값이 증가하게 되어 반응속도가 증가하게 된다. 활성에너지 Ea가 낮은 반응은 온도의존성이 작지만 활성에너지 Ea가 큰 반응은 온도가 증가함에 따라 필요한 에너지를 갖는 충돌수가 급격히 증가하므로 온도의존성이 높다.

(4) 연쇄반응

연쇄반응(Chain Reaction)이란 연소생성물 중 일부가 다시 반응체로 생성되어 연속적인 생성과 소멸을 반복하는 현상이다. 가연성가스가 점화에너지를 받으면 발화는 하지만 계속적인 연소가 지속되지는 않는다. 그러므로 지속적인 연소가 되기 위해서는 물질내의 연쇄반응체인 라디컬(OH)이 계속 발생되어야 한다.

발열반응으로 발생된 열은 가연물을 연소가 용이한 중간체(자유라디컬 : OH)를 발생하여 연소를 촉진시킨다. 연소가 용이한 자유라디컬은 연속적으로 이루어지며 점화원이 제거되어도 생성된 라디컬이 완전히 제거되는 시점까지 연소가 지속된다.

① H + O_2 : 가연물 구성원소 수소가스와 산소결합(초기화재)
② OH + O : 활성화된 OH기 발생
③ OH + H_2 : 활성화된 OH기와 가연물질 구성분자 H_2결합하여 연소

④ H_2O + H : 연소 후 H_2O와 활성화된 수소원자 발생
⑤ H + O_2 : 활성화된 수소가스가 공기 중 산소와 결합(연쇄반응)

부촉매소화를 위해서는 수소가스가 산소와 결합되지 않도록 활성 수소원자를 제거한다. 하론1301(CF_3Br) 소화약제가 고온화염에 접하면 Br이 유리되고 유리된 Br이 수소를 취하여 HBr(할로겐산)을 형성한다.

① CF_3Br - CF_3 + Br(브롬라디컬 생성)
② Br + R-H(가연물질) → R + HBr(포촉제)
③ HBr + OH → Br(브롬라디컬 연쇄생성) + H_2O

생성된 Br라디컬은 수소와 결합하여 OH를 제거한다. Br은 수소를 포함한 화학종(CH_3H)과 반응하여 할로겐산을 재생(CH_3H + Br → HBr + CH_3)한다.

부촉매 작용은 소량만 첨가해도 연쇄반응이 발생하여 효과적으로 불꽃을 없애 소화한다. 촉매란 자신은 변함이 없이 화학반응의 속도를 증감시키는 물질을 말한다. 촉매반응은 화학반응에서 자신이 화학변화에 관여하지만 반응 후에는 원래의 모습으로 돌아온다. 이러한 재생작용으로 단 한 개의 촉매도 여러 개의 분자반응을 도와줄 수 있으므로 그 농도가 작더라도 효과는 대단하다. 촉매와 반응물의 상(phase)이 같은 경우를 균일촉매라 하고 다른 경우를 불균일 촉매라 하며 동일물질에 촉매가 다르면 다른 반응이 나타난다.

- C_2H_5OH(에탄올) → (촉매 : 알루미늄) → C_2H_4(에틸렌) + H_2O
- C_2H_5OH(에탄올) → (촉매 : 구리) → CH_3CHO(아세트알데히드) + H_2

2. 발 화

1) 자연발화

자연발화는 인위적으로 가열을 하지 않고 상온에서 자연산화, 자연분해에 의해 발생된 열이 축적되어 발화온도에 도달하면 부분적으로 발화가 진행되는 현상이다. 가연성물질에 점화원을 부여하지 않고 가열한 경우 스스로 착화할 수 있는 최저온도인 자연발화점(AIT : Auto Ignition Temperature)에 이르면 열의 발생속도가 방열속도보다 커져 자기가열을 일으켜 연소가 시작된다. 대부분의 유기물이 대기중에 노출되면 산화되어 열이 발생하지만 화재로 발생되지는 않는다. 이것은 유기물의 산화속도가 매우 느리기 때문이다. 이러한 자연발화 현상은 가열속도와 시간, 용기재질과 형상, 열발생 속도, 열방출 속도, 공기공급조건 등에 좌우된다.

① 철이 녹스는 것은 산화현상지만 연소는 아니다.
② 니크롬선은 작열하지만 산화현상과 관계없기 때문에 연소가 아니다.
③ 밥솥의 밥은 공기와 접촉하면 산화하여 색깔이 변한다.
④ 망치로 못을 치면 산화한다.

자연발화 현상을 방지하기 위해 자연발화성 물질은 특수저장시설에 수납한다.

① 황린(P4)은 산소와 산화를 방지하기 위해 물속에 저장한다.
② 알킬알루미늄은 산소와 산화하므로 불활성기체에 저장(용기밀봉, 공기접촉 방지)한다.
③ 금속칼륨, 금속나트륨은 물, 산소와 산화하므로 석유(등유)속에 저장한다.
  ㉠ 완만한 발화 : 자연산화열(탄소분말, 금속분말, 건섬유), 자연분해열(니트로셀룰로오스, 니트로글리세린)
  ㉡ 급격한 발화 : 황린, 아연분, 알루미늄분, 카바이드(탄화칼륨)

2) 탄소수와 최소 발화온도

파라핀계 탄화수소의 최소발화온도는 탄소체인 길이가 길수록 열에 의해 쉽게 파괴되므로 낮아진다. 메탄에서 n-부탄까지는 AIT가 서서히 감소하며 탄소수가 6~11개인 헥산, 헵탄, 옥탄의 경우는 탄소수 증가에 따라 AIT는 완만하게 감소하지만 펜탄에서는 AIT가 급격히 감소한다. 또한 탄소수가 많아지면 AIT는 작아지나 비점은 증가한다.

3) 자연발화 지체시간

가연성가스온도 상승시간부터 화재·폭발이 발생하는 데까지 경과시간을 자연발화 지체시간(Time lag)이라 한다. 가연성물질에서 자연발화 지체시간에는 다음 식으로 설명한다.

$$\log \tau = \frac{52.55Ea}{T} + B$$

τ : 발화지체시간, T : 절대온도, Ea : 활성화 에너지[mJ], B : 상수

4) 자연발화원

화학약품에 의한 자연발화의 위험성은 이미 잘 알려져 취급이 잘되고 있으나 유지류, 셀룰로이드 등에서도 자연발화 사고가 흔히 발생한다. 휘발성이 낮은 액체가 자연발화 현상을 일으키기 쉬우며 휘발성이 큰 액체는 증발될 때 증발열을 빼앗겨 스스로 냉각되기 때문에 자연발화가 잘 일어나지 않는다. 최근 대두유 배관에서 보온재에 대두유가 스며들면서 공기와 접촉하면서 자연발화되어 화재가 발생한 경우도 있다.

① 산화열 : 산화반응으로 축적된 열

㉠ 분말류 : 금속분말(알루미늄, 마그네슘, 지르코늄, 망간, 철, 아연), 기타 분말(석탄분말, 고무분말)

㉡ 유지류 : 건성유(들기름, 정어회기름, 해바라기유, 아마인유), 반건성유(면실유, 대두유, 옥수수기름)

② 분해열 : 분해시 발생하는 반응열(니트로셀룰로오스, 니트로글리세린, 셀룰로이드류, 표백분)

③ 흡착열 : 주위기체가 물질에 흡착하여 생기는 흡착열(활성탄, 유연탄, 목탄)

④ 중합열 : 산, 염기의 중합반응으로 발열(액화시안화수소, 아클릴론니트릴, 스틸렌)

⑤ 미생물열 : 미생물 활동으로 축적발열(퇴비, 먼지)

5) 자연발화조건

① 산소농도가 클수록 발화가 쉽다.

② 압력이 클수록 발화가 쉽다.

③ 온도가 높을수록 발화가 쉽고, 축적된 열량이 클수록 발화가 쉽다.

④ 습도가 높을수록 발화가 쉽고, 금수성, 조해성 물질은 공기 중의 수분을 흡수하여 발열반응, 분해반응을 하므로 다습한 경우 자연발화한다.

⑤ 발열량이 클수록 자연발화가 쉽다.

⑥ 접촉면이 클수록 자연발화가 쉽다(내부에 많은 공기를 포함한 분말, 섬유, 면, 종이 등은 공기와 접촉면적이 커 자연발화 가능성이 크다).

⑦ 환경조건(열전도율, 퇴적방법, 공기이동)에 따라 달라진다.

⑧ 휘발성이 낮은 가연성액체는 증발되지 않아 열을 축적한다.

⑨ 단열압축발화

[문제 5] 자연발화를 방지하는 방법에 대한 설명으로 옳지 않은 것은?

① 저징실의 온도를 낮게 유지힌다.

② 발열반응을 일으키는 정촉매 물질을 피한다.

③ 습도가 높은 곳에 물질을 저장해야 한다.

④ 열이 있는 실내의 공기유통을 잘되게 해서 열을 분산시킨다.

[문제 6] 다음 중 자연발화의 종류가 아닌 것은?

① 흡착열　② 산화열　③ 용해열　④ 중합열

6) 자연발화점 측정방법

① 유통법 : 일정온도로 가열된 관속에서 가연성가스를 통과
② 동심관법 : 가연성기체와 산소를 별도로 가열하고 나중에 혼합
③ 단열압축법 : 원형강판내에 피스톤을 자중으로 낙하시켜 혼합가스를 압축폭발

CS_2, 에틸에테르($C_2H_5OC_2H_5$), 아세트알데히드(CH_3CHO) 등은 200[℃] 이하의 낮은 온도에서 발화하므로 주의해야 한다(CS_2 :-22[℃], $C_2H_5OC_2H_5$: -49[℃], CH_3CHO : -36[℃]).

아세틸렌은 탄화수소계열에서 화학적으로 가장 불안정하므로 위험성이 크다. 또한 공기중에서 가열하면 406~408[℃]에서 자연발화하고 505~515[℃]가 되면 폭발이 일어난다. 또한 1기압에서는 폭발이 없으나 2기압 이상이면 분해폭발을 일으킨다. 그러므로 평상시 아세톤이 내장된 용기에 저장한다. 아세틸렌 주수하게 되면 가연성가스를 발생하기 때문에 연소시 모래 등으로 덮거나 CO_2, 분말소화기로 소화한다.

3. 인화점과 연소점

가연성 증기가 발생하는 액체나 고체를 가열하여 공기와의 계면에서 발생하는 기체상 부분에서 연소가 시작되는데 이를 인화점(Flash Point)이라 한다. 가연성액체의 인화점은 그 물질표면에 있는 공기와 가연성 혼합기체를 형성하여 충분한 증기를 발생할 수 있는 온도로 정의한다. 인화점에서는 연소확산을 위한 에너지가 충분하지 못하므로 주변의 미반응 분자들을 활성화시키기 어려워 점화원에 접촉된 가연성가스 분자들만이 순간적인 섬광을 일으킨다. 가솔린, 알코올 등에 불꽃을 가까이 하면 곧 불이 붙는다. 그러나 중유, 석유 등에는 곧바로 불이 붙지 않고 일정온도 이상 가열하여야 착화된다. 그러므로 인화점이 대기온도 이하를 갖는 물질은 인화되기 쉽다. 액화탄화계열의 인화점은 다음 식으로 구할 수 있다.

$$F = 0.73(B-100)$$

B : 초기 증발온도(37~290[℃])

〈표 1-2〉 가연물의 인화점

구 분	연소범위	인화점(℃)	발화점(℃)	실온상태
수소(H_2)	4~75	-1.1	500	기체
일산화탄소(CO)	12.5~74.2			기체
아세틸렌(C_2H_2)	2.5~81		305	기체
메탄(CH_4)	5~15	79	537	기체

구 분	연소범위	인화점(℃)	발화점(℃)	실온상태
에탄(C_2H_6)	3~12.5			기체
프로판(C_3H_8)	2.1~9.5	20	450	기체
부탄(C_4H_{10})	1.8~8.4		405	기체
가솔린	1.4~7.6	-43	257	액체
등유	0.7~6	30~60		액체
경유	6~13.5	50~70		액체
이황화탄소(CS_2)	1.3~50	-22	90	액체
제트연료(JP_4)	1.3~8	-23.3	240	액체
목재		240~270	410~450	고체
종이			400~430	고체

등유·경유 등 인화점이 높은 액체도 미세한 분무상태에서는 자체 인화점보다 낮은 온도에서 쉽게 착화되기 때문에 분무상에서는 가연성가스로 취급하여 폭발위험에 유의하여야 한다. 인화점이 230℃ 윤활유의 경우 70~150[kg/m^2]의 압력으로 운전되는 경우 누설시 유류는 미립화되어 비산하게 되므로 분무폭발에 유의하여야 한다.

〈표 1-3〉 인화조건과 발화조건

구 분	인화조건	발화조건
점화조건	연소범위 농도 + 점화원	연소범위 농도 + 자연발화조건
발생가능성	쉽다	어렵다
실험측정	개방계	밀폐계

발화는 반응계의 활성화에너지를 자연적인 발화조건 형태로 받아서 시작되고 연소가 계속되기 위해서는 어느 이상의 온도가 필요하다. 인화점은 증기가 폭발하한계 상태로 연소가 지속되지 못한다. 연소가 지속될 수 있는 충분한 증기를 발생시키는 최저온도를 연소점(Fire Point)이라 하며 인화점보다 10[℃] 정도 높다. 인화점이 높을수록 연소점과의 차이가 커지는 경향이 있다.

4. 착화점

가연물의 발화조건은 함수분, 형상, 수열시간에 따라 다르지만 실내온도가 540[℃] (1,000[℉]) 이상이 되는 최성기에는 대부분의 가연물은 쉽게 연소된다.

〈표 1-4〉 가연성물질의 최저 착화온도

가연성기체	최저 착화온도(℃)	가연성고체	최저 착화온도(℃)
암모니아	651	목재 · 무연탄	490
CO	609	셀룰로이드	180
메탄	537	모	565
에탄	472	수소	500
프로판	432	면	400
부탄	287		

5. 인화성 · 가연성액체 구분(NFPA 기준)

인화점이 37.8[℃] 미만인 것을 인화성 액체(Flammable Liquid)라 하고 37.8[℃] 이상이면 가연성액체라 한다(Combusible Liquid). NFPA(미국연방방재협회)에서 액체란 37.8[℃]에서 증기압이 40psi(256kpa)를 초과하지 않는 유체를 말한다. NFPA의 인화성 · 가연성 액체의 기준을 살펴보면 다음과 같다.

① Class Ⅰ(1종 액체) : 대부분 지역에서 1년 중 기온이 37.8[℃]까지 올라간다고 할 때 인화점이 37.8℃ 미만인 액체를 말한다.

㉠ Class $Ⅰ_A$: 인화점이 22.8[℃](73[°F]) 이하 비점이 37.8[℃](100[°F]) 이하인 액체

㉡ Class $Ⅰ_B$: 인화점이 22.8[℃](73[°F]) 이하 비점이 37.8[℃](100[°F]) 이상인 액체

㉢ Class $Ⅰ_B$: 인화점이 22.8[℃](73[°F])이고 비점이 37.8[℃](100[°F]) 이하인 액체

② Class Ⅱ(2종 액체) : 주위온도가 37.8[℃]를 초과하거나 또는 초과하지 않아도 약간의 가열, 난방 등으로 온도가 60[℃]까지는 쉽게 초과할 수 있다. 이런 면에서 인화점이 37.8[℃] 이상 60[℃] 이하인 액체를 말한다.

㉠ Class Ⅱ : 인화점이 37.8[℃]넘고 60[℃](140[°F]) 이하인 액체

③ Class Ⅲ(3종 액체) : 인화점이 60[℃]를 초과하는 액체를 말한다.

㉠ Class $Ⅲ_A$: 인화점이 60[℃]넘고 93.4[℃](200[°F]) 이하인 액체

㉡ Class $Ⅲ_B$: 인화점이 93.4[℃] 넘는 액체

상기의 구분을 그림으로 나타내면 다음과 같다.

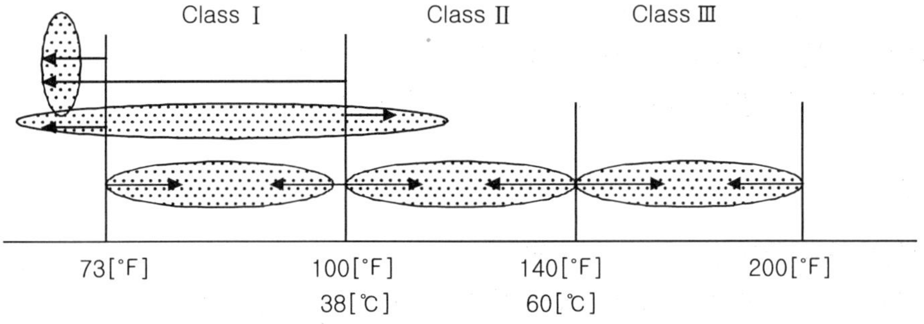

[그림 1-4] 인화성, 가연성액체구분

1) 소방법에 의한 인화성액체 분류

〈표 1-5〉 인화성액체 분류

구 분	제1석유류	제2석유류	제3석유류	제4석유류
인화점	21[℃] 미만	21~70[℃]	70~200[℃]	200[℃] 이상
종류	아세톤, 가솔린, 벤젠	등유, 경유	중유, 클리코겐	기계류, 실린더유

2) 위험물 안전관리법 분류

인화성액체라 함은 액체(제3, 4 석유류 및 동식물류에 있어서 1기압, 20[℃]에서 액상일 것)로써 인화의 위험성이 있는 것을 말한다.

3) 산업안전기본법 분류

인화성액체라 함은 대기압에서 인화점이 섭씨 65[℃] 이하인 가연성액체를 말한다.

① -30[℃] 이하 : 가솔린, 아세트알데히드, 에틸에테르, 산화프로필렌, 아황산탄소
② -30~0[℃] 이하 : 아세톤, 메틸에틸케톤, 산화에틸렌, 노르말헥산
③ 0~30[℃] 이하 : 에틸알코올, 메틸알코올, 크실렌, 아세트산아밀
④ 30~65[℃] 이하 : 등유, 경유, 테레핀유, 이소펜틸알코올, 아세트산

4) 물질별 위험측정 기준

(1) 인화점

① 유도발화점

② 인화성 액체위험물의 위험성 기준지표
③ 액체가연물의 연소범위 하한계 농도가 증발되는 경계점
④ 가연물에 점화원을 가했을 때 발화되는 최저 온도

(2) 발화점

① 자동발화점(착화점), 착화온도, 발화온도
② 가연성 혼합기체가 활성화되어 점화원 없이 스스로 발화되는 온도

(3) 연소점

① 가연물에 점화원을 제거한 후에도 계속적인 연소를 일으킬 수 있는 온도로 인화점보다 10[℃] 높다.
② 인화성액체를 인화점보다 높은 온도를 계속 가열시키는 온도로 연소상태가 계속된다.

(4) 가연성물질의 위험도 기준

① 기체 : 연소범위
② 액체 : 인화점
③ 고체 : 자연발화점(착화점)

03 연소특성

1. 연소범위

연소범위란 연소가 일어나기 위해 필요한 농도, 압력 등의 한계를 말한다. 이는 혼합기체 중 가연성기체의 체적농도를 의미하며 농도가 묽은 쪽을 연소하한계(LFL : Lower Flammable Level) 농도가 진한 쪽을 연소상한계(UFL : Upper Flammable Level)라 하며 보통 1기압 상온에서 측정치를 나타낸다. 가연성가스농도가 높거나 산소농도가 높아도 연소범위 이내가 아니면 연소되지 않는다. 연소범위가 하한보다 적으면 가스농도가 부족하여 연소가 불가능하고 연소범위가 상한보다 클 때는 산소농도가 부족하여 연소가 어렵다. 그러므로 연소가 되기 위해서는 기체농도는 연소범위 이내이어야 한다.

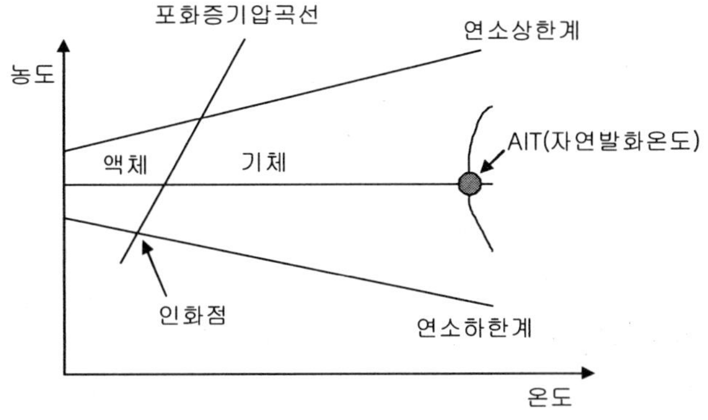

[그림 1-5] 연소범위 곡선

LFL에서 액체연료가 기체로 기화되기 바로전의 온도를 인화점이라 한다. 또한 가연성 혼합기체가 점화원 없이 점화되는 자연발화 현상을 일으키는 가장 낮은 온도를 자연발화온도(AIT : Auto Ignition Temperature)라 하며 화학양론비에서 가장 낮다. 여기서 화학양론비란 가연성 혼합기체가 완전연소하는데 필요한 이상적인 산소와 가연성가스의 혼합비를 말한다.

1) 연소범위 특성

① 가연성가스의 온도가 높아지면 연소범위는 넓어진다.
② 가연성가스의 압력이 높아지면 연소범위는 넓어진다(상한의 범위가 넓어진다. 단 수소, CO는 좁아진다).
③ 공기 중 연소물질은 산소, 염소, NO_2, NO에서도 연소되는데 산소의 함량이 증가할수록 연소범위가 넓어진다.
④ 불활성가스의 농도에 비례하여 연소범위는 좁아진다.

폭발한계 측정시 영향을 미치는 요소를 살펴보면 다음과 같다.

(1) 점화원의 세기

점화원의 세기에 따라 연소범위는 변화한다. 메탄-공기혼합물의 6~11[%] 혼합물을 점화시키는데는 1[mJ]의 스파크가 필요하지만, 폭발한계에서는 10[mJ]의 점화에너지가 필요하다. 또한 하한계를 결정하는 점화에너지보다 상한계 결정을 위한 점화에너지가 더 크다.

(2) 측정용기 직경

폭발한계를 측정하는 경우 가는 관으로 하면 화염이 관벽에 냉각되어 연소범위가 좁아지기 때문에 관벽 영향이 없는 큰 용기가 필요하다. 표준장치 내경은 5[cm] 정도이지만 아세틸렌, 에틸렌 등의 상한계 측정을 위해서는 더 큰 직경용기가 필요하다.

(3) 화염전파방향

화염전파방향에 따라 연소범위는 상당한 차이를 보인다. 즉 위쪽으로 전파하는 화염에서 측정(수직상향 전파)하는 경우에는 예열 등의 효과로 가장 넓은 값이 나오고 아래쪽으로 전파하는 화염(수직하향 전파)에서는 가장 좁게 나오며 수평전파화염은 중간치를 보인다. 그러므로 폭발한계는 가장 넓은 범위를 갖는 수직상향전파법으로 점화하는 방법이 표준으로 되고 있다.

※ 연소물질에 분진이 포함되면 폭발범위는 증가하며 난류상태에서는 더 심한 폭발양상을 보인다.

〈표 1-6〉 가연체 기체의 폭발한계

가스종류	하한계 (V%)	상한계 (V%)	가스종류	하한계 (V%)	상한계 (V%)
수소(H_2)	4.0	74.5	아세틸렌(C_2H_2)	2.5	81.0
일산화탄소	12.5	74.0	벤젠(C_6H_6)	1.4	7.1
메탄(CH_4)	5.0	15.0	톨루엔	1.4	6.7
에탄(C_2H_6)	3.0	12.4	시클로프로판	2.4	10.4
프로판(C_3H_8)	2.1	9.5	시클로헥산	1.3	8.0
부탄(C_4H_{10})	1.8	8.4	메틸알콜(CH_3OH)	7.3	36.0
펜탄	1.4	7.8	에틸알콜(C_2H_5OH)	4.3	19.0
헥산	1.2	7.4	이소프로필알콜	2.0	12.0
에틸렌	2.7	36.0	아세트알데히드	4.1	57.0
프로필렌	2.4	11.0	에테르	1.9	48.0
부텐-1	1.7	9.7	아세톤	3.0	13.0
이소부틸렌	1.8	9.0	산화에틸렌	3.0	80.0
L3부타디엔	2.0	12.0	산화프로필렌	2.0	22.0
암모니아(NH_3)	15.0	28.0	이황화탄소(CS_2)	1.2	44.0
황화수소	4.3	45.0	염화비닐	4.0	22.0

[문제 7] 다음 중 연소(폭발)범위에 대한 설명 중 옳지 않은 것은?
① 가연성 가스는 공기보다 산소와 혼합될 때 연소범위가 넓어진다
② 가연성가스의 압력이 높을수록 연소범위가 넓어진다
③ 가연성가스의 온도가 높을수록 연소범위가 좁아진다
④ 연소범위가 넓을수록 위험하다

2) 연소위험도

$$위험도 = \frac{UFL - LFL}{LFL} \times 100$$

① 연소하한이 낮을수록 크다.
② 연소상한이 클수록 크다.
③ 연소상한-연소하한 차이가 클수록 크다.

[문제 8] 다음 중 연소가스의 위험도가 가장 높은 것은?
① 일산화탄소(12.5-75[%])　② 이황화탄소(1.2-44[%])
③ 아세틸렌 (2.5-81[%])　④ 수소(4-75[%])

또한 융점, 비점, 점도, 비중이 낮거나 작을수록 위험성은 커진다.

〈표 1-7〉 산소 중 폭발한계

가스 종류	하한계 (V%)	상한계 (V%)	가스 종류	하한계 (V%)	상한계 (V%)
수소	4.0	94	프로필렌	2.1	53
일산화탄소	12.5	94	시클로프로판	2.5	60
메탄	5.1	59	에테르	2.0	82
에탄	3.0	66	암모니아	15.0	79
에틸렌	2.7	80	아세틸렌	2.5	93

3) 르샤트리에(Le Chatelier) 법칙

혼합기체의 연소범위를 구할 때 일반적으로 르샤트리에의 법칙을 사용하여 구한다. 혼합

기체의 연소하한을 각각 L_1[%], L_2[%]. L_3[%]이고 혼합기체의 함량이 각각 V_1, V_2, V_3 ($V_1+V_2+V_3=100[\%]$)일 경우, 3종류 혼합기체의 연소하한(LFL, UFL)은 다음과 같이 구할 수 있다.

$$L_{\mathrm{MIX}} = \frac{V_1 + V_2 \;\cdots\cdots V_n}{\dfrac{V_1}{L_1} + \dfrac{V_2}{L_1} \cdots\cdots \dfrac{V_n}{L_2}}, \qquad U_{\mathrm{MIX}} = \frac{V_1 + V_2 \cdots\cdots V_n}{\dfrac{V_1}{U_1} + \dfrac{V_2}{U_2} \cdots\cdots \dfrac{V_n}{U_n}}$$

몰분율은 전체 가연성기체를 100%로 보고 각 기체의 몰분율을 구한다.

$$L_{\mathrm{MIX}} = \frac{1}{\dfrac{M_1}{L_1} + \dfrac{M_2}{L_2} \cdots\cdots \dfrac{M_n}{L_n}}, \qquad U_{\mathrm{MIX}} = \frac{1}{\dfrac{M_1}{U_1} + \dfrac{M_2}{U_2} \cdots\cdots \dfrac{M_n}{U_n}}$$

M : 몰분율($M_1 + M_2 \cdots M_n = 100[\%]$), L, U : 연소하한계, 연소상한계

이 법칙은 하한계는 잘 일치되지만 상한계는 일치하지 않은 경우가 있고 3성분계까지는 잘 일치하나 그 이상에서는 잘 맞지 않는 경향이 있다.

[문제 9] 표준상태하에서 프로판 75[vol%], 부탄 25[vol%]를 혼합한 혼합기체의 연소하한은 얼마인가?(단, 프로판과 부탄의 연소하한은 각각 2.1[vol%], 1.6[vol%]이다)

① 1.75[%] ② 1.95[%] ③ 2.05[%] ④ 2.25[%]

[문제 10] 체적비로 메탄이 80[%] 에탄이 15[%] 프로판이 4[%] 부탄이 1[%]인 혼합기체가 있다. 이 기체의 공기 중에서의 폭발하한계는 약 몇[%]인가? (단, 공기 중 단일 가스의 폭발하한계는 CH_4 : 5[%], C_2H_6 : 2[%], C_3H_8 : 2[%], C_4H_{10} : 1.8[%]이다.)

① 2.9 ② 3.8 ③ 4.2 ④ 4.9

4) 연소범위 변화

(1) 온도영향

온도가 10[℃] 상승하면 화학반응속도는 2배로 증가하기 때문에 온도가 상승하면 따라 폭발하한계는 낮아지고 상한계는 높아진다. 연소범위는 온도가 100[℃] 상승하면 8[%]가 변화하므로 1[℃]에는 0.08[%] 변화한다.

$$\mathrm{LFL} = \mathrm{LFL}_{25℃}\left(1 - \frac{0.75(T-25)}{\Delta H_C}\right)$$

$$\mathrm{UFL} = \mathrm{UFL}_{25℃}\left(1 + \frac{0.75(T-25)}{\Delta H_C}\right)$$

$$\mathrm{LFL} = \mathrm{LFL}_{25}1 - 0.0008(T-25)$$

$$\mathrm{UFL} = \mathrm{UFL}_{25}1 + 0.0008(T-25)$$

(2) 압력의 영향

아주 낮은 압력 이외에는 압력은 LFL에는 큰 영향을 주지 않지만 UFL에는 현저하게 영향을 주어 연소범위가 넓어진다. 압력에 따라 연소 상한계는 다음과 같이 증가한다.

$$\mathrm{UFL} = \mathrm{UFL}_{1atm} + 20.6(\log P + 1)$$

P : MPa(절대단위)
1기압 = 101325[Pa] = 0.101325[MPa], 2기압 = 202650[Pa] = 0.202650[MPa]

5) 연소 하한계와 연소열

Burges-wheeler는 어떤 물질의 LFL과 연소열[kcal/mol]의 곱은 1,050으로 일정함을 발견하였다.

$$LFL \times \Delta H_C = 1{,}050$$

프로판인 경우 ΔH_C=484[kcal/mol]와 LFL=2.17[%], 벤젠인 경우 ΔH_C=750[kcal/mol]와 LFL = 1.4[%]으로 연소열이 큰 물질일수록 연소하한계가 낮아져 연소가 용이하다. 이외에도 LFL과 UFL의 관계식이 있다.

$$\mathrm{UFL} = 6.5\sqrt{\mathrm{LFL}}\ \text{(Zabatakis)}$$
$$\mathrm{UFL} = 7.1\mathrm{LFL}^{0.56}\ \text{(Spakowski)}$$

6) 화학양론비

화학양론비(Stoichiometric Concentration)란 어떤 가스가 연소하는데 필요한 최적비율의 산소 혼합비율을 의미한다.

$$\text{화학양론비} = \frac{\text{연료몰수}}{\text{연료몰수} + \text{이론 공기몰수}} \times 100[\%]$$

여기에서 이론 공기몰수는 연소에 필요한 산소몰수에서 구한다.
탄화수소 1[kg]이 완전연소하는데 필요한 산소량 반응식은 다음과 같다.

$$C_nH_m + \left(n + \frac{m}{4}\right)O_2 \rightarrow nCO_2 + \frac{m}{2}H_2O$$

에탄(C_2H_6)이 완전 연소하기 위해 필요한 산소몰수를 구하는 반응식은 다음과 같다.

$$C_2H_6 + \left(2 + \frac{6}{4}\right)O_2 \rightarrow 2CO_2 + \frac{6}{2}H_2O$$

$$C_2H_6 + 3.5O_2 \rightarrow 2CO_2 + 3H_2O$$

그러므로 에탄 1[mole]을 연소하기 위해서는 3.5[mole]의 산소가 필요하다. 그러므로 에탄 혼합기체의 최적 화학양론비를 구하면 다음과 같다.

$$C_{ST} = \frac{1}{1 + 3.5/0.21} \times 100 = 5.66[\%]$$

여기서 LFL과 UFL은 C_{ST}함수로 구할 수 있다(Jone's Law).

$$\text{LFL} = C_{ST} \times 0.55 = 3.1[\%]$$

$$\text{UFL} - C_{ST} \times 3.5 = 19.8[\%]$$

$$\text{MOC} = \text{LFL} \times O_2[\text{mole}] = 10.85[\%]$$

그러므로 에탄은 공기 중 산소농도가 10.5[%] 이하로 떨어지면 연소가 불가능하다.
또한 수소 1[kg]을 완전연소시키는데 필요한 산소량은 다음과 같다.

$$2H_2 + O_2 \rightarrow 2H_2O$$

수소의 1[mole]은 분자량이 2[g]이고 산소 1[mole]의 분자량은 16×2=32[g]이다. 그러므로 수소 2[mole]인 4[g]을 연소하기 위해 32[g]의 산소가 필요하다. 그러므로 수소 1[kg]을 연소하기 위해서는 8[kg]의 산소가 필요하며 공기량은 8/0.23=34.56[kg]이 필요하다.

질량으로 환산한 화학양론비는 C의 원자량 12, H의 원자량 1, O_2 분자량 32[g]이므로 연소반응식에서 반응물 질량은 C_nH_m의 질량$=12n+m$, O_2의 질량은 $\left(n+\frac{m}{4}\right)O_2$이므로 $32n+8m$이다. 그러므로 C_nH_m 1[kg]이 완전연소하는데 필요한 산소량은 다음과 같다.

$$O_2 = \frac{32n + 8m}{12n + m}$$

공기질량을 구하려면 0.2315로 나누면 된다.

$$공기질량 = \frac{32n + 8m}{0.2315(12n + m)}$$

화학양론비를 질량비로 구해보면 다음과 같다.

$$C_{ST}(wt[\%]) = \frac{\mathrm{C}_n\mathrm{H}_m(\mathrm{wt}[\%])}{\mathrm{C}_n\mathrm{H}_m(wt[\%]) + 공기질량} = \frac{12n+m}{(12n+m) + \frac{1}{0.2315}(32n+8m)} \times 100[\%]$$

7) 한계산소지수(LOI)

내장재료 연소시험에 사용되는 지수로 가연물을 수직으로 세워놓고 가장 윗부분을 착화시켜 산소 농도가 어느 정도까지 연소가 유지되는지를 나타내는 값이다. 예를 들어 LOI(Limited Oxygen Index)가 20[%]이면 공기 중 산소농도가 20[%] 이하가 되면 그 가연물은 연소하지 않음을 의미한다. 당연히 LOI가 높은 물질은 화재에 대한 안전성이 높다고 할 수 있다.

8) MOC와 이너팅

연소가 지속되기 위해 공기 중에 최소한의 산소농도가 요구되는데 이를 MOC(Minimum Oxygen for Combustion)라고 한다. 폭발 및 화재는 연료농도에 무관하게 산소농도를 감소시킴으로 방지할 수 있으므로 MOC는 아주 유용한 데이터이다. MOC는 공기와 연료로 된 혼합기체에 대한 산소% 단위를 갖는다. 산소농도에 따라 연소하한계는 크게 변하지 않으나 상한계는 크게 변화하여 전체적인 연소범위가 변한다. 일반적으로 MOC가 감소하여 15[%] 이하에서는 연소가 불가능하다.

또한 가연성가스와 공기와의 혼합기체에 CO_2, N_2 등 불활성가스를 혼합시켜 혼합가스내의 산소농도를 낮추어 연소폭발을 방지되는 것을 이너팅(Inerting)이라 한다. CO_2 첨가시 기상의 소화농도는 14~16[%] 정도이며 공기와 가연물의 2성분계에 제3성분인 가스계 소화약제 농도에 따라 연소범위가 좁아져 소화된다.

(1) 산소농도 저감방식

화재예방을 위한 산소농도 저감방식은 주변공기를 MOC로 유지하여 화재 · 폭발을 원천적으로 방지하는 기술이다. CO_2, 질소, Ar으로 산소를 17[%] 이하로 유지하기 때문에 무인지역에만 사용된다. 적용장소는 고문서보관소, 무인제어실, 화학약품 저장실 등이며 구성조건은 다음과 같다.

① 방호구역의 완벽한 밀폐
② 산소농도 감시시스템
③ 불활성가스 공급
④ 주위공간과 방화구획

(2) 불활성화

일반적으로 불활성 농도제어점은 기준보다 4[%] 낮은 농도로 MOC가 10[%]인 경우 불활성화는 산소농도가 6[%]가 되도록 한다. 산소농도 제어기는 산소분석기가 산소농도를 실시간으로 모니터링하여 산소농도가 MOC에 접근할 때 불활성가스가 주입되는 자동 불활성가스 공급시스템이 설치된다. 불활성가스 공급시스템은 용기내 목표값에 불활성가스 압력을 유지하도록 설계된 압력조정기로 구성된다. 만일 용기 속의 산소농도가 8[%]로 상승할 때 산소감지기로부터 신호에 의해 불활성가스 주입밸브를 동작시켜 가스를 주입하게 된다. 그러면 다시 산소레벨은 6[%]로 조절된다.

대부분 가스의 최소산소농도(MOC)는 대략 10[%]이고 분진인 경우 약 8[%] 정도이다. 산소농도를 낮추기 위하여 불활성가스를 용기에 퍼지하면서 시작한다. 퍼지방법에는 진공퍼지, 압력퍼지, 스위프퍼지, 싸이폰퍼지가 있다.

① 진공퍼지(Vacuum Purging) : 가장 일반적인 방법으로 모든 용기는 완전진공으로 설계되어야 하며 진공을 만들기 곤란한 큰 용기에는 사용할 수 없다. 진공퍼지 방법은 다음과 같다. 저압퍼지라고도 한다.
　㉠ 용기를 원하는 진공도으로 진공시킨다.
　㉡ 불활성 가스를 주입시켜 용기를 대기압과 같게 한다.
　㉢ 원하는 산소농도가 될 때까지 반복한다.

② 압력퍼지(Pressure Purging) : 용기에 불활성가스를 주입하고 용기 내 가스가 완전히 확산되면 대기중으로 방출하는 공정을 반복하여 원하는 산소농도를 구한다. 진공퍼지보다 퍼지시간을 줄일 수 있으나 많은 불활성가스가 필요하며 가압퍼지라고도 한다.

③ 사이폰 퍼지(Siphon Purging) : 큰 용기를 퍼지할 때는 스위프 퍼지로 하면 많은 양의 불활성가스가 필요하므로 퍼지경비가 많이 소요되며 퍼지경비를 최소화하기 위해 싸이폰퍼지 방식을 사용한다. 용기에 물을 채운 다음 그 물을 배출시키면서 불활성가스를 주입시키면서 원하는 산소농도를 구한다. 용기 내 잔류산소를 제거하기 위해 스위프 퍼지방식을 이용할 수 있다.

④ 스위프 퍼지(Sweep Through Purging) : 이 방식은 용기에 진공이나 압력을 가할 수 없을 때 사용되는 방식으로 용기의 한 쪽에서 불활성가스를 주입하고 다른 부분으로 대기로 혼합가스를 방출하는 방식이다.

9) 콘칼로리미터를 이용한 열방출속도

콘칼로리미터는 물질이 연소할 때 소비되는 산소량을 기준으로 발열량을 측정하는 기기로건축재료, 고분자재료, 케이블 등의 열방출율, 유효연소열 등을 측정할 수 있다.

① 연소시 배기가스 중의 산소농도와 흡기측 산소농도와의 차에서 시험물질에 소비된 산소량을 구할 수 있다.

② 물질연소시 발생열량은 산소비가 13[kJ/g] = 3.12[kcal/g]이므로 산소소비율에 3.12[kcal/g]을 곱해서 연소시 방출되는 열방출량을 구할 수 있다.

(1) 환산방법

연소시 배출구로 나가는 배기가스량이 10[m^3/min]이고 배기가스 중의 산소농도가 17[vol%], 온도가 300[℃], 압력이 1기압, 공급 산소농도 21[vol%]이다.

① 산소소비율 10 × 1,000(0.21 - 0.17) = 400[ℓ/min]

② 산소소비율을 0℃, 1기압으로 환산하면 $400 \times \frac{273}{273+300}$ =190[ℓ/min]

③ mol로 환산하면 190[ℓ/min]÷22.4=8.48[mol/min]

④ g으로 환산하면 8.48×32=271[g/min]

⑤ 시험체의 열방출량(소비된 산소소비량) 271×3.12=845[kcal/min]

(2) 콘칼로리미터 구성요소

원추형 히터, 배출설비, 산소농도분석기, 연기측정기, 시험체 질량변화를 측정하는 로드셀, 데이터 분석시스템

(3) 측정되는 연소특성

① 최대 열방출률[kW/m^2]

② 평균 열방출률[kW/m^2]

③ 총 열방출량[MJ/m^2]

④ 유효연소열[MJ/kg]

⑤ 연기발생량[m^3/kg]

⑥ 질량감소율[g/m^2]

⑦ 발화까지 걸리는 시간[t]

2. 최소착화에너지(MIE)

가연성 혼합기체를 발화시키는데 필요한 최소착화에너지(MIE : Minimum Ignition Energy)를 말한다. 이 값은 매우 작으므로 [mJ]단위를 사용하며 물질마다 최소착화에너지는 차이가 있다.

〈표 1-8〉 최소착화에너지

가연성가스	최소착화에너지	가연성가스	최소착화에너지
메탄(CH_4)	0.28[mJ]	아세톤(C_3H_6)	0.019[mJ]
에탄(C_2H_6)	0.25[mJ]	수소(H_2)	0.019[mJ]
프로판(C_3H_8)	0.26[mJ]	이황화탄소(CS_2)	0.019[mJ]
부탄(C_4H_{10})	0.25[mJ]	에틸렌	0.1[mJ]

1) 최소착화에너지 산출

구형의 용기에 가연성가스와 공기를 넣고 콘덴서로 화염방전을 하여 착화에 필요한 최소착화에너지를 산출할 수 있다.

$$E = \frac{1}{2}CV^2 [J] \ (V: \text{가해진 전압})$$

① MIE는 온도가 높으면 감소한다.
② MIE는 압력이 높으면 감소한다.
③ MIE는 농도가 높으면(진하면) 감소한다.
④ MIE는 불활성가스 중에는 커야 하며 전극의 모양(평판형, 원통형, 플런지형)에 따라 다르다.

2) 초기 반응열

초기화재에서 발생되는 에너지는 1[MW] = 1,000[kW/m^2] 정도로 이는 물의 온도를 1초당 1[℃] 올리는데 충분한 에너지이다. 화재반응이 지속되기 위해서는 10^{10}[kW/m^3]의 에너지 밀도가 요구되며 이 에너지는 기체연료는 2,000[℃]이고 고체연료 밀도는 1,000[℃]를 유지한다.

3) 최소착화압력

압력을 증가시키면 분자간의 평균거리가 축소되어 화염전달이 용이하므로 연소범위(화염범위)가 넓어진다. 그러나 압력을 서서히 낮추어 가면 어느 한도 이하의 압력에서는 연소가 불가능한데 이때의 압력을 최소착화압력이라 한다.

〈표 1-9〉 가연성기체 최소착화압력

가연성기체	최소착화압력(mmHg)	가연성기체	최소착화압력(mmHg)
수소	11.5	부탄	29.0
메탄	19.0	이소부탄	29.0
부타디엔	21.0	벤젠	28.0
부텐	29.0		

3. 활성화 에너지

어떤 물질을 점화하기 위한 에너지로 단위는 [cal/g]으로 표시하며 화학열, 전기열, 기계열, 원자력에너지 반응열 등이 있다.

1) 화학열 에너지(Chemical Energy)

① 연소열(산화열) : 어떤 물질이 완전히 산화되는 과정(CO_2, H_2O)에서 발생하는 화학적 열로 발생량은 산소량에 비례하며 산소 1[g]당 13[kJ]의 열이 발생한다.

② 분해열(Decomposition Heat) : 니트로화합물, 디아조화합물은 어느 온도 이상이 되면 분해되어 열이 방출된다.

③ 자연발열(Spotaneous Heat) : 외부로부터 열에너지를 받지 않고 물질자체의 열축적만으로 온도가 상승하여 연소하는 열에너지이다.

④ 용해열(Solution Heat) : 농황산 등이 액체에 용해될 때 방출되는 열을 말한다. 물질자체는 타지 않고 주위 가연물을 연소시키지만 미약해서 큰 위험은 없다. 반대로 질산암모늄은 물에 용해(부용해열)되면 열을 흡수한다.

2) 전기열 에너지(Electric Energy)

① 저항열(Resistance Heat) : 도체에 전류가 흐르면 도체물질의 저항 때문에 열이 발생한다.

② 유도가열(Induction Heat) : 도체주위 자장변화에 따라 발생된 전위차에 의한 전류이동으로 발생되는 열이다.

③ 유전가열(Dielectric Heat) : 절연물의 누설전류에 의해 발생되는 열이다. 너무 얇은 절

연체를 쓰면 누설전류가 커서 절연물질을 가열하여 절연이 파괴된다. 더욱이 고주파 교류에서는 이런 현상이 크다.

④ 아크열(Arcing Heat) : 접점불량이나 스위치 개폐시 발생되는 열로 아크온도가 매우 높기 때문에 주위의 가연성물질이 점화될 수 있어 매우 위험하다.

⑤ 정전기열(Static Electric Heat) : 정전기는 크기나 시간이 짧아 종이, 목재 등의 가연물을 점화하기 어려우나 인화성기체나 가연성분진은 쉽게 점화시킬 수 있다. 석유와 같은 유체를 배관내로 송유할 때 정전기가 유체 내에 발생할 우려가 있다. 만일 두 물체가 접지되어 있지 않으면 그 물체에는 많은 양의 전하가 축적되어 정전기에 의한 발화가 발생한다.

⑥ 낙뢰열(Lighting Heat) : 낙뢰는 뇌운의 방전현상으로 나무나 건축물 등에 큰 열이 발생한다.

3) 기계열 에너지(Mechanical Energy)

① 마찰열(Friction Heat) : 두 물질을 대고 마찰시키면 운동에너지가 열에너지로 변환되어 열이 발생한다.

② 충격 스파크열(Impact Heat) : 철제공구가 콘크리트 바닥 또는 기계 위에 떨어지는 경우처럼 금속물체와 다른 고체물질 간 충돌 스파크로 열이 발생(1,370[℃])되어 연소된다. 석유화학 공정에서는 충격 스파크를 방지하기 위하여 철공구 대신 가죽, 플라스틱, 나무공구 등을 사용한다.

③ 압축열(Compressing Heat) : 기체를 열 출입이 없는 단열상태에서 급히 압축하면 기체분자간의 충돌로 열이 발생한다. 디젤엔진의 경우 압축에 의해 발생되는 열로 인해 혼합가스 연료가 점화된다.

4) 원자력 에너지(Automic Energy)

① 핵분열 에너지(Fission Energy) : 우라늄, 플루토늄과 같은 원자량이 큰 물질을 중성자로 원자핵을 가격하면 원자가 분열하면서 다량의 에너지를 방출한다.

② 핵융합 에너지(Fussion Energy) : 수소를 고온 · 고압으로 압축하면 두 개의 원자가 융합되어 헬륨(He)으로 되면서 핵분열 에너지보다 더 많은 에너지를 방출한다.

4. 연소의 형태

대부분 연소는 기체상태에서 일어나며 액체, 고체인 경우 가열로 인해 기체 상태로 전이하여 연소된다. 액체연소는 액체가 연소되는 것이 아니라 액체표면에서 증발한 증기가 공기 중의 산소와 혼합되어 연소한다. 고체연소는 불꽃연소와 작열연소가 동시에 발생하며 화재 초기에는 휘발성분에 의해 불꽃연소 되다가 휘발성분이 소진되면 작열연소로 변화한다. 금속분, 숯, 코크스 등은 분해생성물이 없으므로 초기부터 작열연소 된다. 가연성기체보다 액체, 고체에서 연소시간이 지연된다.

1) 불꽃유무 연소구분

① 유염연소(불꽃연소 : Flaming Fire) : 유염연소 대부분은 기체나 액체에서 발생한다. 가연성물질(고체, 액체, 기체)이 가열되면 발생된 증기가 연소되면서 불꽃을 내는 연소이다. 아세틸렌, LPG, 휘발유, 수소 등이 전형적인 불꽃연소이다.

② 무염연소(작열연소 : Glowing Fire) : 무염연소는 대부분 고체가연물에서 발생한다. 휘발성분(가스, 증기)이 없어 화염이 발생되지 않고 열만 내는 연소현상이다. 또한 솜뭉치 같은 응축연소는 가연물 표면으로 방출되는 가연성기체가 거의 대류를 일으키지 못하고 표면에서 산소와 반응하여 계속 연소가 내부로 진행된다.

2) 완전연소

① 완전연소 : 충분한 산소공급으로 가연성기체가 완전히 산화되어 CO_2, H_2O, SO_3 등의 연소생성물이 발생되는 연소로 연소온도가 높다.

$$C + O_2 \rightarrow CO_2 + 97[kcal]$$

$$H_2 + \frac{1}{2}O_2 \rightarrow H_2O + 57[kcal]$$

$$SO_2 + \frac{1}{2}O_2 \rightarrow SO_3 + 21[kcal]$$

$$C_3H_8 + 5O_2 \rightarrow 3CO_2 + 4H_2O + 570[kcal]$$

완전연소조건은 다음과 같다.

㉠ 충분한 산소공급
㉡ 연소반응이 되는 충분한 온도
㉢ 연소반응이 완결되는 충분한 체류시간
㉣ 가연물과 산소의 충분한 혼합

② 불완전연소 : 산소공급이 불충분하여 가연성기체가 완전히 산화되지 못하고 CO 등의 연소생성물이 발생되는 연소로 연소온도가 낮다. 연소생성물은 CO, 메탄, HCN,

HCl, 질산화물 등이 있다.

$$C + \frac{1}{2}O_2 \rightarrow CO + 29[kcal]$$

3) 상에 따른 연소

(1) 기체연소

가연성기체에 산소를 혼합시켜 점화원을 가하면 불꽃연소가 되며 연소속도가 빠르다.

㈎ 확산연소(Diffusive Burning)

가스확산에 의해 주위에 있는 공기와 혼합하면서 연소한다. 가연성가스와 공기가 접촉되는 부분에서만 연소가 일어나므로 충분한 연소가 일어나기 어렵고 불의 세기가 약해 불균질 연소한다. 화염확산은 가연성가스와 산소농도 차에 의한 연소이동 현상으로 농도가 높은 곳에서 낮은 곳으로 이동한다는 Fick's law에 따르는 현상이다. Fick's Law은 잉크방울을 물에 떨어뜨리면 물속으로 확산하여 푸른 빛의 물이 되는 현상을 설명한다. 화염대에서 산소가 소모되면 공기 중의 산소는 화염대로 이동한다. 연료 또한 산소와 같은 원리로 화염대로 이동한다.

초의 불꽃을 보면 불꽃 내부에서는 가연성가스가 방출되지만 산소부족으로 연소가 활발하지 못하다. 이에 비해 불꽃외부는 산소와 가연성가스가 접촉되는 부분으로 불꽃이 활발하게 확산된다. 이런 불꽃을 확산화염 또는 확산연소라 한다. 가연성액체나 고체연소는 확산연소의 일종이다. 연소속도는 가연성가스와 공기(산소)의 확산속도에 의해서 지배되며 가연성가스의 확산계수가 클 때 또는 가스의 흐름이 난류일 때 연소속도가 크다.

층류 확산연소는 촛불화염같이 순수한 분자확산에 의하지만 난류 확산연소는 비정상상태의 불규칙성을 갖고 있으며 연기와 화염에서 소용돌이가 발생한다. 담배연기 가닥은 층류로 시작되어 상승하다가 1피트 이상 상승하면 층류가 깨지고 난류로 바뀌는 모습을 볼 수 있다. 확산연소는 확산 화염면이 전파되지 않고 역화우려도 없다. 양초, 석유난로, 가스화재, 도시가스배관, 가스저장소에서 발생한다.

㈏ 예혼합연소(Premixed Burning)

가연성가스와 산소가 미리 혼합되어 외부의 산소공급 없이도 연소가 가능한 연소로 점화에 의한 가솔린 내연기관, 자기발화에 의한 디젤기관, 가스버너 등에 사용된다. 이 연소는 연소반응이 빠르고 폭발적인 연소가 일어나기도 하며 균질연소이며 역화의 우려가 있다.

발화원에서 발생한 화염이 혼합가스 쪽으로 진행하여 화염전파가 일어나고 화염은 연소가스와 미연소가스 경계부분에서 발생한다. 밀폐용기내에서 예혼합연소가 일어나면 화염전파로 용기전체가 고온가스로 충만되고 내부압력은 단시간에 상승하며 압력상승에 의한 최고압력은 폭굉이 일어나지 않는 조건에서는 초기압력의 10배 이하이다.

(다) 부분 예혼합연소(Semi-Premixed Burning)

기체연료에 극히 적은 양의 산소 혹은 공기를 미리 혼합시켜서 연소범위 상한 이상의 혼합기를 만든 다음 버너로 분출시키는 연소로 확산연소와 예혼합연소 중간적인 성질을 가지며 예혼합연소의 역화를 방지한다.

기체연소는 산소 공급방법에 따라 안정적인 정상연소 또는 폭발적인 양상을 나타내는 비정상연소를 한다. 연소가 진행되는 동안 화염의 위치, 모양, 상태 등이 변화하지 않는 경우를 정상연소라 하며 이는 열의 발생속도와 확산속도가 서로 균형을 이루기 때문이다. 기체연소의 특징을 보면 연소효율이 높고 적은 공기로 완전연소가 가능하며 매연이 발생하지 않는 특징이 있다. 기체연소의 가장 큰 특징은 폭발을 수반하며, 액체 및 고체는 산소를 공급한다 해도 비정상연소에 의한 폭발이 일어나지 않는다.

(2) 액체연소

액체연소는 액체자체가 연소하는 것이 아니라 가열온도에 의해 액체표면에 증발된 증기가 연소한다. 휘발성 물질은 증발연소를 하며 비휘발성 물질은 열분해연소를 한다. 대부분의 액체연소는 증발연소이다.

(가) 증발연소

가연성액체에서 증발된 증기가 공기와 혼합하여 점화에 의해 연소되는 현상이다.

① 액면연소(Pool Burning) : 액체연료 표면에서 증발된 가연성 증기가 공기와 혼합하여 연소범위 내에 있을 때 점화원에 의해 연소하는 확산연소의 일종이다.
② 등심(심지)연소(Wick Burning) : 연료를 심지로 빨아올려 심지표면에서 증발된 증기가 점화원에 의해 연소하는 확산연소로 석유난로, 석유램프에서 발생된다.
③ 분무연소(Spray Burning) : 액체연료를 수백[μm]로 미립화하여 증발표면적을 증가시켜 연소시킨다. 분무기를 사용하여 액체입자를 안개상으로 분출하여 완전연소 시킨다. 공업용으로 가장 많이 사용하는 방식이다.

(나) 열분해연소

비휘발성 액체나 끓는점이 높은 가연성액체(중류, 벙커C유)를 가열시켜 열분해에 의해 발생된 가연성 증기가 연소한다. 열분해에는 폴리스틸렌과 같이 말단으로부터 순차적으로 결합이 끊어져 가는 해중합형과 대다수의 고분자와 같이 긴 사슬의 중간 아무렇게나 결합이 끊어지는 랜덤분해형이 있다.

(3) 고체연소

㈎ 증발연소(Evaporation combustion)

고체가연물을 고온으로 가열하면 증발하거나 액화를 통하여 증발하여 연소하는 방법이다.

① 고체연료(유황, 나프탈렌) $\xrightarrow{\text{열}}$ 증발 + 점화원 $\xrightarrow{\text{연소}}$ 연소생성물

② 고체연료(양초, 파라핀) $\xrightarrow{\text{열}}$ 액화 $\xrightarrow{\text{열}}$ 증기 + 점화원 → 연소생성물

㈏ 열분해연소(Decomposition Combustion)

고체연료(종이, 목재, 석탄, 플라스틱)를 가열하면 열분해에 의해 발생된 가연성 증기가 연소한다. 열분해 생성물의 농도가 연소범위가 아니거나 점화에너지의 조건이 만족하지 않는 경우 열분해로 연소는 종료된다.

㈐ 표면연소(무염연소)

가연성고체가 증발연소, 열분해연소를 거치지 않고 휘발성이 없는 고체표면에 흡착한 산소와 물질자체가 물질표면에서 연소하는 현상이다. 목탄, 숯, 마그네슘, 코크스, 금속분 등은 휘발분이 없어 가연성 증기나 열분해 반응이 없기 때문에 불꽃이 없는 무염연소를 한다. 숯이 탈 때 파란 불꽃이 발생하는 경우가 있는데 이는 불완전연소 된 CO가 기상으로 날아가면서 산소와 반응하는 연소로 발염연소는 아니다.

㈑ 훈소(Smoldering)

열분해에 의해 가연성물질이 생겼을 때 바람에 의해 농도가 희석된다든지 공간이 밀폐되어 산소공급이 부족하면 발염이 되지 않아 불꽃이 발생하지 못하고 분해생성물만 발생시키는 것을 훈소라 한다. 이런 현상이 일어나는 것은 휘발분의 착화온도보다 낮은 온도에서 표면반응이 계속되기 때문이다. 훈소는 연소과정이 느리기 때문에 많은 공기는 필요없다. 훈소의 반응속도는 1[mm/min]이며 불완전연소로 CO 발생이 많고 연료질량의 10[%] 이상이 CO로 전환되어 인체에 치명적이다. 화재초기 고체가연물에서 많이 발생한다. 훈소에 발생되는 연기에는 액체 미립자가 많이 포함되는데 이는 생성시에는 기체상이라도 점차 냉각되어 액적이 된 성분이다. 훈소는 고온의 연소과정이 없으므로 분자량이 큰 특유의 냄새가 나는 물질과 유독성 물질이 발생할 가능성이 높다. 연소온도에 영향을 주는 인자로는 다음과 같다.

① 가연물의 발열량
② 연소속도, 연소 지속시간
③ 가연물 하중
④ 계 외부로의 방출열량
⑤ 열전달 메커니즘(전도, 대류, 복사)
⑥ 산소공급 용이성
⑦ 연소공간 크기
⑧ 연소가연물의 농도
⑨ 주위온도, 압력

(마) 자기연소

가연물에 열을 가하면 분해되어 가연성가스와 산소를 발생시켜 공기 중의 산소 공급없이도 연소하는 현상으로 폭발물에 사용된다. 산화반응이 매우 빠르고 폭발적 연소를 한다.

[문제 11] 고체물질이 연소할 때 특징으로 옳지 않은 것은?
① 목재-분해연소 ② 마그네슘-표면연소 ③ 파라핀-증발연소 ④ 숯(목탄)-자기연소

[문제 12] 다음 중 액체의 연소형태가 아닌 것은 ?
① 표면연소 ② 증발연소 ③ 분해연소 ④ 분무연소

[문제 13] 고체물질이 연소할 때 특징으로 옳지 않은 것은?
① 종이-분해연소 ② 마그네슘-자기연소 ③ 황-증발연소 ④ 목탄, 코크스-표면연소

[문제 14] 기체연소의 분류에 포함되지 않는 것은?
① 확산연소 ② 폭발연소 ③ 예혼합연소 ④ 자기연소

[문제 15] 표면연소(작열연소)에 관한 설명으로 옳지 않은 것은?
① 목탄, 흑연등과 같이 휘발분이 거의 포함되지 않은 고체연료에서 주로 발생한다
② 불꽃연소에 비해 일산화탄소가 발생할 가능성이 크다
③ 화학적소화만 소화효과가 있다
④ 불꽃연소에 비하여 연소속도가 느리고 단위시간당 방출열량이 적다

[문제 16] 다음 중 액체연소의 특성에 해당하지 않는 것은?
① 액체가 증발하는 변화과정을 거쳐 발생된 기체가 타는 것이다

② 증발연소와 분해연소로 나눌 수 있다
③ 비중이 큰 액체일수록 증발하기 좋다
④ 액체자체가 연소하는 것이 아니다

[문제 17] 훈소화재에 대한 설명 중 옳지 않은 것은?

① 가연물이 불꽃없이 성한 불기운이나 열기만으로 타들어가는 현상으로 주로 실내화재에서 많이 발생된다
② 공기 중 연소에 필요한 산소공급이 충분하지 못하여 연소가 거의 정지 또는 매우 느리게 진행된다
③ 훈소로 인해 발생되는 연소물은 대부분 탄소, 수소, 유황 등인데 이러한 물질들은 산소가 충분하고 적당한 온도가 되면 완전연소가 일어난다
④ 주로 가연물이 열로 인해 분해생성물만 발생시키는 것을 말하며, 고체 미립자가 훈소생성물의 주성분이다

5. 비정상 연소현상 및 물리적 특성

1) 백파이어(Back Fire : 역화)

가연성가스의 분출속도가 연소속도보다 낮아져 화염이 버너 내부로 신입하는 것을 역화라 한다. 그 원인은 다음과 같다.

① 혼합가스 압력저하
② 노즐부식으로 구멍 확대
③ 노즐과열(통과하는 가스 온도가 상승하여 연소속도가 빨라진다)

2) 리프트(Lifting)

혼합 가스의 분출속도가 연소속도보다 빨라지면 불꽃이 노즐에서 떨어져 정착되지 않는다. 불꽃이 버너상부에 떠서(Life) 공간연소(가스라이터)하는 현상이다. 그 원인은 다음과 같다.

① 혼합 가스 압력과다
② 노 즐구멍 줄어듬

3) 블로우 오프(Blow Off)

불꽃의 기저부에 공기의 움직임이 세게 되면 불꽃이 노즐에 정착되지 않고 떨어지게 되어 꺼져버리는 현상이다.

4) Yellow Tip

연소 중 탄화수소가 열분해되어 탄소입자가 미연소상태로 적열되어 적황색으로 빛나는 현상으로 연소가 충분한 속도로 진행하지 않는 경우 발생한다.

5) 가스와 증기

가스란 NTP에서 가스 상태를 유지하는 것이고, 증기는 NTP에서는 액체이지만 온도가 상승하면 증발하여 기체가 되는 것을 증기라 한다.

① NTP(Normal Temperature Pressure) : 21[℃], 1기압
② STP(Standard Temperature Pressure) : 0[℃], 1기압

6) 비 중

고체, 액체의 비중은 같은 부피를 갖는 물에 대한 무게비이다. 기체비중은 같은 온도, 같은 압력하에서 동일부피의 공기에 대한 무게비이다. 온도상승시 기체비중(증기밀도)은 적어져서 고온가스는 위로 상승한다. 비중이 0.8인 가솔린은 물위에 뜨고 비중이 1.3인 글리세린은 물에 가라앉는다. CO_2는 분자량이 44이기 때문에 공기분자량 29보다 크므로 아래로 가라앉는다.

$$\text{공기} \rightarrow N_2 + O_2 = 78 : 21,\ 28\times0.78 + 32\times0.21 = 29$$

LNG(메탄)는 분자량이 $CH_4 = 12 + 1\times4 = 16$[g]으로 공기보다 가볍고 LPG는 프로판($C_3H_8$)과 프로필렌($C_3H_6$)으로 $3\times12+8=44$, $3\times12+10=46$이므로 공기보다 무겁다.

밀도를 알면 비중이 결정되고 비중의 값에 의해 위험성 평가가 이루어진다.

$$PV = nRT,\quad n = \frac{W}{M}$$

n : 몰수, M : 분자량, W : 질량, R : 기체상수 0.082, T : 절대온도

$$PV = \frac{W}{M}RT,\quad \rho = \frac{W}{V} = \frac{PM}{RT},\quad \rho \approx M$$

즉 밀도는 분자량에 비례하므로 각 물질의 분자량을 알면 비중을 계산할 수 있다.
기체의 물리 · 화학적 특성은 다음과 같다.

① 기체분자 상호간 공간은 매우 크다(물의 경우 기체가 되면 1,700배 부피증가).

② 분자들 상호간의 충돌이나 용기의 벽에 부딪치는 것은 완전탄성충돌이다. 즉 마찰이 전혀 없는 완전탄성충돌이다. 기체분자는 끊임없이 운동한다.
③ 기체는 냉각 또는 압축에 의해 액화된다.
④ 기체분자 평균속도는 온도와 비례한다.
⑤ 기체분자들은 일정온도에서 무게에 비례한 운동에너지를 갖는다.
⑥ 두 가지 기체분자가 충분한 에너지를 가지고 충돌하면 반응한다.

7) 증기압

액체가 밀폐된 용기 속에 있을 때 기체분자가 액체위 공간으로 방출되고 다시 액체 속으로 들어가 응축된다. 기체분자 방출량과 들어가는 응축량이 평형을 이룰 때 그 액체의 기체분자에 형성된 압력을 증기압이라 한다. 액체내 분자에 온도가 높아지면 운동속도가 커지면서 증기압은 높아진다. 증기압이 높아지면 분자가 쉽게 이탈되어 증발율도 커진다. 증기압의 단위는 [mmHg], PSI(Pound Per Square Inch)로 표시한다. 액체증기압은 밀폐용기 안의 액표면위 증기-공기혼합물을 측정하는데 사용된다.

8) 비점(Boiling Point)

① 온도가 높아지면 증기압이 높아지고 증기압이 대기압과 같아지면 액체가 끓게 되는데 그 온도를 액체의 비점(끓는점)이라 한다. 액체의 비점이란 증기압이 1기압에서 760[mmHg]가 되는 온도를 말하며 액체의 비점은 대기압이 높아지면 올라가고 반대로 대기압력이 낮아지면 낮은 온도에서 끓는다.
② 액체증발은 끓는점이 낮을수록 쉽게 일어난다. 증발율이 높은 것은 대기온도에서도 높은 증기압으로 증발하는데 증발한 증기가 빠르게 공기 중에 확산되므로 인화·폭발위험이 커지게 된다. 또한 비점이 낮은 경우 인화점도 낮아지는 경향이 있는데 예를 들어 비점 범위가 40~70[℃]인 가솔린의 경우 인화점이 -40[℃] 정도인데 반하여, 비점 범위가 150~200[℃]인 등유의 인화점은 30~70[℃]이다. 상온상압에 어느 액체증기압이 76[mmHg]라 하고 이 액체가 밀폐된 용기 내에 저장될 때 액면 위 공기 중에는 10[%] 증기가 혼합된다.

$$\frac{76}{760} \times 100[\%] = 10[\%]$$

초산 부틸을 기준으로 한 증발률은 〈표 1-10〉과 같다.

〈표 1-10〉 물질별 증발률

물 질	증발률	물 질	증발률
초산 부틸	1.0	아세톤	7.7
메틸에틸케톤	4.6	벤젠	6.3
메틸이소부틸케톤	1.6	톨루엔	2.4
메틸 알코올	0.1	크시렌	0.6
부틸 알코올	0.5	초산메틸	0.8

9) 비 열

물질에 따라 일정온도 이상으로 올리는데 필요한 열량은 다르다. 왜냐하면 물질마다 열 흡수 능력이 다르기 때문인데 이러한 열에너지 흡수능력을 비열이라 한다. 비열은 어떤 물질을 일정온도 이상 높이는데 필요한 열량 또는 고온물질을 어느 온도 이하로 냉각시키는데 필요한 열량을 의미한다. 그러므로 비열 1은 물 1[g]을 1[℃] 상승시키는데 필요한 열량 1[cal]이다. 또는 1[lb]의 물체를 1[℉] 상승시키는데 필요한 열량을 1[British thermal unit]이라 한다. 1[lb]는 453[g]에 해당되면 1[℃]의 온도차는 1.8[℉]에 해당하므로 1[Btu]는 453/1.8 = 252[cal]이다.

대체로 물의 비열은 다른 물질보다 높다. 목탄의 비열은 0.165로 물 비열이 6~7배 크다. 그러므로 목재화재시 물의 비열이 7배 크므로 열을 흡수할 수 있다. 수증기 비열은 0.6[cal/g[℃]]이다.

① 정적비열 : 체적을 일정하게 유지하고 단위질량 기체를 1[℃] 증가시키는데 필요한 열량
② 정압비열 : 압력을 일정하게 유지하고 단위질량 기체를 1[℃] 증가시키는데 필요한 열량

10) 현 열

물의 상변화는 없고(액체, 기체, 고체) 온도변화만 있을 때 필요한 열량(Q)을 말한다.

$$Q = m \times C \times \Delta t [\mathrm{kcal}]$$

m : 질량, C : 비열[kcal/kg℃], ΔT : 온도차(℃)

11) 임계온도

물이 374.2[℃]에서는 물과 수증기의 경계가 공존하는데 이를 임계점이라 한다. 이때의 온도를 임계온도, 압력을 임계압력이라 한다. 기체는 임계온도 이하로 내려가지 않으면 압력을 가해도 액화되지 않는다.

(1) CO_2 임계점

CO_2 임계온도는 31[℃]로 임계온도 이상 온도에서는 아무리 압력을 가해도 액화되지 않으며 고압식(20[℃], 60[kgf/cm^2]) 또는 저압식(-18[℃], 21[kgf/cm^2])을 이용하여 냉각압축하여 액상으로 저장한다.

(2) 하론임계점

하론 임계온도는 67[℃]로 상온에서 압축하여 액화하기가 용이하다.

(3) 액면계를 이용한 약제측정

액면계(Level Meter)는 방사선(코발트60)을 이용하여 액화되어 있는 고압가스 용기의 액면위치를 탐지할 수 있다. 액면계의 Probe와 방사선원 사이에 용기를 위치하고 위치를 이동하면 방사선이 통과하는 양이 액체와 기체의 경우 차이가 있어 지침이 크게 진동한 위치가 액화가스 액면위치이다.

① 하론 레벨메타 측정 : 임계온도가 높아 상온에서는 대부분 액상으로 되어 있어 액면위치가 정확하다.
② CO_2 레벨메타 측정 : CO_2는 -18[℃]의 저압식에는 문제가 없지만 고압식인 경우 20[℃] 상온에서는 기상과 액상의 경계점이 분명치 않아 레벨메타 측정이 어렵다.

12) 잠 열

잠열은 온도변화는 없고(100[℃]→100[℃]) 상변화만 있을 때 요구되는 열량을 말한다. 증발잠열은 1기압의 비등점에서 1[g]의 액체가 증기로 변하는데 필요한 열량이다.

고체 ————→ 액체 ————→ 기체

융해열 (얼음 80[kcal])　　기화열(증발열) (539[kcal])

$Q = m \times r$

m : 질량, r : 기화열(증발열) 539[kcal/kg], 융해열 80[kcal/kg]

고체와 액체는 융해와 응고, 기체와 액체는 액화와 기화, 고체와 기체는 승화로 상변화가 일어난다. 열의 종류에는 비열, 현열, 잠열이 있다. 물의 체적변화는 다음과 같다.

물 1[g]이 100[℃] 수증기가 되는 경우 H_2O의 분자량 18[g/mole]이므로 18[g]은 1[mole]이고 1[g]은 1/18[mole]이다.

1/18[mole]×22.4=1.224[ℓ]=1,224[cc], 이것이 수증기가 되어 250[℃]되었다면 $1{,}224\times\frac{250+273}{100+273}$=1,745[cc]가 된다. 그러므로 물이 액상에서 기상으로 변화할 때 대기압에서 체적은 1700배가 된다. 또는 100[℃] 증기 비체적은 1.673[m^3/kg]이고 물의 비체적은 0.0010018[m^3/kg]이므로 1.673/0.0010018 = 1,700으로 계산되기도 한다.

13) 공기 - 증기밀도

공기 - 증기밀도는 공기와 증기의 비중을 나타내는 지수이다. 1에 가까우면 공기 중에 희석되고 1보다 크면 아래로 가라앉는다. 온도가 낮으면 액체 증기압도 낮아 증기 - 공기혼합물은 거의 공기가 대부분으로 1에 가깝다. 온도가 상승하여 비점 가까이 되면 증발이 가속되어 주위공기를 밀어내고 공기 - 증기혼합물은 1보다 커서 공기보다 무겁기 때문에 가라앉는다.

$$\text{공기 - 증기밀도} = \frac{P'\times d}{P} + \frac{P-P'}{P}$$

P : 대기압, P' : 포화증기압, d : 증기밀도

공기증기밀도 〉 1 : 가라앉는다, 공기증기밀도 = 1 : 공기희석,
공기증기밀도 〈 1 : 기중증발

> [문제 18] 23[℃]에서 증기압이 76[mmHg]이고 증기밀도가 2인 액체가 있다. 23[℃]에서의 증기-공기밀도는?(단, 대기압은 표준대기압으로 한다.)
>
> ① 0.9 ② 1.0 ③ 1.1 ④ 1.2

14) 온도단위

(1) 섭씨온도(Celsius)

표준 대기압 상태에서 순수 빙점을 0[℃], 비점을 100[℃]로 하여 그 사이를 100 등분하고 한 눈금을 1[℃]로 한 온도단위(미터법)이다. 섭씨 1[℃]는 1[g]의 물을 1[℃] 올리는데

필요한 열량의 1/100을 말한다. 화씨온도를 섭씨온도로 환산하는 데는 $℃=\frac{5}{9}(F-32)$를 사용한다.

(2) 화씨온도(Fahrenheit 온도)

표준 대기압 상태에서 물과 얼음과 염화암모늄의 혼합물로 얻어지는 가장 낮은 온도를 0[℉], 얼음의 빙점은 32[℉], 수은온도계의 물의 비점을 212[℉]로 하였다. 이때 빙점과 비점사이를 180 등분하고 한 눈금을 1[℉]로 한 온도이다. 화씨 1[℉]는 1[lb]의 물을 32[℉]에서 212[℉]까지 상승시키는데 필요한 열량의 1/180을 말한다. 섭씨온도를 화씨온도로 환산하는 데는 $F=\frac{9}{5}C+32$를 사용한다.

(3) 절대온도(K)

공기의 온도를 낮추어 가면 압력이 0이 되는 상태에 이르고 이 상태가 절대적 영도로써 -273[℃]로 되는 온도이다. 물의 빙점은 273[K], 비점은 373[K]로 하고 그 사이를 100등분한 섭씨온도 체계이다(SI단위계이다) (K=273+℃).

(4) 랭킹온도(R)

절대온도계의 정의와 같이 -460[℉]를 절대영도로 하고 물의 3중점을 492R(32F) 비점을 672(212F)로 하고 그 사이를 180등분한 화씨온도 체계이다(R=460 + ℉).

15) 증기의 위험도지수

증기의 위험도지수(VHI : Vapor Hazard lndex)는 허용농도와 포화증기 농도비를 나타낸 것으로 유기용제 분자가 공기 중에 포화되었을 때 허용농도의 몇 배로 되는가를 나타낸 값으로 유기용제의 잠재적인 위험성을 평가하는데 적합하다.

$$VHI=\frac{P_{max}}{760}\cdot\frac{10^5}{C_a}$$

P_{max} : 포화증기압, C_a : 허용농도 ppm

16) 융점(Melting Point)

대기압 상태에서 고체가 액체로 되는 온도를 융점이라 한다. 융점이 낮은 경우에는 액체로 변화가 용이하여 화재발생시 연소확산이 용이하다. 그러므로 아스팔트(융점 50[℃]~90[℃])

인 경우도 위험물로 취급하여 저장탱크 주위에 방유제를 설치하여야 한다.

17) 점성(Viscosity)

점성이란 유체 내의 저항으로 온도가 증가할수록 점성은 작아진다. 그러므로 화재시 온도증가에 따라 점성이 낮아지므로 유체유동이 용이하여 위험성이 증가하게 된다. 기체의 경우는 점성의 변화와 위험성과는 별로 관계가 없다.

18) 연소효율과 열효율

(1) 연소효율(Combustion Efficiency)

연소효율은 연소물이 가지는 열량과 실제발생하는 열량과의 비이다. 예를 들면 4,500[kcal/kg]의 열량을 가지고 있는 목재가 연소할 때 공기의 불충분으로 연소상태가 나빠서 실제로 3,600[kcal/kg]의 열량 밖에 발생시키지 못했다면 연소효율은 다음과 같다.

$$\eta = \frac{3,600}{4,500} = 80[\%]$$

(2) 열효율(Thermal Efficiency)

열효율은 연료가 가지는 총 열량과 연소시켜서 인간이 필요로 하는 일열량과의 비이다.

예를 들어 6,000[kcal/kg]의 석탄 1[Ton]을 연소시켜서 3,000[kWh]의 전력량이 발생되었다면 이때 열효율은 다음과 같다.

$$\eta = \frac{3,000 \times 860[\mathrm{kcal}]}{6,000 \times 1,000} \times 100 = 43[\%]$$

(3) 연소효율과 열효율의 차이점

연소효율은 연소상태를 최적으로 유지하며 90~100[%]까지 올릴 수 있지만 열효율은 발전기, 연소기, 보일러 등 모든 기기효율이 고려된 시스템 전체의 효율을 의미하며 40[%] 이상 유지하기 어렵다.

(4) 가연성 혼합기 농도표시법

① 연공비 = 연료질량/공기질량, 공연비 = 공기질량/연료질량
② 당량비 = 실제연공비/이론연공기, 공기비 = 이론연공비/실제연공비
③ 당량비 〉 1 : 과농혼합기, 당량비 = 1 : 양론혼합기, 당량비 〈 1 : 희박혼합기

19) 산소밸런스(OB : Oxygen Balance)

어떤 가연물이 완전연소 생성물(CO_2, H_2O, N_2, SO_3)을 생성하는 데 필요한 산소 필요량이며 OB가 O에 가까운 것이 폭발위험이 크다. 산소밸런스란 물질 100[g]을 완전연소 시키는데 필요한 산소의 과부족량[g]을 나타낸 지수이다.

① 질산암모늄 $NH_4NO_3(80g) \rightarrow N_2 + 2H_2O + \frac{1}{2}O_2(16g)$

$$OB = \frac{16}{80} \times 100 = -20(g/100)$$

② 메탄 $CH_4(16g) + 2O_2(64g) \rightarrow CO_2 + 2H_2O$

$$OB = \frac{64}{16} \times 100 = 400(g/100)$$

(1) 폭발위험성

① OB(0~45) : 폭발위험 크다(니트로글리콜 = 0, 니트로글리세린 = 4).
② OB(45~90) : 폭발위험 중간(피크린산 = 45)
③ OB(90~135) : 폭발위험 작다(니트로에탄 = 96, 니트로프로판 = 135).

(2) 물질의 위험성

① 온도가 높을수록 위험하다.
② 압력이 클수록 위험하다.
③ 인화점, 착화점, 융점, 비점이 낮을수록 위험하다.
④ 연소범위가 넓을수록 위험하다.
⑤ 연소속도, 증기압, 연소열이 클수록 위험하다.
⑥ 증발잠열, 비열, 표면장력이 작을수록 위험하다.
⑦ 비중이 작을수록 위험하다.

[문제 19] 가스 연소 시 발생되는 이상현상 중 역화(Back fire)의 원인을 설명한 것 중 옳지 않은 것은?

① 혼합가스의 압력이 비정상적으로 낮을 때
② 노즐의 구멍이 너무 작을 때
③ 혼합가스의 량이 너무 적을 때
④ 연소속도보다 가스분출속도가 느릴 때

6. 연소속도

1) 화염전파속도(연소속도 + 미연소혼합기 이동속도)

가연성액체의 액면상에 착화가 일어나면 화염은 액면을 따라서 일정한 속도로 번져 나가는 화염전파속도는 액면온도가 액체 인화점보다 높은가 낮은가에 따라 크게 변화한다.

화염전파속도는 혼합가스에 화염이 발생되면 착화점을 중심으로 주위로 확대되어 가는데 이때 화염면이 이동해 가는 전파속도를 말한다. 화염면 앞에 있는 미연소가스는 연소가스의 열팽창으로 전방으로 밀려나가고 화염은 밀려나가는 가연성 혼합가스를 전파해간다. 그러므로 화염전파속도는 가스의 열팽창에 의한 미연소가스 이동속도, 기류에 의한 이동속도가 연소속도에 가산된 값이다.

연소속도는 일정조건에서 가연성가스의 고유상수인데 반하여 화염전파속도는 고유의 값이 아니라 미연소가스 유속에 따라 변화하는데 파이프나 탱크 속에서 연소하는 경우 수~수백[m/sec]가 된다. 화염이 더욱 가속되면 폭굉으로 전이되어 화염전파속도는 1,800~3,000 [m/s]에 달한다. 화염전파는 미연소 물질에 피드백되어 열분해를 가속시키고 가연성가스가 지속적으로 공급되어 연소는 계속된다.

(1) 액면온도가 인화점보다 높은 경우

액면상에 가연증기가 존재하기 때문에 화염은 증기층을 통하여 전파된다(예혼합연소). 전파속도는 액체종류에 따라 다르며 액체온도가 함께 증가한다. 그러나 증기농도가 화학양론비를 넘으면 화염전파속도는 더 이상 증가하지 않고 일정속도를 유지한다(200[m/sec]).

화염최대속도(V_m)와 층류 연소속도(S_w) 사이에는 다음의 관계가 있다.

$$V_m = AS_w\sqrt{\frac{P_u}{P_f}} \quad (A = 2 \sim 3)$$

P_u : 액체온도에서 증기밀도, P_f : 화염온도에서 증기밀도

(2) 액면온도가 인화점보다 낮은 경우

액면상에 증기층이 형성되지 않으면 화염이 확산되지 않고 시간경과로 미연소 액면이 예열되면 표면류 연소확대가 시작된다(예열형 전파). 표면류 열이동에 비해 기상 화염전파는 빠르므로 화염은 액온 이상으로 된 표면류까지만 따라 붙고 액온이 인화점보다 낮은 경우에 화염은 진행하지 않고 거기에서 다시 기다려 전방 표면류 온도상승시 다시 연소가 진행된다.

2) 연소속도(화학반응속도)

미연소 혼합가스에 대한 화염의 진행속도를 연소속도라 한다. 연소속도는 화염속에서 일어나는 화학반응의 속도로 온도, 압력의 증대와 함께 증대되고 화학양론비 부근에서 최대값이 된다. 연소방향은 가연성가스 표면에 화염이 직각으로 이동하는 속도[m^3/sec]로 화염면 표면을 이동하는 화염속도와는 구별되며 가연성가스의 온도, 압력, 화학양론비 등 내부요인(촉매제, 가연물 입자 등)에 영향을 많이 받는다. 가연성가스에 공기가 공급되어 연소반응이 시작되면 연소생성물(CO_2, H_2O, N_2) 등의 농도가 증가하여 공기가 가연물에 공급되는 것을 저지하므로 연소속도가 저하되는 경우도 있다.

① 압력과 연소속도는 일정한 법칙으로 성립하지 않는다(메탄 + 공기는 압력에 반비례. 메탄 + 산소는 압력에 비례)
② 연소억제제(불활성가스, 부촉매제)에 따라 연소속도는 감소한다.
③ 연소속도는 혼합기의 온도가 높아지면 높아진다.
(연소속도 $S = 0.1 + 3 \times 10^{-6} \times T^2$[m/s] : Zabetakis)
④ 바람에 의해 화염이 경사되면 화염과 액면과 거리가 짧아지므로 예열형 화염전파로 전파속도가 증가한다.
⑤ 연소속도비는 내화구조이면 1, 방화구조는 3, 목조구조는 5의 속도로 확산된다.
⑥ 연소속도는 일빈적인 가연성가스는 상온 · 상압에서 최내 40~50[m/sec] 정도이고 수소, 아세틸렌 연소속도는 그보다 크다.

3) 연소온도

발생하는 열량이 전도, 대류, 복사에 의해 방출되는 열량과 같아지면 온도는 더 이상 상승하지 않는다. 이때 온도를 연소온도라 하며 연소온도는 물질마다 다르고 화염 각 부분마다 온도가 다르다.

[문제 20] 다음은 연소속도에 관한 설명이다. 옳지 않은 것은?
① 일반적으로 탄화수소계 연료는 당량비(Φ)가 1일 때 연소속도가 최대가 된다
② 미연소 혼합기의 온도를 높이면 연소속도가 상승한다
③ 공기의 산소분압을 높이면 연소속도가 상승한다
④ 불활성 가스를 첨가하면 연소속도가 줄어든다.

04 열전달 이론

열전달은 온도차에 의해 높은 온도에서 낮은 온도로 이동하는 현상으로 열전달 메커니즘을 보면 온도차, 밀도차, 부력차에 의해서 생기는 현상으로 전도, 대류, 복사에 의해 발생한다. 전도는 벽을 통하여 발생하고 대류는 벽과 화염 사이에서 일어나며 복사는 멀리 떨어진 공간으로 이동한다.

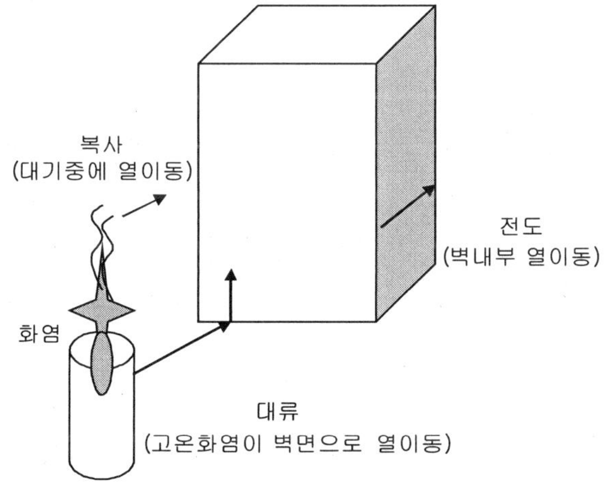

[그림 1-6] 대류, 전도, 복사열 이동

1. 전 도

전도(Conduction)는 기체, 액체, 고체에서 일어나는 분자진동에 의한 열에너지 이동현상(푸리어의 열전도법칙)으로 열에너지가 균등하게 되기 위해 뜨거운 부분에서 찬 부분으로 열이 이동하며 고체 및 정지된 유체에서 발생된다. 뜨거운 커피잔에 담긴 금속 숟가락의 노출된 끝은 전도에 의해 뜨거움을 느끼며 전도는 순수한 금속고체에서 가장 현저하게 일어난다. 또한 실내공기가 바깥공기의 영향으로 열손실이 되는 것은 벽체에서의 전도에 의한 것이다.

전도에 의한 열전달량(열손실량)은 다음과 같다.

$$d = -KA\frac{dT}{dX}\ [\mathrm{W}],\ [\mathrm{J/S}]$$

K : 열 전도율[kcal/m · hr · ℃] = [W/m · ℃], A : 열전달 면적[m^2]
dT : 온도차[℃] , dX : 가열면 두께[m]

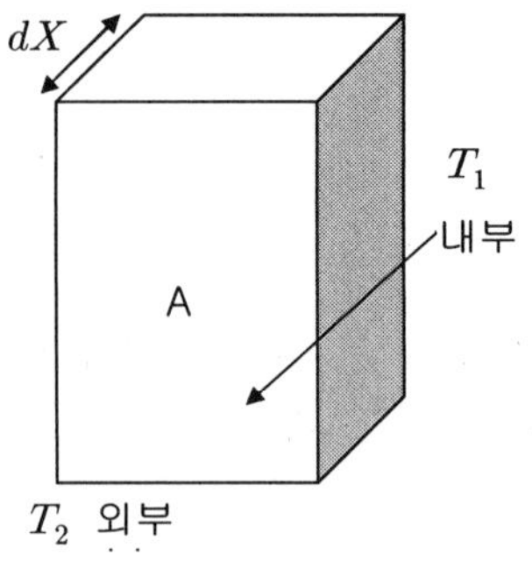

[그림 1-7] 전도 열전달

1) 열전도도

물질이 가열되면 가열된 지점으로부터 이동되는 열의 양은 물질마다 다르다. 단위시간, 단위두께, 단위온도에 대하여 이동하는 열의 양을 열전도율(K)이라 한다. 건축물의 콘크리트 구조물 내에 들어있는 철골은 화재시 높은 금속의 열전도율 때문에 구조물의 다른 부분으로 열이 신속하게 전달되어 화재확대 요인이 될 수 있다. 고체는 기체보다 높은 열전도율 특성을 갖는다.

단열성은 열전도와는 반대개념으로 석고모드는 상당히 낮은 열전도율을 갖고 있기 때문에 단열 및 화재확대를 방지할 수 있는 방화벽 재료에 사용된다.

〈표 1-11〉 물질별 열전도율

재 료	열전도율 [cal/s · m · ℃]×10^{-3}	재 료	열전도율 [cal/s · m · ℃]×10^{-3}
구리	910	유리	2.3
알루미늄	500	플라스틱	0.45~1.7
철	150	숯	0.21
대리석	6.2	콜크판	0.1
콘크리트	4.1	섬유판	0.14
유리	2.3	종이	0.3
벽돌	1.7	나무	0.29~0.8

2) 열확산도

열확산도란 열이 벽을 통과하는데 걸리는 시간을 의미한다.

$$D = \frac{dX^2}{16\alpha}(dX : \text{두께},\ \alpha : \text{열확산도})$$

3) 열저항

평판 두께를 dX, 양쪽 표면온도 T_1, T_2인 경우 열전달량과 열저항(Thermal Resistance)은 다음과 같다.

$$q = -KA\frac{(T_2 - T_1)}{dX} = -\frac{T_2 - T_1}{\frac{dX}{KA}} = \frac{\text{온도차}}{\text{열저항}}$$

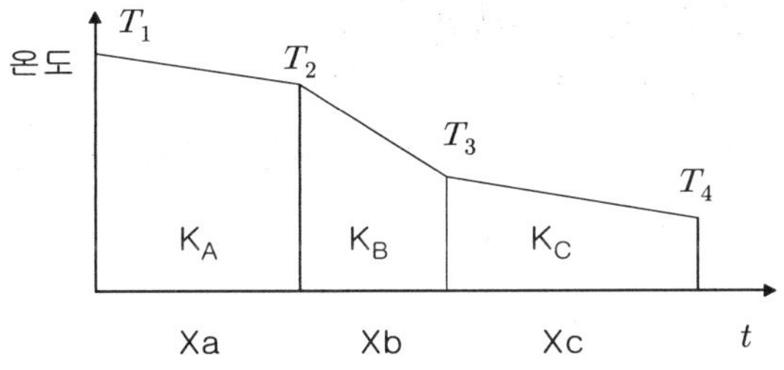

[그림 1-8] 여러 매질 열전달

이를 이용하여 그림과 같은 여러 매질 내의 각 부분을 통과하는 열전달량을 구할 수 있다.

$$qa = -KaA\frac{(T_1 - T_2)}{dXa}, \quad qb = -KbA\frac{(T_2 - T_3)}{dXb}, \quad qc = -KcA\frac{(T_3 - T_4)}{dXc}$$

따라서 각 매질을 통하여 전달되는 열량은 다음과 같이 표시할 수 있다.

$$q = \frac{(T_1 - T_4)}{\frac{dXa}{KaA} + \frac{dXb}{KbA} + \frac{dXc}{KcA}}$$

그런데 매질 내에서 열이 발생하거나 소멸하지 않는 경우 에너지 보존법칙에 의해 각 매질을 통과하여 전달되는 열의 양은 동일하다($\rho = \rho_a = \rho_b = \rho_c$).

원형매질에서 반경방향으로 열이 전달되는 경우 단위길이당 열저항은 다음과 같다.

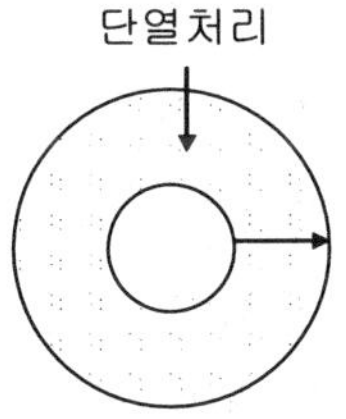

[그림 1-9] 원형매질 열전달

$$R = \frac{\text{In}\left(\frac{r_o}{r_i}\right)}{2\pi KL}$$

r_o, r_i : 원관의 외경과 내경, K : 열전도율, L : 관의 길이

4) 열팽창

① 열팽창계수는 선팽창계수와 체적팽창계수가 있다.
② 물의 팽창계수는 4[℃] 부근에서 0에 가깝다.
③ 기체 팽창률은 고체의 약 100배, 액체의 10배 이상값을 갖는다.

2. 대 류

대류는 고체표면과 이동유체 사이에서 일어나는 열전달을 말한다. 유체(기체, 액체)가 고체표면에 흐를 때 온도가 서로 다르다면 유체와 고체표면 사이에는 열전달이 발생한다. 유체의 유동이 없는 경우에는 전도에 의해서만 열전달이 발생하지만 유체에 유동이 있다면 열전달률을 증가시키는데 이와같이 유체유동이 수반된 전도현상으로 유체와 고체와의 열전달을 대류라 한다

1) 대류이동

뜨거운 곳의 유체분자의 수는 차가운 곳의 유체분자의 수보다 적어 뜨거운 유체는 차가운 유체보다 더 가벼워진다. 그러므로 뜨거운 유체는 차가운 유체보다 중력이 작아서 상부위치에 오게 되면서 열이동이 일어나는 대류현상이 발생한다. 그러므로 대류는 유체에 온도변화가 일어나면 밀도변화가 생기고 이 밀도변화를 균일화하기 위해 분자이동으로 열에너지가 전달되는 현상이다. 건물내부의 바닥부분에 가연물 착화로 화염이 발생하고 그 화염에서 발생한 열기류가 천장부분의 가연물질을 가열하여 착화에 이르게 하는 현상이 발생하는데 이를 대류연소라 한다. 대류현상으로 화재구획 천장부위로 화염이 확산되어 화재의 최성기인 Flash Over에 이르게 된다.

① 강제대류(Forced Convection) : 유체운동이 외부로부터 발생되는 메커니즘으로 팬, 송풍기, 펌프, 바람 등에 의해 발생한다.
② 자연대류(Free Convection) : 유체 내의 온도차이로 발생되는 밀도차이에 의한 부력으로 유체운동이 발생한다.

2) 뉴턴의 냉각법칙

고온 고체표면에 유체가 이동하는 경우 유체에 전달된 대류 열에너지는 뉴턴의 냉각법칙에 의해 다음과 같다.

$$q = Ah(T_h - T_c)[\text{kcal/hr} \cdot \text{m}^2],[\text{W/m}^2 \cdot ℃]$$

h : 대류 열전달계수 [W/m^2 · ℃]=[J/hr · m^2 · ℃]
A : 열전달 면적[m^2], T_h : 고체표면 온도, T_c : 유체의 온도

대류 열전달계수는 열전도율(K)과 달리 물질매질과는 관계가 없으며 유체의 온도분포와 속도분포에 좌우된다. 점성차이로 속도가 변화하는 영역을 속도경계층이라 하고 평판 가까이 온도변화가 있는 층을 온도경계층이라 한다.

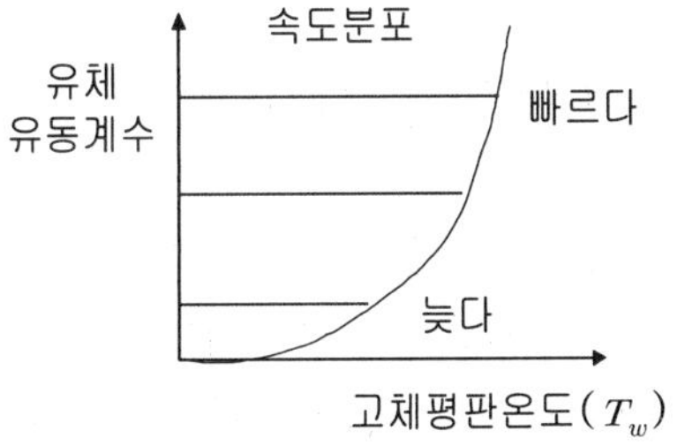

[그림 1-10] 속도분포 대류영향

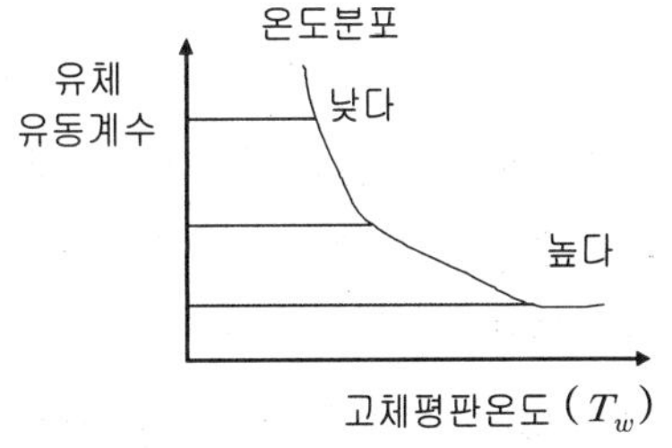

[그림 1-11] 온도분포 대류영향

열전도는 열이 어떤 물체내부를 이동하는 의미이고 열전달은 상이 다른 공간, 즉 고체에서 기체로 열이 전달되는 대류열전달 개념이다.

3) 열유속

열유동률 q를 단위면적 A로 나눈 값 Q_x를 X방향 열유속(Heat Flux)이라 한다.

$$Q_x = \frac{q}{A}[\text{W/m}^2]$$

q : 열유동률[W]

열유속 Q_x는 [W/m^2]로 표시하고 열전도율 K는 [W/m · ℃]로 표시한다.

3. 복 사

복사에너지는 물체표면을 통해 방출하는데 이 에너지는 물체 내부영역으로부터 경계표면

으로 공급된다. 또한 물체표면에 입사되는 복사에너지는 물체내부 깊숙이 침투되면서 흡수된다. 전도와 대류는 열전달 매체가 반드시 있어야 하고 절대진공에서는 전도, 대류현상이 발생하지만 복사(Radiation)는 물질매질에 상관없는 전자파 방식의 에너지 방출로 절대진공에서도 서로 다른 온도의 두 표면사이에서 열전달이 일어난다. 즉, 가열된 물질과 떨어져 있는 물체에 열을 전달하는 방법이다. 진공이나 대기 중에서는 투명복사가 발생되며 유리에서는 반투명 복사가 일어나고 금속, 나무 등에는 불투명 복사가 일어난다. 일반적으로 300[℃] 이하에서는 전도와 대류가 주된 열전달이 되지만 500[℃]을 넘으면 복사가 고려되어야 하며 1,000 [℃]에서 복사열은 화재시 열이동이 가장 크게 작용하는 열의 이동방식으로 원격점화의 가능성을 평가하는데 있어 대단히 중요하다. 주수소화시 안개상태 물은 표면이 커서 열의 흡수속도가 빨라 복사열을 신속히 흡수하여 연소부분 확대를 방지한다.

1) Stefan-Bolzmann Law

복사에너지가 어떤 물체의 표면에 도달하면 물체표면에는 그 에너지를 흡수(α), 반사(β), 투과(γ)가 되고 에너지 보존법칙에 의해 $\alpha + \beta + \gamma = 1$이다.

대부분의 고체는 복사에너지를 투과시키지 않으므로 투과율은 0이 된다. $\alpha = 1$인 경우에는 입사된 복사에너지가 물체에 모두 흡수되는데 이와같은 특성을 지닌 이상적인 물체를 흑체라 한다(플랑크의 양자이론). 흑체표면에서 단위시간, 단위면적당 복사되는 에너지의 양은 Stefan-Bolzmann Law 식으로 표시된다.

$$E = \sigma {T_2}^4 [\mathrm{W/m^2}]$$

σ : 상수($5.667 \times 10^{-8}[\mathrm{W/m^2 \cdot k^4}]$, T : 절대온도 (℃ + 273)

그러나 대부분의 물체는 흑체가 아니므로(이를 회색물체라 한다) 회색물체의 복사에너지는 흑체보다 작아지는데 이를 방사율(ε)이라 하며 $\varepsilon = 0.6 \sim 1.0$ 값을 갖는다. 흑체는 구획 내에서 대류열전달이 일어나지 않는다. 방사율이 고려된 복사에너지는 $E = \varepsilon\sigma {T_2}^4$이 된다.

2) 형상계수(Configuration Factor)

화염 근처에 있는 피열체는 화염에서 방사하는 열에너지를 전부 받는 것이 아니라 복사체와 피열체의 크기, 거리, 배치각도 등에 따라서 피열체가 받는 복사에너지는 형상계수(ϕ)가 고려되며 그때 복사에너지는 다음과 같다.

$$E = \phi\varepsilon\sigma T_2^4$$

형상계수 ϕ는

$$\phi = \frac{1}{90}\left(\frac{x}{\sqrt{1+x^2}}\tan^{-1}\frac{y}{\sqrt{1+x^2}} + \frac{y}{\sqrt{1+y^2}}\tan^{-1}\frac{x}{\sqrt{1+x^2}}\right)$$

x : height ration$\left(\frac{a}{c}\right)$, y : width ration$\left(\frac{b}{c}\right)$

a : 복사체의 높이, b : 복사체의 폭, c : 복사체와 피열체의 거리

형상계수는 화염으로부터 멀어짐에 따라 작아지고 임의의 거리이상 떨어지면 화염까지 거리 2승에 반비례한다.

예를 들면 수열측에 나무가 있는 경우 복사열 10[W/m^2]인 경우 목재는 착화된다. 그러므로 수열측에 나무가 있고 복사열이 착화한계강도(10[kW/m^2])가 넘을 경우 복사거리를 확보하여야 한다. 매질내부를 전파해가는 복사열은 매질의 에너지 흡수에 의해 점차 약해진다. 그러나 진공 속을 복사파가 전파할 때는 어떠한 감쇠도 일어나지 않는다. 화재현장에서 풍상측이 풍하측보다 공기가 많아 복사에 의한 열전달이 더 용이하게 이루어지는 것은 대기에서는 진공과 같이 복사열 감쇠가 거의 일어나지 않기 때문이다. 열전달은 전도, 대류, 복사에 의해 이루어지고 연소확대는 비화, 접염, 복사에 의해 발생된다.

[문제 21] 열전달의 형태를 설명한 것 중 <u>옳지 않은</u> 것은?

① 전도란 직접적인 접촉에 의하여 분자의 진동에 의해 전달된다
② 대류란 온도차에 의한 밀도차로 따뜻한 공기는 상승하고 찬 공기가 내려오는 것을 말한다
③ 스테판볼츠만 법칙에서 복사에너지는 섭씨온도의 4승에 비례한다는 것이다
④ 복사란 매질을 통하지 않고 전자파의 형태로 전달된다

[문제 22] 다음 보기에 대한 정의가 순서대로 올바르게 나열된 것은?

㉠ 화재시 화염과 격리된 인접 가연물에 불이 옮겨붙는 현상으로 금속의 고온부에서 지온부로 열이 이동된다
㉡ 양초위에 조금 떨어진 종이가 연소되는 현상이며, 가열된 공기나 유체가 움직이면서 열이전달된다
㉢ 플래시오버를 일시에 착화시키는 현상이며, 물체에서 열에너지가 전자기파 형태로 방출되는 현상이다.
㉣ 산림화제에 볼 수 있으며 불똥이나 불꽃이 다른 가연물로 전달되어 화재가 일어나는 현상이다

	㉠	㉡	㉢	㉣
①	전도	대류	복사	비화
②	대류	전도	복사	비화
③	전도	복사	대류	비화
④	복사	전도	대류	비화

05 연소생성물

연소생성물은 가연물의 종류(목재, 플라스틱, 섬유 등), 산소량, 온도 등에 따라 다르며 연소생성물로는 독성가스, 연기, 열, 화염 등이 방출된다. 고분자 물질이 연소과정을 통해서 생성하는 물질은 크게 열분해 생성물과 연소생성물로 대부분의 가연물은 C, H, O를 기본으로 N, Cl 등의 화합물로 구성되어 있다. 목재, 종이는 C, H, O로 PVC는 C, H, O, Cl로 폴리우레탄은 C, H, O, N로 구성되어 있다.

고분자 물질의 연소과정은 가열 → 열분해 → 발화 → 화염확산 → 연소생성물 발생하면서 기체생성물(연기, 유독가스)과 응축생성물(탄화물, 코크스, 그을음, 재) 등이 발생된다. 석탄에서는 탄화물, 석유에서는 코크스를 생성하고 그을음은 기체, 액체, 고체연료의 휘발성분 연소에서 생성되는 탄소입자들이다. 그을음 입자는 연소생성물이 식어감에 따라 기체 상태의 다른 탄화수소를 흡착한다.

1. 생성물

1) 열분해 생성물

산소공급과 가열시간이 충분하면 완전연소가 일어나며 CO_2, H_2O, SO_3, P_2O_5 등이 발생하며 산소가 적당치 않고 화염온도가 낮은 경우 불완전연소가 발생된다. 불완전연소시에는 미연소생성물(C, CO, HCN, H_2S)이 많이 발생하며 완전연소시보다 적은 열을 발생한다.

① 완전연소 : $C + O_2 \rightarrow CO_2 + 97$[kcal/kmol]
② 불완전연소 : $C + 1/2O_2 \rightarrow CO + 27$[kcal/kmol]
　㉠ 기체 : 탄화수소류(벤젠, 암모니아…), CO 등이 있다.
　㉡ 액체 : 타르, 케톤류, 방향족 탄화수소 등 특유의 냄새를 갖는 것이 많다.
　㉢ 고체 : 그을음(유리탄소), 탄화물 등 탄소의 응집체로 흑색을 띄며 연료의 종류에 관계없이 독성이 없다.

2) 생성물의 종류

① 완전연소생성물 : H_2O, CO_2, N_2, SO_3, P_2O_5
② 불완전연소생성물 : CO, 독성가스, 타르, 그을음

불완전연소생성물은 CO, 탄화수소류(메탄, 아세틸렌, 벤젠, 아세트알데히드, 아세톤), 폴

리방향족 탄화수소(나프탈렌, 벤조피렌 등), 케톤류(아크롤레인, 포름알데히드, 아세트알데히드), 타르, 그을음 등이 있다.

2. 독성가스 평가

1) 독성가스 기준

인체에 미치는 독성효과는 급성독성, 만성독성, 발암성 등으로 구분한다. 허용농도가 200[ppm] 이하인 가스를 독성가스라 하며 화재시 80[%] 가량은 연기 및 독성가스에 의해 사망한다. 독성성분은 많지만 화재시 단독으로 치사 또는 행동불능을 초래하는 성분은 그다지 많지 않으며 주로 CO, HCN, HCl, 아크롤레인, 포름알데히드 등이 있다. 독성가스의 허용농도는 성인남자가 독성분위기 속에서 1일 8시간씩 계속 근무해도 인체에 위해가 없는 농도를 말하며 단위는 ppm을 사용한다.

2) 유독가스 인체영향

① 질식제 : 세포 내의 산소 수용능력을 감소시켜 저산소증으로 신경계를 마비시킨다. CO가 대표적으로 체내에서 산소공급을 방해하여 저산소증을 유발시킨다. CO, HCN은 체내 산소공급을 억제하며 CO_2는 대기 중의 산소농도를 감소시켜 호흡주기를 빠르게 한다.

② 자극제 : 자극성 물질인 HCl, 아클로레인, 알데히드류는 주로 감각기관인 눈, 코, 입을 자극하여 감각기관을 자극시켜 판단력을 잃게 하고 대피능력을 감소시켜 인명피해를 증가시킨다.

3) 유해가스 위험성평가

유해가스 위험성평가 방법에는 화학적 분석법과 생성가스 동물흡입법 등이 있다. 화학적 분석법에는 적외선분석법, 이온전극법, 비색분석법, 가스크로마토 그래피 등이 있다. 이들 방법으로 분석되는 것은 CO, CO_2, O_2, HCN, HCI, 아크롤레인, 방향족 탄화수소 등이며 여러 가스가 동시에 혼합된 경우에는 종합적인 평가가 필요하다.

① 정적독성지수 : 정적독성지수는 단위중량당 유해가스 체적을 나타내며 1~1,200의 값을 갖는다.

$$T_s = \frac{C}{Cf} \cdot \frac{V}{W}$$

C : 현재가스농도, Cf : 치명적 가스농도, V : 독성용적, W : 재료중량

② 동적독성지수 : 정적독성지수에 발열속도나 발연속도가 고려된 독성지수로 단위시간당 생성되는 유해가스 농도는

$$T_d = \frac{V}{Cf \cdot A} [\ell/\text{cm}^2 \cdot \text{min}]$$

V : 독성가스 용적발생속도[ℓ/min], A : 면적, Cf : 치명적 가스농도

유해가스 위험성은 화재시 발생하는 총량보다는 발열속도와 발연속도가 문제가 되며 동적독성지수는 0.1~100의 범위를 갖는다.

4) 독성지수

연소반응 모델결과에 대한 비확신성으로 화학적 모델분석보다는 동물실험이 사용된다. 동물을 연기에 특정시간 노출시킨 후 측정하는 방법으로 LC50과 IC50이 있다.

① LC50(Lethal Concentration) : 치명적 농도를 의미하는 지수로 4시간 동안 쥐에게 노출했을 때 노출된 동물의 50[%]가 사망하는 농도를 나타낸다.
② IC50(Incapacitation Concentration) : 노출된 동물의 50[%]가 무력화되는 농도이며 생존에 대한 욕구가 사라지는 것을 의미하며 사망보다는 생존가능성에 바탕을 둔 개념이다.
③ ECT50(Exposure Time) : 노출시간과 LC50 또는 IC50과의 곱으로 정의된다.
④ ALC(Approximate Lethal Concentration) : 15분간 노출시켜 그 반수가 사망하는 농도

3. 독성가스 종류

1) CO

가장 독한 가스는 아니지만 화재시 가장 많이 발생되는 가스이기 때문에 인체영향이 가장 크다. CO의 독성은 혈액속의 헤모글로빈과 친화력(산소의 결합력 보다 210배) 때문이다. 인체내의 혈액 중 산소운반체인 헤모글로빈과 산소와의 결합을 방해하여 몸속의 산소공급을 방해한다. 그러므로 헤모글로빈과 결합으로 카복시 헤모글로빈(HbCO)을 생성하여 산소결핍을 발생한다. 혈중 CO의 농도는 HbCO의 포화 퍼센트로 나타내는데 30[%] 이상의 HbCO 포화상태는 모든 사람에게 위험하며 50[%] 이상은 치사량이다.

CO의 위험성은 생성물 농도 [ppm×시간(분)]으로 계산한 값이 35,000[ppm] 이상이면 위험하기 때문에 CO 3,500[ppm]으로 10분 이상 노출시 매우 위험하다. CO의 특징은 다음과 같다.

① 가연성기체로 무색, 무취이다.
② 비중 0.97(분자량 28)로 공기보다 가볍다.
③ 물에 녹지 않으며 공기 중에 점화되면 청색불꽃을 내면서 CO_2가 된다.
④ 가벼울 때는 두통, 현기증 등을 나타내고 중독이 진행되면 의식상실, 경련, 사망 등에 이른다. 중독증상이 상당히 진행된 경우에는 회복되어도 신경장애를 준다.

2) CO_2

CO_2 자체에는 독성이 없지만 공기 중에 CO_2가 많이 존재하면 상대적으로 산소농도가 낮아져 호흡이 가빠지면서 주위 독성가스를 많이 흡입하여 위험하다. 연소가스 중 제일 많이 발생한다.

CO_2 특징은 불연성기체(공기보다 무겁다)로 CO 발생량과 반비례한다. 일반적 화재현장에서 3~12[%]이고 공기 중 2[%] 농도로 호흡이 50[%] 빨라지고 10[%]에서는 몇 분 안에 사망하게 된다.

〈표 1-12〉 CO_2와 O_2농도에 따른 증상

CO_2 농도[%]	증 상	O_2 농도[%]	증 상
1	불쾌감	21	정상
2	호흡 가빠진다	12~16	호흡증가, 맥박증가
3	맥박, 혈압상승	10~12	호흡곤란, 판단력 상실
4	두통	6~10	구토, 의식불명, 신선한 공기에서 소생가능
5	구토	6 이하	호흡중지 수 분 내 사망
6	호흡곤란		
10	수분이내 사망		

3) 염화수소(HCl)

염화수소는 염소가 함유된 물질(PVC)이 연소하여 발생한다. 강력한 폐자극 독성물질로 75[ppm]의 낮은 농도에서 눈과 호흡기에 심한 자극을 준다. 인체 내의 수분과 결합하여 염산을 만들어 여러 염증을 유발한다. 사고 후 질병의 감염과 호흡기 장애가 확대되어 사망원인이 된다.

4) 시안화수소(HCN)

질소가 함유된 물질(모, 실크, 나일론, 폴리우레탄, 천연 및 합성물질)에서 불완전연소시 발생한다. 헤모글로빈과 결합하지 않지만 몸속세포의 산소이용을 막아 세포의 활동성을 급속히 감소시킨다. 50[ppm]에서 30~60분간 허용되고 100[ppm] 농도에서는 30~60분간 있으면 치명적이다.

5) 불화수소(HF)

유리를 부식시킬 정도로 독성이 강하므로 사람의 시력을 상실케 한다.

6) 포름알데히드(HCHO)

강자극성 무색 액체로 중추신경계 마취작용을 하는 독성물질이다. 10~20[ppm]에서 정상 호흡이 불가능하고 50~100[ppm]에서 5~10분간의 노출로 기관지, 폐에 염증을 일으킨다. 셀롤로오즈, 폴리에틸렌 등 저온연소나 훈소시 발생한다.

7) 아크롤레인(CH_2CHCHO)

강자극성 무색의 가스로 눈, 호흡기, 피부를 자극하고 체류탄가스로 사용한다. 1[ppm]인 경우 2~3분 노출로 눈의 자극을 느끼고 4분에는 눈물을 흘리고 5분이 지나면 고통을 참을 수 없다. 아크롤레인은 모든 유기물 연소에서 발생할 가능성이 있으며 특히 폴리에틸렌, 폴리프로필렌 등 연소시 많이 발생하며(석유류) 비교적 산소가 부족한 상태(지하층화재)에서 발생한다. 연소생성물별 발생물질은 다음과 같다.

〈표 1-13〉 연소생성물별 연소특성

연소생성물	발생물질	연소특성
CO, CO_2	탄소성분 내포 가연물	
유화수소(H_2S)	고무, 고기, 가죽 유황성분	유황의 불완전 연소, 달걀썩는 냄새
아황산가스(SO_3)	나무, 유황	유황 완전연소
암모니아(NH_3)	플라스틱, 아크릴, 나일론	질소 함유물 연소, 역한 냄새, 시각저하
시안화수소(HCN)	합성수지, 레이온(섬유공장)	맹독성 가스, 청산가스
염화수소(HCl)	PVC, 수지류	눈과 호흡기 손상, 염산, 금속부식
질소산화물(NO_2)	폴리우레탄, 셀룰노이드	냄새가 없어 폐에 가스가 차도 모른다.
포스겐($COCl_2$)	하론 소화약제 + 화염	하론 104(CCl_4)가 공기와 반응시 발생
아크롤레인(CH_2CHCH_2)	폴리에틸렌, 폴리프로필렌	가장 독성이 강하다

[장기간 노출 최대농도허용]
CO_2 : 5000[ppm], CO : 100[ppm], H_2S : 20[ppm], HCN : 10[ppm], SO_3 : 5[ppm], HCl : 5[ppm], NO_2 : 5[ppm], $COCl_2$: 1[ppm], CH_2CHCH_2 : 0.5[ppm]

〈표 1-14〉 물질계별 생성가스

목재계 재료(목재, 합판, 종이)	CO, CO_2
염소계 재료(PVC)	Cl_2(염소), HCl, 포스겐
불소계 재료(불소, 테트론)	HF(불화수소)
질소계 재료(폴리우레탄, 나일론, 양모)	HCN, NH_3
유황계 재료(고무, 유황, 양모)	H_2S, SO_2

[문제 23] PVC(폴리비닐클로리드)의 연소 시 주로 많이 발생되는 독성가스는?
① 염화수소(HCl) ② 청산(HCN)
③ 아세트알데히드(CH_3CHO) ④ 이산화탄소(CO_2)

[문제 24] 다음 독성가스에 대한 내용으로 틀린 것은?
① 포스겐은 PVC수지류가 탈 때 생성되며, 허용농도는 0.1[ppm]이다.
② 일산화탄소는 완전연소시 발생하고, 이산화탄소는 불완전연소시 발생한다
③ 염화수소는 PVC등 수지류, 전선의 절연재, 배관재료 등이 탈 때 생성되는 무색기체로 눈, 호흡기에 영향을 주며 금속에 대한 강한 부식성이 있다
④ 시안화수소는 청산가스라고도하고 질소성분 합성수지류, 동물털의 불완전연소시, 나일론, 인조견 등의 직물류, 목재, 종이, 우레탄 등이 탈 때 미량이 발생한다

[문제 25] 이산화탄소의 허용농도(TLV기준)는?
① 200ppm ② 1000ppm ③ 5000ppm ④ 10000ppm

4. 연기의 특징

유기물이 완전연소하면 연기가 발생하지 않지만 불완전 연소하면 연기가 발생한다. 연기는 유리탄소를 주성분으로 하는 고체미립자인 그을음과 열분해 생성가스가 냉각응축한 타르, 무상의 수증기, 기상의 분자 등 복합생성물로 구성된다. 연기입자는 0.01~10[μm]로 안개입자(10~50[μm])보다 작다. 연기는 온도가 낮을수록 액체로 되어 농도가 진하고 산소가 낮을수록 탄소분이 많아 검은연기가 발생한다. 탄소분자는 산소공급이 충분한 상황에서는 화염내부에서 완전히 산화되지만 탄소를 많이 포함한 연료에서는 생성하는 유리탄소량

이 많아 모두 산화해 버리지 못하므로 화염 밖으로 방출된다. 연기발생량은 25[m^2] 넓이의 사무실 내장재가 연소하면 바닥면적 3,000[m^2] 고층빌딩 25개층 전체를 확산하는데 약 10분이면 충분하다.

1) 연기의 문제점

① 시각적 유해성 : 가시거리 확보곤란
② 심리적 유해성 : 연기에 대한 공포유발
③ 생리적 유해성 : 열이 폐 속으로 유입되면 혈압강하로 혈액순환장애와 장기간 노출로 뇌신경 손상

2) 연기의 특징

① 빛을 흡수하여 시야를 방해
② 다양한 유독가스 함유
③ 연기는 연소온도와 비슷한 고온시 다량의 에너지를 보유하고 있고 열이 모두 방출되면 실내공기와 혼합되어 희석됨
④ 실내산소 소비

3) 패닉(Panic)현상 발생원인

① 절박한 위험상황에 처해있을 때
② 심리적 유대관계가 약화되어 있을 때
③ 탈출통로가 제약되거나 막혀있을 때

4) 패닉현상 발생방지

① 침착한 태도를 유지하고 재해현장의 상황, 피난방향 및 통로를 정확하게 숙지
② 자기 스스로 패닉현상에 빠져들지 않도록 불안과 공포감의 경감에 주력
③ 광란적인 사람은 집단에서 격리
④ 다수인의 경우에는 인원을 통솔 가능하게 분산 유도

5) 발연계수(K)

플라스틱계 합성고분자는 목재계 천연고분자보다 발연량이 많다. 플라스틱계 재료는 탄소량이 많고 열분해 속도가 빨라 연소에 필요한 산소가 부족해져 많은 연기가 발생한다. 발연량은 온도를 일정하게 하면 가연물량에 비례하여 증가하고 단위중량당 발연량은 발연계

수에 따라 다르다. 발연계수(K)는 온도에 대하여 부(-)의 직선성을 가지고 있으므로 발연계수와 온도와의 사이는 다음과 같다.

$$K = A - BT(A,\ B : \text{상수},\ \ T : \text{온도})$$

6) 그을음

산소공급이 충분한 상태에서는 탄소분자는 화염내부에서 산화되기 때문에 외부로 방출되지 않지만 탄소를 많이 함유한 연료는 유리탄소량이 많아 모두 산화해버리지 못해 화염 밖으로 검은 연기를 분출한다. 탄화수소계의 연료에 화염이 밝게 빛나는 것은 탄소입자가 화염중에 많이 존재하여 고온에서 열발광을 하고 있기 때문이다. 그을음 성분은 90[%] 이상이 탄소이고 그 밖의 수[%]의 수소나 산소를 포함하고 있다.

7) 연기의 유동

연기는 화재발생 초기에 많이 발생되고 최성기에는 적은 편이다. 고온연기는 부력에 의해 상부로 올라가 천장면을 따라 수평이동한다.

① 수평방향 : 0.5~1.0[m/s]
② 수직방향 : 2~3[m/s]
③ 계단 연기상승 : 3~5[m/s]

[문제 26] 실내에서 연기의 이동 속도는?

① 수직으로 1m/sec, 수평으로 5m/sec 정도 ② 수직으로 3m/sec, 수평으로 1m/sec 정도
③ 수직으로 5m/sec, 수평으로 7m/sec 정도 ④ 수직으로 7m/sec, 수평으로 9m/sec 정도

[문제 27] 건물 화재에서 계단실 내에서의 연기의 상승속도는?

① 약 0.8~1.0m/sec ② 약 1.0~2.0m/sec ③ 약 3~5m/sec ④ 약 10~15m/sec

5. 연기유동

저층건물에서 연기유동의 힘은 대류이동과 화염의 압력에 의한 것이고 고층건물에서는 굴뚝효과, 부력, 외부풍압, 공조설비 등에 의해 이동한다.

1) 굴뚝효과

굴뚝효과(Stack Effect)는 건물 내 · 외부 온도차에 의해 기류가 상층부로 이동하는 현상이다. 특히 계단실, Ele실의 수직공간은 내 · 외부 온도차가 크기 때문에 강한 통기력으로 연기를 상층으로 확산시킨다.

$$\text{자연 통기력} = 7.63H\left(\frac{1}{T_o} - \frac{1}{T_i}\right)$$

H : 건물높이, T_o : 외부 공기온도, T_i : 내부 공기온도

건물 내 · 외부온도가 같으면 굴뚝효과는 발생하지 않는다. 외부온도가 낮으면(겨울) 공기가 위로 상승하고 외부온도가 높으면(여름 냉방) 반대효과가 나타난다. 굴뚝효과 요인으로는 건물높이(H), 건물 내 · 외부온도차, 외벽의 기밀성, 건물층간 공기누설 등에 좌우된다.

2) 고온가스 팽창력

화재지역 온도증가는 기체의 체적증가를 의미한다. 화재시 실내온도가 상승하면 그때 발생되는 팽창력으로 연기는 외부로 방출된다. 화재지역에서 온도상승이 100[℉]에 이르면 가스체적은 원래체적의 3배가 되어 원래 가스체적 2/3를 방출한다.

$$\Delta P = \left(\frac{m}{T_O} A_w\right)^2 T_i$$

m : 연소속도, T_O : 대기온도, T_i : 내부온도, A_w : 개구부면적

3) 외풍에 의한 영향

바람이 불면 바람이 불어오는 건물 쪽은 내부로 압력을 받고 바람이 불어가는 쪽과 측면쪽은 내부에서 외부방향으로 압력을 받는다. 지붕도 상부측으로 압력을 받아 내부에서는 전체적으로 공기가 유동된다. 이때 건물 내 · 외부의 압력차는

$$\Delta P = \frac{u^2}{20.16 T_o}$$

u : 풍속[m/min], T_o : 외부온도[°K]

외부 압력분포는 풍속, 방향, 건물높이 등에 영향을 받는다. 저층이고 폭이 넓은 건물은 지붕방향으로 대부분의 공기를 유동시키고 폭이 좁고 고층인 건물은 측면방향으로 공기를 유동시키는 힘이 크다.

4) 공조설비 영향

공조설비는 화재시 연통역할을 하므로 화재발생시 댐퍼를 폐쇄시켜 화재확산을 방지하여야 한다.

(1) 전용설비

소방법에서 규정하는 제연설비는 제연전용의 급·배기팬과 배연풍도, 배풍기를 의미한다. 건물이 정상적인 경우에는 가동되지 않고 화재시에만 사용된다.

① 제어 및 유지관리가 간단하다.
② 다른 설비변경에 영향이 없다.
③ 신뢰도가 높다.
④ 공사비가 겸용에 비해 고가이다.
⑤ 천장공간, 기계실공간이 커야 한다.
⑥ 비상시에만 운전되므로 결함발견이 어렵다.

(2) 겸용설비

공조설비가 화재시 자동적으로 제연기능으로 전환될 수 있는 경우 공조설비를 제연설비로 인정한다는 소방법에 근거해 공조설비를 제연설비로 이용할 수 있다.

① 공조설비는 상시 운전되므로 결함발견이 쉽다.
② 설치공간이 절약되고 경제적이다.
③ 설비제어가 복잡하다.
④ 신뢰도가 낮다.

6. 연기제어

연기제어 효과를 높이기 위해서는 방연구획, 배연시스템 등 최상위 서브시스템 사용이 고려하여야 한다. 화재시 열·연기를 배출시키는 배연시스템은 피난 및 구조활동에 도움을 주며 열축적에 의한 건물내력 유지도 큰 역할을 한다.

1) 방 연

방호공간의 실내압력을 높여서 연기가 침입하지 않도록 기계장치를 이용하는 방식으로 엘리베이터 승강장, 전실 등에 적용된다. 그러나 연기의 유출구가 없으면 급기효과가 얻어지지 않고 문의 개폐 등의 장해가 발생한다. 방연구획 구성은 칸막이벽(불연재료로 둘러 쌓아 만든 벽)과 매달린벽(경계칸막이 벽)으로 구성한다.

2) 축 연

대공간의 홀 등은 천장과 바닥이 넓어 화재시 연기 강하시간이 길어 피난 및 구조활동에 대한 시간을 확보할 수 있다. 그러나 일반 거실은 축연용량이 작기 때문에 수직벽이나 배연설비를 병용하여 인접구획으로 연기확산을 방지하거나 피난완료 후 문을 폐쇄하여 방연을 구축하여야 한다.

3) 배 연

(1) 배연구

화재시 연기의 원활한 배출을 위해 지붕에 자동식 또는 수동식의 연기배출구를 Smoke Hatch(Roof Hatch : 자연배연구)라고 한다. 화재감지기와 의해 연동되는 자동개방구조와 수동식 개방구조가 있으며 외풍에 의해 자연배연이 안되는 경우 송풍기를 설치하여 강제배연을 할 수 있다.

(2) 스모그타워 방식(배연 사프트)

연기온도에 의한 부력과 배연 샤프트의 최상부에 작용하는 외부풍에 의한 흡인력을 이용하여 배연하는 방식으로 기계력을 이용하지 않기 때문에 신뢰성이 높다. 배연량 확보를 위해 단면적이 큰 샤프트가 필요하며 부속실이 계단이나 복도부분보다 현저한 압력차가 생기지 않도록 TAB를 실시하여야 한다. 샤프트부분 누연을 방지함과 동시에 연기가 부력을 상실하지 않도록 단열하고 외벽보다 실내에 설치하는 것이 바람직하다. 연통효과(Draft Effect)가 억제되는 요인은 다음과 같다.

① 연통 내·외부 공기온도차 작은 경우 p=ALg(90-9) 부력에 의한 압력차
② 연통 수직방향 길이가 짧은 경우
③ 연통 내부유체 저항이 큰 경우(가로부분, 굴곡, 검댕)
④ 외부바람 영향
⑤ 연통하부에 공기공급이 안되는 경우

(3) 기계배연방식

기계배연은 강제배연방식으로 제1종 기계배연(급,배기), 제2종 기계배연(급기), 제3종 기

계배연(배기)가 있다.

7. 제 연

밀폐공간에서 화재가 발생하면 연기의 팽창력에 의해 압력이 높은 곳에서 낮은 곳으로 이동한다. 피난로 제연시 피난로는 정압을 화재실은 부압을 유지한다.

1) 화재실 제연

화재발생 연기는 밖으로 배출시켜 실내공간을 연기층과 청결층으로 구분한다. 연기배출 용량은 청결층을 형성하기 위한 연기량 이상이어야 한다. 청결층이란 인명대피와 진압활동 공간으로 바닥에서 1.5[m]이다. 단일공간을 2 이상의 제연구역으로 나누고자할 때는 방화구획이 아닌 제연경계벽을 설치한다.

건물저층부에서는 공기가 실내에서 샤프트로 이동하고 고층부에서는 샤프트에서 실내로 이동한다. 이러한 공기의 이동패턴은 샤프트를 통하여 건물전체에 연기의 순환을 유발한다. 그러므로 수평적으로 제연구획뿐만 아니라 연기가 Elev, 계단, 배관관통부, 균열부분을 통해 상층부로 쉽게 침투 못하도록 수직간 제연구획이 형성되어야 한다.

2) 피난로 제연

화재실로부터 연기유입을 방지하기 위해 피난로에 신선한 공기를 가압하여 피난공간을 확보한다. 피난로는 화재실보다 높은 압력을 유지하며 일시적으로 유입한 연기를 희석하기 위한 급기량이 필요하다. 급기 덕트면적[m^2]은 급기량[m^3/sec]÷유속[m/s]으로 구할 수 있다.

$$\text{피난로 제연급기량(누설공기량 + 방연풍속 유지급기량)} = 0.827 A P^{\frac{1}{n}} \ [m^3/sec]$$

A : 틈새면적[m^2], P : 실내 · 외 기압차(50[Pa]), N : 출입문(2), 창문(1.6)

3) 설치방식

(1) 국소식 제연방식(개별식)

① 공간이 협소한 기존건물에 시설가능
② 각 실마다 Fan 설치
③ 배출기가 산재하여 보수정비에 시간이 걸림

(2) 중앙식 제연방식

① 건물공간을 구획하여 각 구획마다 배출기를 설치하여 덕트로 제연
② 제연계통을 구역별로 분할하여 제연할 수 있다.

4) 합성누설 면적계산($0.827AP^{\frac{1}{n}}$ [m³/sec])

(1) 병렬의 경우 : $A_T = A_1 + A_2$

(2) 직렬의 경우 : $A_T = \sqrt{\frac{1}{A_1^2} + \frac{1}{A_2^2}}$

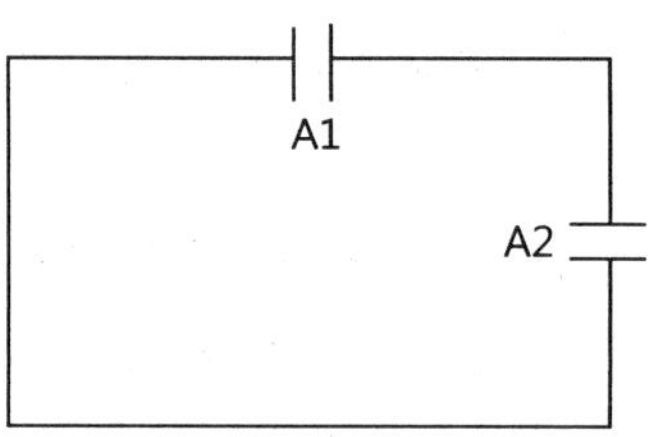

[그림 1-12] 병렬연결

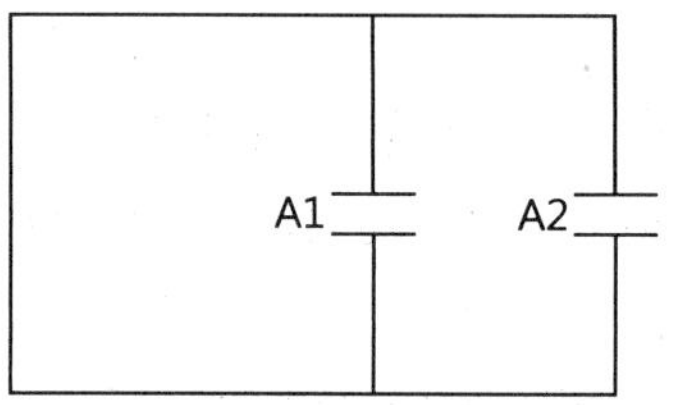

[그림 1-13] 직렬연결

5) Hot Smoke Test

실물화재시험과 Computer Simulation 또는 실물화재시험과 동시에 Computer Simulation을 통하여 연기의 유통특성을 파악하여 피난계획 등을 작성하는 방법이다. 연기발생장치에서 발생된 연기는 온도가 낮아(Cold Smoke) 부력이 없어 유동이 곤란하므로 인공적으로 열을 가하여 고온연기(Hot Smoke)로 부력을 형성하여 연기유동 특성을 파악한다.

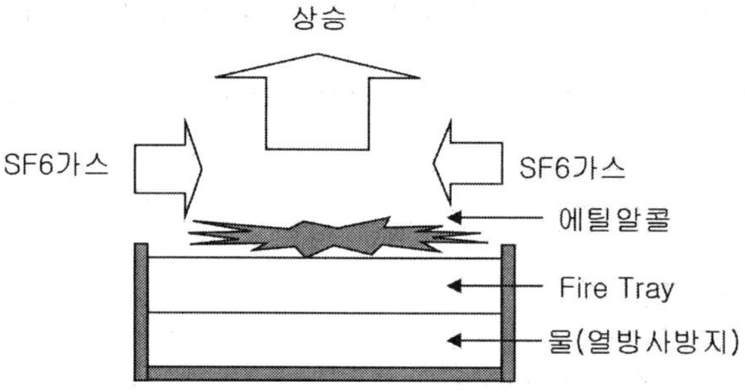

[그림 1-14] Smoke Generator

테스트 순서로는 건물내부에 무색, 무취, 무미의 무독성의 SF_6가스를 착색하여 불어 넣고 SF_6를 가열하기 위해 가열팬의 Fire Tray에 에틸알코올을 연소시키면서 SF_6를 가열하여

부력으로 SF_6 연기를 유동시킨다. 그러나 SF_6 가스는 공기보다 5배 무거워 유동특성 연구에 적당하지 못하고 오존층을 파괴한다.

8. 연기농도 표시법

연기농도 표시법에는 절대치로 표현하는 중량농도법과 입자농도법이 있으며 빛의 감쇠를 표시하는 상대농도법으로 투과율법이 있다.

① 중량농도법 : 단위체적당 연기입자 중량[kg/m^3], [g/cm^3]
② 입자농도법 : 단위체적당 연기입자 갯수[$개/m^3$]
③ 투과율법 : 연기 속을 투과한 빛의 양으로 구하는 광학적 농도표시법으로 감광계수를 이용한다.

1) 감광계수

감광계수란 연기농도가 증가함에 따라 감소된 빛의 양을 의미한다(Lambert-Beer 법칙). 연기농도가 진하면 연기속의 입자들에 의해 빛이 차단되기 때문에 가시거리는 짧아져 감광계수는 증가한다. 연기층을 통과한 입사광선의 광도는 통과한 연기층의 두께와 연기입자의 농도에 따라 지수함수적 감소를 나타낸다.

Lambert-Beer 법칙은 $E = E_{Oe}^{(-C_s \cdot L)}$으로 표현되며, 양변에 자연로그를 취하면 lnE = lnE0 - Cs · L로 표현되며, Cs에 대하여 풀어보면 아래와 같다

$$감광계수(C_s) = \frac{1}{L}\ln\frac{E_O}{E}$$

L : 빛의 발생점과 수광점 거리(연기두께)
E_O: 연기가 없을 때 빛의 세기, E : 연기가 있을 때 빛의 세기

〈표 1-15〉 감광계수와 가시거리

감광계수	가시거리[m]	상 황
0.1	20~30	연기감지기 동작, 불특정인 피난곤란
0.3	5	건물 익숙자 피난곤란
0.5	2	어둠 침침
1	1~2	앞이 보이지 않음
10	0.2~0.5	유도등이 보이지 않음
30		분출시 연기농도

2) 감광계수와 가시거리

감광계수(C_s)와 가시거리(L)는 다음 관계식이 성립된다.

$$C_s \cdot L = K(\text{정수})$$

K : 5~10(피난구유도등, 발광체), 2~4(발광체가 아닌 경우)

그러므로 감광계수가 1인 경우 발광체가 있다면 가시거리는 5~10[m]이고 발광체가 없다면 가시거리는 2~4[m]이다. 발연계수(k)는 다음 식으로 구할 수 있다.

$$k = C_s \times (\text{연기체적}[m^3]/\text{연료량}[kg])$$

3) 연기농도계수

실제화재시 연기농도는 화재의 성장속도, 기류, 환기량 등에 따라 현저히 변화하므로 예측하기가 어렵다. 실내용적과 연소물 면적에 따라 연기농도계수를 구하여 그래프에 따라 가시거리를 구할 수 있다.

$$\text{연기농도계수}(D) = D_m \times \frac{A}{V}$$

D_m : 최대광학농도, A : 발연재료 면적[m^2], V : 실내용적[m^3]

9. 중성대

대규모 건축물에서 화재가 발생했을 때 Elev.나 계단실 등 수직공간은 굴뚝효과에 의해 연기가 상승한다. 건축물 중성대 높이는 실내 · 외 온도차, 개구부의 면적에 따라 달라지는데 저층부의 개구부 면적이 클수록 중성대는 내려온다.

$$\frac{H_2}{H_1} = \frac{A_1^2 \; T_i}{A_2^2 \; T_o}$$

H_1 : 중성대에서 하부개구부까지 거리[m]
H_2 : 중성대에서 상부개구부까지 거리[m]
A_1 : 하부 개구부 면적 A_2 : 상부 개구부 면적
T_i : 내부 절대온도[°K] T_o : 건물 외부온도[°K]

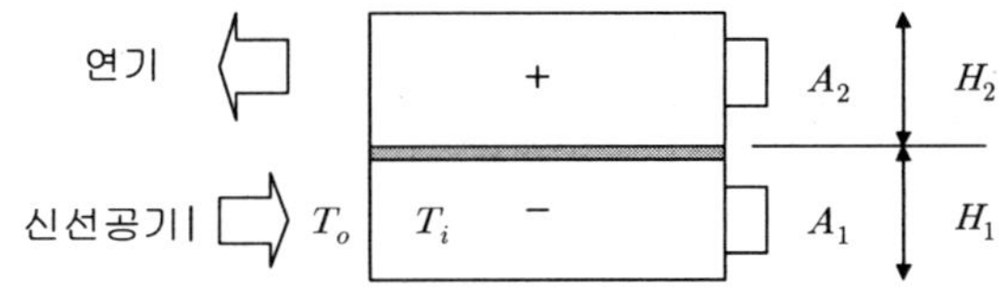

[그림 1-15] 중성대 연기유동

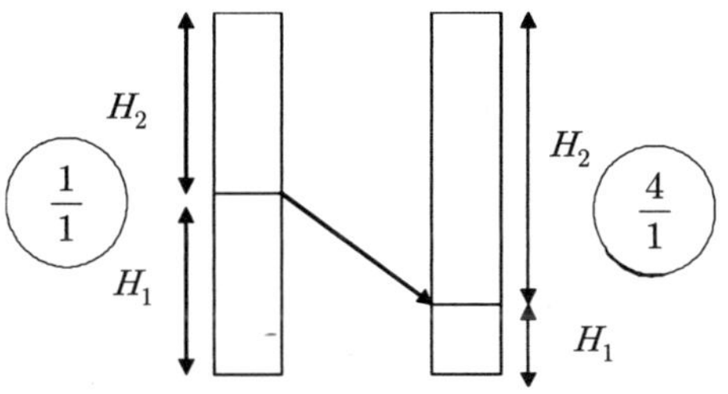

[그림 1-16] 중성대 높이유동

즉, A_1, T_i가 높을수록 중성대는 내려간다. 중성대 하부는 수직공간으로만 연기가 확산되고 수평방향으로는 연기가 확산되지 않는다. 중성대 위쪽은 연기가 밖으로 유출하려는 경향 때문에 연기가 수평으로 확산되는데 상층부로 갈수록 그런 경향은 더욱 크다. 즉, 중성대 하부쪽은 실내로 공기가 유입되는 부압상태로 되고 상부 쪽은 실내압력이 외부보다 높아 연기를 밖으로 배출하는 양압상태가 된다. 그러나 양압과 부압이 평형을 이루는 점이 있는데 이점에서는 공기의 유동이 일어나지 않는데 그 면이 중성대(Natural Zone)이다.

실내온도가 높아지면 중성대의 높이가 낮아지고 중성대가 낮아지면 외부공기 유입이 적어져 연소가 활발히 되지 못하고 실내온도는 내려간다. 이때 중성대는 다시 높아진다. 그러므로 화재시 실내온도가 무한정 상승하는 것이 아니라 어떤 한계값을 갖는다. 중성대를 높게 하면 연기가 상층부로 이동하여 수평방향으로 연기유동을 억제할 수 있다. 중성대를 높게 유지하기 위해서는 중성대 하부측의 개구부를 최소화하거나 중성대 하부의 창문은 쉽게 파손되지 않도록 망입유리 또는 유리블럭을 설치한다. 일반적으로 중성대는 중앙에 잡고 계산한다.

10. 열

열에 의한 피해는 화원에서의 거리, 노출시간, 온도에 따라 다르다. 인간이 주위로부터 전도, 대류, 복사에 의해서 받은 열은 땀이나 호흡 등으로 발산되지만 과도하게 받은 열은 모두 발산되지 않고 일부는 신체조직에 열로 저장되어 장해를 발생한다. 화상, 탈수뿐만 아니라 열이 폐 속으로 들어가 혈압강하로 혈액순환장애와 기도폐쇄로 호흡장애 등이 발생한다.

몸의 체온이 상승하면 뇌신경을 손상시킨다. 열이 화재위험성의 제1요소라 하지만 일반적으로 열은 이미 사망 직전인 사람들에게 최종적인 피해를 입히는 것에 지나지 않는다. 인간이 방사열을 받았을 때 견딜 수 있는 시간은 방사열의 제곱에 반비례하며 인체의 열관성에 비례한다.

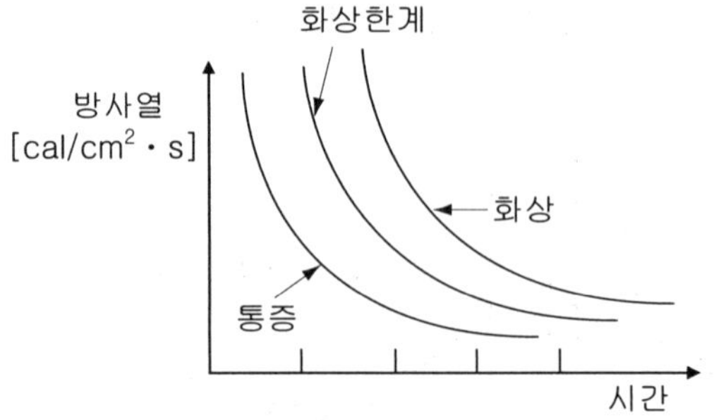

[그림 1-17] 방사열 한계시간

인체의 열관성은 다음의 값을 갖는다.

$$I = K\rho H$$

K : 피부도전율(1.5×10^{-3}[cal/m · s]), ρ : 피부밀도(1.1[g/m^2]),
H : 피부열용량(0.8[cal/g])

1) 불의 화상등급

피부의 온도가 45[℃]로 되면 통증이 생기고 54[℃]가 되면 화상을 입는다. 공기 중에 수분이 많은 경우 땀의 증발이 억제되므로 50[℃]에서도 수분밖에 견딜 수 없다.

① 1도 화상 : 표층피부가 손상되고 그 부위가 빨간 색깔을 띄고 가벼운 통증을 느낀다.
② 2도 화상 : 보다 깊숙이 피하까지 손상을 입어 그 부위가 분홍색을 띄고 분비물이 피하까지 모여 물집이 생긴다(인체재생으로 불가능)
③ 3도 화상 : 피하 지방질까지 열이 깊숙이 침두된 것으로 부위가 건조된 상태이며 회색 및 검은색으로 변하고 말초신경까지 손상을 입어 아프지 않다.
④ 4도 화상 : 열에 의한 변화가 근육은 물론 뼈까지 손상되었다.

2) 가연물의 열방출량

① 내장재의 표면적, 재질, 노출상태에 따라 열방출량은 다르다.
② 가연물의 열방출량이 크면 화재성장속도는 빠르다.
③ 3[m] 전방에서 149[℃]에서는 5분도 견디기 힘들고, 177[℃]에서는 30초 이내에 치명적인 화상을 입는다.

④ 화재시 피난로의 안전온도는 어깨 높이로 40~66[℃] 정도이므로 건축설계시 반영한다.

〈표 1-16〉 복사열 강도

복사열 강도[kcal/m^2 · h]	인체 상태
1080	장시간 노출에 견디는 최대방사열
1260	고통을 느끼기 시작
1800	1분 후 고통
2400	인간의 내열한계
3600	10~20초 후 고통
9000	3초 후 고통

〈표 1-17〉 온도에 대한 생존시간

공기온도[℃]	생존시간[분]	비고
149	5	3[m]전방
120	15	
100	25	
65	60	
177	30초	

11. 화 염

1) 화염온도

화염이란 가연성가스의 발열과정에서 열복사선(적외선)이 방출되는 매개체이다. 발열반응에 의해 온도가 높아지면 물질내 분자운동이 증가하여 에너지가 증가되고 그에 따라 열복사선이 방출된다. 온도상승에 따라 열복사선 파장이 짧아져 가시광선의 파장에 이르게 되면 육안으로 빛이 발하는 현상을 볼 수 있다. 연소에 의한 빛의 온도가 높아지면서 500[℃] 부근에서는 적열상태가 되고 1,000[℃] 이상에서는 백열상태가 된다.

〈표 1-18〉 연소물질의 색과 온도

색	온도[℃]	색	온도[℃]
적열	500	황적색	1,100
암적색	700	백적색	1,300
적색	850	휘백색	1,500
휘적색	950		

〈표 1-19〉 연소물질 온도

연소물질	온도[℃]	연소물질	온도[℃]
촛불(중심)	600	필라민트	2,100
촛불(바깥)	1400	아세틸렌	3,000
목재화재	1300	전기용접불꽃	3,000~4,000
복합화재	1,000~1,500	가스화재	1,800

2) 화염 Plume층

Fire Plume이란 연소가스와 유입공기가 부력에 의해 상승하는 열기류 현상(불기둥)으로 실내화재시 연소공간은 청정공기층, 화재 Plume층, 고온 열가스층으로 구분된다.

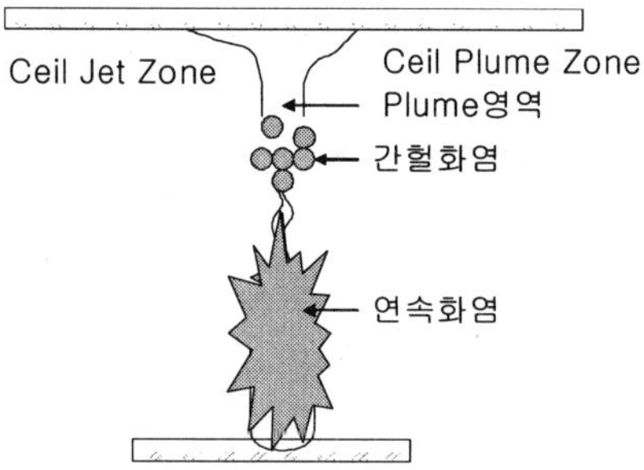

[그림 1-18] 화재 Plume 공간

Macaffrey에 의하면 화염 Plume층은 3가지 영역이 있다.

① 연속화염영역에서는 지속적 화염이 존재한다.

② 간헐화염영역에서는 화염의 상당부분을 차지하며 화염의 생성과 소멸을 반복한다. 화염호흡은 화재플럼과 주변공기의 경계층의 불안전성에 의해 발생되며 소용돌이성 난류화염이 발생되기 쉽다.

③ 부력화염영역은 화염이 존재하지 않는 상승기류 Plume 영역으로 화염 중 밀도가 작은 유체상승분이다.

㉠ 연속화염영역 : 상승기류 직경 ∝일정, 온도 ∝ 거의 일정, 기체흐름속도 ∝ $\sqrt{H}$ 상승기류 직경은 연속화염에서는 높이에 관계없이 일정하고 간헐화염영역에서는 상승기류 직경이 높이의 평방근에 비례하여 커지고 Plume영역에서는 상승기류 직경은 거의 높이에 비례한다.

㉡ 간헐화염영역 : 상승기류 직경∝ $\sqrt{H}$, 온도∝ $1/H$, 기체흐름속도 ∝거의일정

㉢ 부력화염영역 : 상승기류 직경∝H, 온도$\propto 1/H^{\frac{5}{3}}$, 기체흐름속도 $\propto 1/H^{\frac{1}{3}}$

④ 고온열 가스영역 : 화재 Plume이 천장에 닿으면 고온가스들이 수평제트 흐름으로 굴절되면서 천장면을 따라 확산되는 Ceiling Jet 화염으로 그 두께는 천장에서 화원까지 거리의 5~12[%] 정도이다.

⑤ 청정공기영역 : 1.5[m]

3) 화염의 특징

① 용기의 직경에 비례하여 발연량이 증가한다.

② 대규모 석유화재의 경우 Fire Plume은 흐트러지며 주기적인 호흡현상이 나타난다. 호흡의 원인은 유입하는 공기가 일정치 않고 일정하지 않은 가스농도의 영향이다.

$$T = \frac{1}{\varnothing}\sqrt{\frac{d}{g}}$$

$\varnothing$: 상수(0.5), d : 용기직경, g : 중력가속도

③ 저장조 직경이 30[m] 이상이 되면 Fire Plume 높이는 1000[m]가 넘는다.

12. Reynolds수

1) 절대점성계수와 동 점성계수

절대점성계수는 단위거리만큼 떨어진 수평의 평판을 단위속도로 이동하는데 필요한 단위면적당의 힘으로 정의한다. 동 점성계수는 절대점성계수의 밀도에 대한 비이다. 층류(Laminar Flow)는 유체층간에 미끄러짐이 있을 뿐 질서정연하게 흐르는 흐름이고 난류(Turbulent Flow)는 유체입자의 불규칙한 흐름이다.

층류와 난류의 구분은 속도만이 작용하는 것이 아니라 유체의 점성, 밀도, 관경과 연관되므로 Reynolds수는 이들 함수에 대한 무차원 값이며 원형배관일 경우 다음과 같이 정의한다. 층류에서 난류로 전이하는 기준이 되는 Reynold's Number는 다음과 같이 정의한다.

$$R_e = \frac{DV}{\mu} = \frac{\rho DV}{W}, \quad \mu = \frac{W[\mathrm{kg/ms}]}{\rho[\mathrm{kg/m^3}]}$$

D : 관지름[m], V : 유속[m/s], μ : 유체 동 점성계수[m^2/s]
W : 절대점성계수, ρ : 유체밀도

R_e는 유속, 관지름에 비례하며 μ가 작을수록 R_e 값은 커지고 쉽게 난류가 됨을 알 수 있다.

단면이 일정한 원형배관에서 Reynolds 수에 의한 층류는 R_e가 약 2,100 이하인 경우이며 2,100~4,000 사이는 층류에서 난류로 이동하는 천이영역이고 R_e가 4,000 이 넘으면 난류영역이 된다. 액면화재시 층류화염에서 화염온도는 2,000℃이지만 난류 화염영역에서 화염의 온도는 800℃ 정도로 낮아진다.

대부분의 레이놀드수는 관지름과 점성계수가 일정하므로 유속의 지배를 받는다. 분출속도가 느릴 때는 층류연소가 되는데 분출속도가 증가하면 난류가 시작되어 화염길이가 감소되는 전이영역을 거쳐 어느 속도에 이르면 화염길이가 일정한 완전 난류영역이 된다.

화염의 길이는 층류화염은 가스유속 증대와 함께 커지지만 난류화염이 되면 화염은 거의 일정하다. 이는 화염이 흐트러지게 되면 가스의 연소속도가 빠르기 때문에 가스 공급도 비례해야 하는데 그렇지 않기 때문에 더 이상 화염의 길이가 길어지지 않는다. 일반적으로 가연성가스나 증기흐름이 층류이면 층류연소가 되고 난류이면 난류연소를 한다.

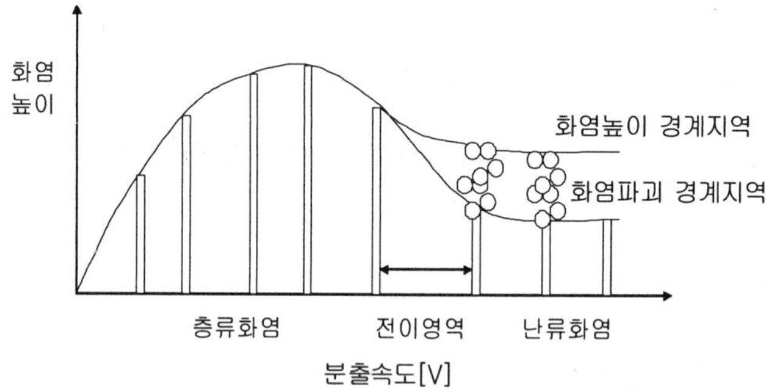

[그림 1-19] Reynolds 수에 따른 화염전이

06 폭발이론

연소는 발열 · 발광하는 산화반응이지만 폭발은 발열 · 발광뿐만 아니라 급속한 압력으로 폭음과 충격파, 기계적인 파괴력을 발생시킨다. 연소는 정상연소이고 폭발은 열과 화염속도가 매우 빠른 비정상연소이다.

가연성가스가 폭발을 일으키기 위해서는 짧은 시간에 큰 에너지를 방출하여야 한다. 이런 폭발메커니즘에는 열메커니즘과 겹사슬 메커니즘으로 나눌 수 있다. 열적 메커니즘은 가스온도가 열반응으로 상승하며 반응속도 스스로 가속되어 폭굉을 일으키는 경우이고 겹사슬 메커니즘은 반응성 자유 Radical 반응이 급격히 증가하여 폭굉을 일으키는 경우이다.

1. 폭발성상

1) 밀폐계 폭발

밀폐계 폭발은 농도상승이 쉽고 공간 내 압력상승이 용이하여 탱크나 건물 내에서 일어나며 폭발시 건물내 거주자에게 심한 상해를 입힌다. 가늘고 긴 공간은 충격파를 동반하는 연소로 전이하여 큰 폭발이 발생한다.

2) 개방계 폭발

개방계 폭발은 다량의 가스가 누출된 후 공기와 혼합하여 UFL 이하로 희석될 때 발생한다. 가연성가스 누출시 누출가스와 공기가 혼합되어 가연성 혼합기를 형성하고 착화원이 주어지면 폭발한다. 개방계 폭발은 가연성가스가 확산되어도 농도상승이 어렵기 때문에 폭발을 위해서는 많은 가연성가스가 필요하다. 개방계 폭발은 발생될 기회는 적지만 폭발이 발생되면 큰 파괴력을 갖는다.

2. 폭발반응

균일반응은 화학적 전이가 전체 반응물에 동시에 일어나는 것을 말하며 전파반응은 반응물 일부에서 연소가 시작되어 미반응물 영역으로 화염면이 전파되어 가는 반응을 말한다.

1) 균일반응

① 용기내 폭발이다.
② 온도가 반응물 전체에 동일하게 되는 농도에서 발생한다.
③ 발열량이 방열량을 초과하여 반응물 온도가 상승하면 반응물 전체에너지 방출반응이 급속히 진행되면 자기 가열상태가 된다.
④ 외부표면에 비하여 중심부는 열손실이 없어 반응속도가 증가한다.
⑤ 중심부 반응물이 완전 소모되거나 높은 온도를 방출하기 위해 폭발할 때까지 반응한다.

2) 전파반응

① 배관내 폭발이다.
② 연소반응이 시작되면 열이 주위반응물을 상승시켜 연쇄반응을 일으키면 전파해 나간다.
③ 전파속도는 온도, 압력, 화학양론비에 따라 음속이하 또는 음속 이상의 속도로 전파한다.
④ 시스템 초기온도가 높고 주변의 미반응물의 반응개시 에너지가 작을수록 전파속도는 빠르다.

3. 연소와 폭발

1) 연 소

예혼합연소는 가연성가스에 공기를 적당히 혼합하여 가스농도를 폭발범위 이내로 한 것으로 확산연소보다 전파속도가 빠르다. 예혼합가스를 착화원으로 인화시키면 혼합가스를 전파해 가는데 전파해 가는 화염면의 진행파를 연소파라고 한다. 진행속도는 가스의 종류 및 조성에 따라 다르나 대체로 0.1~10[m/s]이다. 이때 혼합가스가 밀폐된 용기 또는 폐쇄된 곳에 존재할 때 연소열에 의해 연소가스는 팽창하며 7~8[kg/cm^2]의 압력을 동반하는 가스폭발이 발생한다.

2) 폭연파와 폭굉파

폭발이란 급격한 압력발생으로 고압가스가 폭음과 함께 급속하게 팽창하는 현상이다. 화염속도가 늦은 연소파는 폭음과 압력파가 거의 발생하지 않지만 화염속도가 증가하여 압력파를 만들면 폭발음을 발생하는데 이를 폭연(Deflagnation)이라 한다. 폭연은 연소 확산속도가 음속 이하로 인화성가스 발화시 발생한다.

화염속도가 점차 가속되어 충격파와 폭발음이 증가하면서 파괴가 일어나는데 이를 폭굉(Detonation)이라 한다. 폭굉은 폭약이나 연소성이 강한 가연물과 산화제가 발화되는 경우에 발생되며 연소속도가 음속을 초과하는 자연폭발을 일으키며 연소 확산속도는 1,000~8,000m/s이다.

폭굉으로의 전이는 온도상승에 따라 연소반응이 증가되어 연소가 가속되거나 연쇄반응 라디컬이 급격히 증가하는 경우 발생한다. 폭굉에서의 온도상승은 충격파 압력에 기인한다. 충격파는 그 진행방향에 고속유동층이 존재하고 있기 때문에 이것이 물체에 충돌하면 아주 단시간이지만 강력한 충돌압력이 있어 기계적 파괴작용을 일으킨다.

〈표 1-20〉 폭연파와 폭굉파

폭연파	폭굉파
① 화염전파속도가 음속보다 느리다. (300[m/s] 이하) ② 반응열이 전도 · 대류 · 복사에 전달된다. ③ 화재 파급효과가 크다. ④ 화재속도는 압력파를 추종한다. ⑤ 압력파 · 폭발음 ⑥ 폭연시 벽이 받는 압력은 정압뿐이다.	① 화염전파속도가 음속보다 빠르다. (수소, 아세틸렌 3,000[m/s], 니트로글리세린 8,000[m/s]) ② 온도상승은 충격파의 압력에 비례한다. ③ 화재 파급효과가 작다. ④ 화재속도는 충격파를 추종한다. ⑤ 충격파(100[kgf/cm^2]) ⑥ 연소시의 정압에 충격파의 동압을 받아 파괴효과가 증가된다. ⑦ 발생압력이 20~70배 증가한다.

〈표 1-21〉 폭굉속도

가연성가스	혼합비	폭굉속도[m/s]
니트로글리세린	-	8000
수소	66.7	2820
아세틸렌	40.0	2720
프로판	25.0	2600
메탄	33.3	2150
CO	66.7	1260

(1) 가스폭발에 영향을 주는 요소

① 온도가 상승하면 연소범위가 넓어진다. 화학반응온도가 10[℃] 상승하면 반응속도는 2배 증가
② 압력이 상승하면 연소상한계가 변화함
③ 산소농도는 연소상한계를 증가시킴
④ 불활성 가스혼합은 연소상한계가 감소
⑤ 최소발화에너지(MIE)
⑥ 가스발열량
⑦ 외부로의 방출량(전도, 대류, 복사)
⑧ 화학양론비
⑨ 가스량
⑩ 연소공간의 형태(밀폐공간, 개방공간)
⑪ 연소속도, 연소지속시간

(2) 가스폭발 예방대책

① 접촉부분에서 누설을 방지
② 누설우려 장치는 개방된 장소에 설치하고 환기 불충분한 장소는 강제환기
③ 노화·파손·이상반응에 의한 사고방지 조치
④ 누설 검출
⑤ 방폭형과 인화방지망 사용
⑥ 용기내압 강도유지
⑦ 폭발시 폭발봉쇄, 폭발차단, 폭발억제, 폭발배출장치

3) 폭굉유도거리(DID)

폭발성 혼합가스 점화시 최초연소에서 격렬한 폭굉으로 발전하는데 필요한 거리를 폭굉유도거리라 하며 DID가 짧아질 수 있는 조건은 다음과 같다.

① 점화에너지가 강할수록 짧아진다.
② 연소속도가 큰 가스일수록 짧아진다.
③ 관경이 가늘수록, 관속에 이물질이 있을 경우 짧아진다.
④ 압력이 높을수록 짧아진다.

4. 기상폭발

가연성기체의 연소특징은 작은 착화원으로 쉽게 착화될 수 있고 누출된 가스를 인간의 눈으로 볼 수 없어 더욱 위험하고 연소보다는 폭발가능성이 많다. 기상폭발에는 가스폭발, 분무폭발, 분진폭발, 가스분해폭발 등이 있다. 기상폭발의 대부분은 가스폭발이다.

1) 가스폭발

수소, 아세틸렌, 프로판 등 가연성가스와 가솔린, 알코올 등의 인화성액체 증기의 농도가 폭발범위 내에 있을 때 착화원에 의해 공기와 산화반응으로 폭발한다. 또한 가스폭발은 분해반응과 중합반응에 의해 다량의 가연성 혼합기가 밀폐공간에 있을 때 발화원에 의해 폭발한다. 즉 혼합가스에 의한 폭발, 분해·중합반응에 의한 폭발, UVCE, BLERE 등이 있다.

가스화재는 확산연소로 파괴된 배관에서 가연성가스가 누설되어 착화한 경우 발생되며 가연성가스와 주위공기가 혼합되면서 계속 연소된다. 방출가스의 흐름상태에 따라 층류연소와 난류연소로 구분되는데 이들 흐름의 차이는 레이놀드수로 좌우되며 큰 규모 화재는

주로 난류연소이다. 층류연소는 가스 유속증대에 따라 화염길이 증대되지만 난류연소는 가스 유속증대에 따라 변화가 없다.

(1) LPG 폭발 Mechanism과 화재 특징

㈎ 폭발진행

① 액화석유가스가 누출되면서 기화
② 증기운 형성
③ 공기보다 무거워 실내 하부에 체류
④ 처음 기화한 LPG는 UFL 이상의 농도이나 점차 공기와 섞여 희석되면서 UFL 이하로 되어 폭발범위 내로 들어옴
⑤ 착화원에 의해 폭발
⑥ 폭발되면 열, 압력파, 파편비산, 지진이 나타남

㈏ 폭발특성

① 착화원이 주어지면 Fire Ball 발생한다.
② 누출된 LPG 가스가 건물내부에 체류하다가 폭발하면 밀폐계 폭발형태가 되는데 이는 빌딩거주자에게 심한 상해를 입히거나 많은 손상을 준다.
③ 건물외부 증기운형성으로 개방계 폭발이 되면 가스양이 많고 가스분포면적이 크기 때문에 대단히 큰 파괴적 폭발이 된다.
④ 폭발은 증기운 폭발형태가 된다.

(2) 가스화재의 형태

㈎ Flash 화재

높은 압력 하에 있는 밀폐탱크내의 액체가 파손되어 대기압으로 누출시 노출된 액체는 대기압상태에서의 비점까지 온도가 내려가려 한다. 이러한 상태를 유지하기 위해 순간적으로 급속히 증발하는 현상을 Flash 증발이라 하며 기화된 증기에 발생된 화재를 Flash 화재라 한다.

㈏ Pool 화재

저장탱크, 용기 등의 제한된 액면위에서 타는 석유화재를 액면화재라 한다. 액면 화재는 고농도의 액상 LPG가 연소되면서 불완전 연소되어 검은 연기를 발생한다. 타고 있는 유류의 증기압과 증발열의 영향으로 연소유류의 증기압이 높고 증발열이 작은 화염이 연소속도

빠르고 높이가 높다. Pool Fire에서 화염높이에 영향을 주는 것은 다음과 같다.

① 바람의 영향
② 용기직경의 영향($L = KD(K : 1\sim2)$)

(다) Jet 화재

LPG가 압력탱크에서 누출시 화염은 누출압력으로 큰 운동에너지를 갖고 Jet 화염을 이루며 연소한다. 화염 직경은 작고 길이는 Pool 화재보다 길다.

(라) Torch Fire

액화가스가 압력탱크에서 누출될 때 발생하며 Pool Fire에 비해 복사에너지가 크다. 분출점에서 길게 늘어나는 화염으로 산소, 아세틸렌 용접기의 Nozzle Tip 분출시 나타나며 Jet Flame 형태이다.

2) 분무폭발

가연성액체가 공기 중에 분무상태로 부유하고 있을 때 점화원이 가해지면 액적이 증기화되고 이것이 공기와 혼합되어 연소범위이내인 경우 폭발한다. 기계류, 윤활유 등은 인화점이 상당히 높아 평상시에는 연소하기가 어려우나 공기 중에 부유상태인 경우에는 Mist 폭발을 일으킬 수 있다.

윤활류가 고압 공기배관이나 산소배관에 박막상으로 존재할 때 박막의 인화점 온도보다 낮아도 높은 에너지를 가진 충격파를 가하면 윤활유가 분무화되면서 폭굉으로 되는 현상을 박막폭굉(Film Detonation)이라 한다.

3) 분진폭발

금속, 플라스틱, 석탄 등의 미세한 분진이 공기 중에서 부유상태로 연소범위를 유지하고 있을 때 착화원에 의해 폭발하는 것을 말한다. 고체가 미세하게 분진이 되면 유동성과 비표면적 증가로 화학적 활성이 증가되기 때문에 화재폭발 위험성이 증가하게 된다. 분진은 공기 중에 부유하는 미세한 고체입자이며 부유가 영구적이지 않지만 분진지름이 0.1[μm] 이하로 되면 에어로졸로 공기 중 부유상태로 된다.

① 분체(Powder) : 1000[μm] 이하 입자
② 분진(Dust) : 70[μm] 이하 입자
③ Aerosol : 0.1[μm] 이하

대부분 분진폭발은 부유분진에서 발생되며 퇴적분진은 훈소위험이 있다. 분진폭발은 가연성고체의 분쇄가공시, 수송시에 발생하며 착화에서 발화까지 시간지연이 있어 위험하다. 곡물사일로, 사료공장, 금속공장, 세제공장, 공해방지용 집진공장 등에서 폭발이 흔히 발생한다.

(1) 분진폭발조건

분진폭발은 1차와 2차폭발로 구분되는데 1차폭발은 부유분진 점화시 일어난다. 2차폭발은 가라앉은 분진이 1차폭발로 시작된다. 2차 분진폭발은 더 큰 lmpluse와 화염속도를 가지는 경향이 있으므로 가연성 증기폭발보다 더 심각한 폭발을 발생한다. 분진운을 통한 화염전파속도는 1~300[m/s] 범위이며 폭굉보다는 폭연을 야기시킨다. 발생에너지는 가스폭발의 수배 정도이고 온도는 2,000~3,000[℃] 정도까지 올라간다.

분진폭발은 먼저 폭발압력이 선행하고 0.1~0.2[초] 늦게 화염이 온다. 화염의 압력속도가 화염파급속도보다 빠름을 이용하여 폭발제어장치가 고안된다. 분진폭발조건은 다음과 같다.

① 분진의 가연성
② 분진입자 크기
③ 공기와의 교반운동으로 적당한 산소공급
④ 분진농도
⑤ 점화원

(2) 분진형태

대부분의 분진은 폭발이 발생되지만 석회석가루(생석회), 시멘트가루, 대리석가루, 탄산칼슘 등은 분진폭발을 일으키지 않는다.

① 농수산가공품 : 전분, 사료분, 소맥분
② 화학약품 : 유황, 탄소
③ 섬유류 : 종이분, 목분, 코크스분
④ 플라스틱 분말, 금속분말(알루미늄, 마그네슘)

(3) 분진폭발 영향인자

① 분진의 화학성분이 쉽게 건류, 분해되어 가연성가스 방출용이
② 분진의 연소열[kcal/kg]이 클수록
③ 활성화에너지가 작을수록

④ 분진의 부유상태(퇴적보다는 부유상태가 넓게 분산되어 용이)
⑤ 분진의 비표면적(비표면적은 미세할수록 커지므로 분진폭발 위험이 커진다)
⑥ 분진의 수분함량
⑦ 분진의 입도와 형상(입자가 작을수록)
⑧ 분진주위 산도농도
⑨ 기체중의 분진농도(하한범위 20~60[g/m^3], 상한범위 2,000~6,000[g/m^3])
⑩ 다른 가연성가스 혼합농도

(4) 분체 연소과정

① 입자표면에 열에너지가 주어지면서 분진표면 온도상승
② 입자표면에 열분해를 일으켜 가연성기체 방출(열류작용)
③ 가연성기체와 공기와 혼합하고 점화원에 의해 발화
④ 발화로 인한 열은 주변입자를 분해·촉진시켜 연속적인 분진폭발을 일으킴

(5) 분진의 연소형태

① 증발연소(유황분진) : 파라핀(용융), 유황, 나프탈렌(기화)분체는 가열에 의해 열분해없이 용융증발 또는 직접 증발하여 휘발성증기가 공기와 혼합하여 연소
② 열분해연소(목재분진) : 종이, 목재, 플라스틱 분체는 가열에 의해 열분해하고 생성된 가연성가스와 공기가 혼합하여 연소
③ 표면연소 : 분체표면에서 산소와 반응하여 열과 빛을 내며 연소
④ 퇴적분진 연소·훈소

(6) 분진폭발의 특징

① 연소속도나 폭발압력은 가스폭발보다 작다.
② 단위체적당 탄화수소량이 많기 때문에 연소시간이 길고 발생에너지가 크기 때문에 파괴력과 연소온도가 높다(2,000~3,000[℃])
③ 폭발시 연소입자가 비산하여 이것에 부딪히는 가연물은 심한 탄화현상을 일으킨다.
④ 불완전연소를 일으켜 고체, 타르 등의 응상물질과 CO가 다량 발생한다.

(7) 분진폭발 방지대책

분진은 집진공정으로 잘 포집하여 분진폭발범위가 되지 않도록 주의하여야 한다.

① 분진이 존재하는 공간을 불활성기체(N_2, CO_2)로 치환

② 산소농도를 제한한다(15[%] 이하)
③ 분진운 생성방지(환기장치)
④ 폭발압력 제어장치 설치(폭발압력방출)
⑤ 자동소화장치 시설
⑥ 점화원 제거(전기방폭장치)
⑦ 구획폐쇄

(8) 분진폭발지수

분진폭발지수는 석탄분진을 기준으로 발화성과 폭발크기를 4등급으로 분류하여 나타낸다.

분진폭발 압력최대치는 상압에서 8기압으로 되어 있고 화학양론비 분진농도에서 최대치가 얻어진다.

$$\text{분진폭발지수} = \text{발화성} \times \text{폭발크기}$$

① $\text{발화성} = \dfrac{\text{시료분진의(최소발화에너지)} \times \text{(폭발하한농도)} \times \text{(발화온도)}}{\text{기준분진의(최소발화에너지)} \times \text{(폭발하한농도)} \times \text{(발화온도)}}$

② $\text{폭발크기} = \dfrac{\text{시료분진의(최대폭발압력)} \times \text{(최대압력 상승속도)}}{\text{기준분진의(최대폭발압력)} \times \text{(최대압력 상승속도)}}$

가연성분진 파괴력은 최대폭발압력과 최대압력 상승속도로 나타낸다. 압력상승속도, 최대폭발압력은 입자의 평균직경에 의존하며 이 두 값이 크면 파괴력이 큰 분진이라 할 수 있다. 서독에서는 분진폭발위험성을 6단계, 영국 3단계, 소련은 4단계로 구분한다.

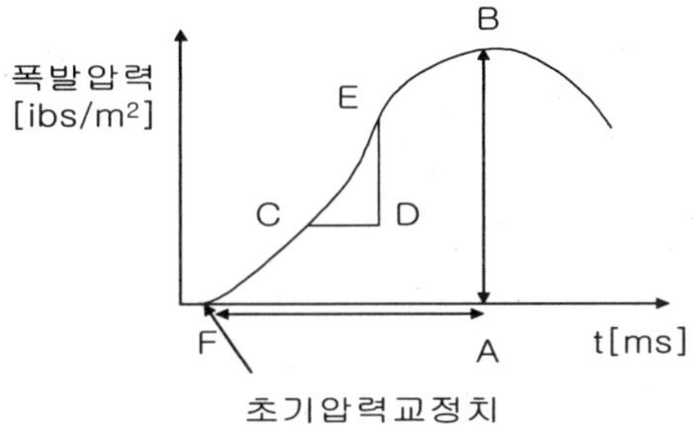

AB : 최대폭발압력, $\dfrac{AB}{AF}$: 평균압력 상승속도, $\dfrac{DE}{CD}$: 최대압력 상승속도

[그림 1-20] 최대폭발압력

〈표 1-22〉 분진폭발등급 및 폭발지수

분진폭발등급	발화성	폭발크기	분진폭발지수
약한 폭발	0.2 미만	0.5 미만	0.1 미만
중간 폭발	0.2~1.0	0.5~1.0	0.1~1
강한 폭발	1.0~5.0	1.0~2.0	1~10
매우 강한	5.0 초과	2.0 초과	10

(9) 분진방폭구조의 종류

① 특수방진 방폭구조 : 전폐구조로 접합면 깊이를 일정치 이상으로 하든가 접합면에 일정치 이상의 깊이를 갖는 패킹을 사용하여 분진이 용기에 침입하지 않도록 한 구조이다.
② 보통방진 방폭구조 : 전폐구조로 접합면 깊이를 일정치 이상으로 하든가 접합면에 패킹을 사용하여 분진침입이 어렵도록 한 구조이다.
③ 분진특수 방폭구조 : 특수방진 방폭구조와 보통방진 방폭구조 이외의 분진방폭성능이 있는 것이 확인된 구조이다.
④ 분진방폭배선 : 가스폭발 화염방지를 위해 방폭배선에 사용되었던 실링피팅이나 컴파운드 대신 분진침투방지를 위해 도포를 칠하거나 자기융착성 테이프를 사용한다.

분진위험장소의 배선은 방진성이 있는 금속관이나 케이블 배선으로 하며 접속단자함이나 부속자재에 대하여도 분진침투를 위한 적절한 구조로 되어 있어야 한다.

(10) 분진의 종류

분진이 공기 중에 부유하여 위험분위기를 생성할 가능성이 장소를 구분하면 다음과 같이 구분할 수 있다.

① 폭연성분진 위험장소 : 특수방진 방폭구조
② 가연성분진 위험장소 : 특수방진 방폭구조, 보통방진 방폭구조

분진의 발화도를 구분하면 다음과 같다.

① 폭연성분진 : 산소가 적은 분위기나 CO_2 중에서도 착화할 수 있고 부유상태에서도 심한 폭발을 발생하는 금속분진을 말하며 마그네슘, 알루미늄 등이 있다.
② 가연성분진 : 산소와 발열반응을 일으키고 폭발하는 분진으로 소맥, 전분, 합성수지 등이 있다.

〈표 1-23〉 분진의 발화도 구분

발화등급	분진의 종류
발화도 11 (발화도 270[℃] 초과)	• 폭연성분진 : 마그네슘, 알루미늄(금속분진) • 가연성분진(도전성) : 아연, 코크스, 카본블랙 • 가연성분진(비도전성) : 소맥, 고무, 염료, 페놀수지
발화도 12 (발화도 200 초과~270[℃])	• 폭연성 분진 : 알루미늄 수지 • 가연성분진(도전성) : 철, 석탄, • 가연성분진(비도전성) : 코코아, 쌀겨
발화도 13 (발화도 150 초과~200[℃])	• 가연성분진 : 유황

4) 분해폭발

(1) 아세틸렌

금속의 용접, 절단에 사용되는 아세틸렌은 단열압축과 같은 에너지에 의해 분해하는데 이때 큰 열을 동반하기 때문에 분해에 의해 생성된 가스가 열팽창되고 이때 생성된 압력상승과 이 압력방출에 의해 산소없이 폭발이 일어난다. 아세틸렌은 산소 없이도 2기압 이상에서 점화하면 폭발한다. 밀폐된 유리관속에 공기를 제거하고 압축된 아세틸렌가스를 넣고 한쪽 끝에서 점화하면 밝은 황색의 화염이 발생하며 유리관 속을 전파한다. 압력을 상승시키면 분해속도는 빠르게 되고 큰 분해폭발이 일어난다. 분해폭발은 화염, 스파크, 충격, 가열 등으로 폭발할 수 있다. 밀폐용기 내에 분해폭발이 일어나면 초기압력의 9~10배로 되며 압력이 가속되어 폭굉이 되면 발생압력은 초기압력의 20~50배가 된다. 아세틸렌은 분해반응 시 2,400[℃] 고온이 얻어지는 물질로 산소-아세틸렌 용접기에 사용한다(C_2H_2 → $2C_2$ + H_2 + 2,400[kcal/Nm^3]).

특히 고압으로 압축된 아세틸렌 가스에 충격이 가해지면 곧바로 분해반응을 일으키기 때문에 다른 가스들처럼 그대로 용기에 고압충진할 수 없다. 따라서 용기에 고압으로 저장할 경우 불활성 다공물질을 용기내 주입하고 아세톤액을 스며들게 하여 아세틸렌을 용해 충전한다(용액(설탕물) = 용매(물) + 용질(설탕)).

아세틸렌 특징을 보면 다음과 같다.

① 아세틸렌은 은, 동, 납 등과 반응하여 폭발성 아세틸리드를 생성하며 폭발한다.

② 아세틸렌 폭발은 압력이 낮을 때는 큰 에너지가 필요하지만 압력이 높으면 작은 에너지에서도 폭발한다. 그러므로 25[kg/cm^2] 이상 압력인 경우 질소 등의 불활성가스를 첨가한다.

(2) 에틸렌

에틸렌은 1기압 상온에서 가연성가스 상태로 폭발한다. 대량의 가스방출은 주위 산소농도를 저하시켜 질식을 발생한다($C_2H_4 + 3O_2 \rightarrow 2CO_2 + 2H_2$).

(3) 산화에틸렌

가연성액체의 증기를 유리관속에 넣어 점화하면 대기압 상온에서 무색화염이 발생한다. 발화에 필요한 최소에너지는 1.5기압에서 1[J]이며 3~80[%] 폭발범위를 갖는다.

$$C_2H_4O \rightarrow CH_4 + CO \ -32[kcal/mol]$$

단열압축과 같은 에너지에 의해 열분해 생성가스가 열팽창되어 상당히 큰 열을 가지고 압력상승하여 폭발한다. 누설방지, 가열 · 충격과 정전기 대책을 수립해야 하며 CO_2, 하론과 대량의 물로 소화한다.

5) 중합폭발

중합반응은 플라스틱 등 고분자물질의 제조반응으로 상온에서 촉매를 단량체에 넣어 일정온도와 압력을 유지하면 중합반응으로 분자량이 큰 고체상태로 된다. 염화비닐, 초산비닐 등 중합물질의 단량체(Monomer)가 중합반응을 일으키며 열과 압력이 급상승하면서 반응용기가 파괴되는 경우가 있다. 또한 분출하는 단량체 증기에 착화되면 2차폭발이 발생되기도 한다. 중합반응은 대체로 발열반응이므로 반응로에 냉각장치를 설치하여 이상반응으로 과열되는 것을 막아야 한다. 만일 반응시 냉각이 제대로 되지 않으면 반응온도가 급격히 상승하여 미반응 단량체(Monomer)의 팽창비 등으로 반응장치를 파괴하게 되므로 중합반응 공정시에는 반응중지제 등을 상시 준비하여야 한다.

아세틸렌을 중합반응하면 벤젠이 되고 염화비닐단량체(VCM : Vinyle Chloride Monomer)를 중합반응하면 PVC가 된다.

① $3C_2H_2 \rightarrow C_6H_6$(벤젠)

② C_2H_3CI(VCM) → 중합반응 → $(C_2H_3CI)n$: PVC

6) 물리 · 화학적 폭발

(1) 물리적 폭발

저장탱크 내의 압력이 높아져 배관, 고압용기의 약한 부분이나 이음부분이 파열되어 고압기체가 방출되는 현상으로 고압용기 파열과 탱크파손, 액체의 폭발적 증발이 있다. 대표적으로는 수증기 폭발(보일러폭발)이 있다.

(2) 화학적 폭발

산화반응에 의한 연소폭발과 분해성가스 충격에 의한 폭발, 산과 알칼리 반응폭주, 중합폭발 등 화학적 반응에 의한 폭발이다.

5. 액상폭발

액상폭발은 급격한 상변화에 의한 폭발로 폭발과정에서 화염은 없지만 증기폭발에 의해 기화한 가스가 가연성인 경우에는 2차 가스폭발이 발생될 수 있다. 응상폭발은 고상과 액상의 총칭이며 응상폭발은 수증기폭발, 증기폭발, 전선폭발로 구분된다.

1) 수증기폭발

보일러는 물을 100[℃] 이상 가열하여 수증기를 만든다. 보일러 관체가 파손되면 배관내 고압으로 과열되어 있던 액상이 순간적으로 대기중에 방출되어 폭발되는 현상으로 수증기 폭발(보일러 폭발)이라 한다.

2) 액화가스폭발(증기폭발)

저온 액화가스(LPG, LNG)가 사고로 대기중에 분출되면 급격한 상변화로 과열액체의 증기폭발이 발생한다.

3) Slug 폭발

용융금속이나 Slug같은 고온물질이 물속에 투입되었을 때 고온물질이 갖는 열이 저온의 물에 짧은 시간에 전달되면 물은 짧은 시간에 상변화를 일으켜 증기폭발을 발생한다.

액상폭발 예방대책으로는 다음과 같다.

① 물이 있는 장소에서 고온의 용융작업을 금한다.
② 고온폐기물 처리시 젖어 있는 장소에서 투입을 금지한다.
③ 건조한 바닥을 유지한다.
④ 노내에 물의 침투를 방지한다.

6. 고체폭발

1) 전선폭발

구리전선에 정격 이상의 대전류가 흐르면 순간적으로 전선이 가열되어 용융과 기화가 진행되어 고상에서 급격한 액상을 거쳐서 기상으로 전이할 때 발생하는 폭발한다.

2) 자기반응성물질 폭발

자기반응성물질은 자체내에 산소를 가지고 있어서 외부에서 산소공급 없이도 급속한 산화반응이 발생하여 폭굉으로 발전한다. 고체폭발은 기상폭발보다 분자간의 거리가 가깝고 단위체적당 발열량이 크기 때문에 폭발위력이 크다.

7. 액면화재

경질유(휘발유, 등유)는 인화점이 낮고 증기압이 높기 때문에 가연성증기가 급속히 증발하면서 연소한다. 경질류 내부에서는 온도가 상승하지 않기 때문에 폭발하지 않고 가연성증기가 소진된다면 저절로 소화된다. 넓은 비점(30~260[℃])을 갖는 원유는 인화점이 높고 증기압이 낮아 고온으로 가열되어야 가연성증기가 발생되어 연소된다. 그러므로 원유는 온도가 내려가면 가연성증기의 생성이 멈춰 소화된다. 또한 중질유는 비휘발성 유면이 남아서 고온의 열류층(Heat Layer)을 형성하기도 한다.

1) 액면하 온도분포

유류화재에서 온도가 가장 높은 곳은 화염의 중심부분이고 액면 아래에는 온도가 저하되고 액면으로부터 조금 아랫부분은 상온과 거의 같다. 왜냐하면 발생화염은 액체내에서는 큰 대류현상이 발생하지 못하기 때문이다.

2) 액면강하속도

액면화재 연소속도는 액면강하속도로 표시된다.

$$V = A\left(\frac{H_c}{H_v}\right) = 0.076\left(\frac{H_c}{H_v}\right)[\text{mm/min}]$$

H_c : 연소열, H_v : 증발열

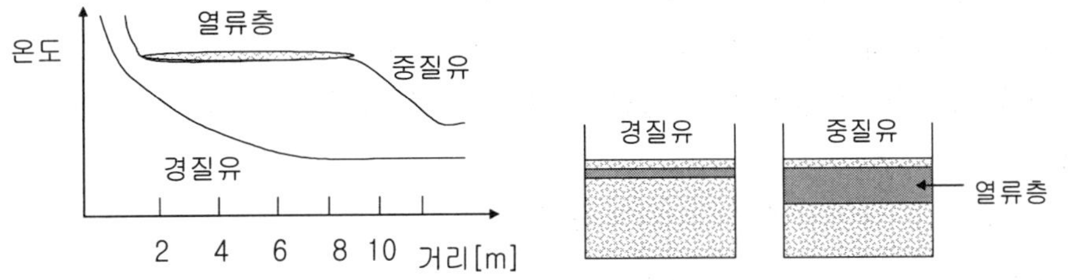

[그림 1-21] 나프타 열류층 형성

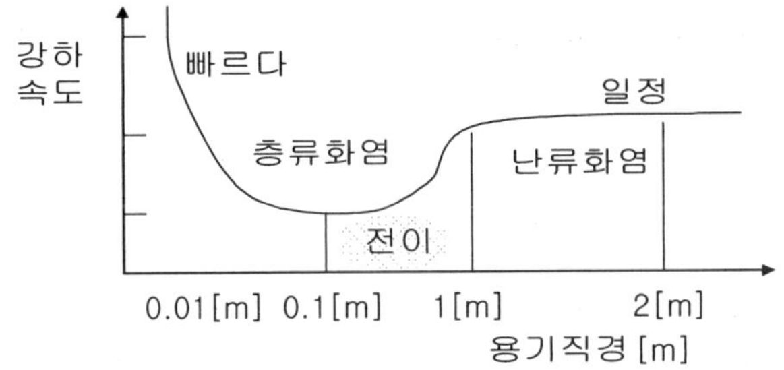

[그림 1-22] 용기직경별 액면강하속도

액면강하속도는 용기직경에 좌우된다. 용기가 작은 경우는 단일 층류화염을 형성하지만 용기직경이 큰 경우 화염은 불규칙한 난류화염이 된다. 용기가 작을 때는 주로 용기 가장자리를 통한 열전도로 열전달이 되지만 용기가 커질수록 액면상의 액체의 대류와 화염의 복사열에 의해 열전달이 이루어지는데 주로 복사열이다. 액면강하속도는 연소속도, 액면아래 온도 분포, 화염높이, 바람에 의한 화염경사에 따라 달라질 수 있다.

알코올화재가 디젤이나 가솔린화재보다 액면강하속도가 느린 이유는 액면강하속도식에서 증발열과 연소열에 관계되는데 알코올, 디젤, 휘발유의 증발열은 거의 같으나 연소열은 알코올이 5,500[kcal/kg] 정도인데 비해 휘발유의 연소열은 11,000[kcal/kg]이므로 디젤, 휘발유의 액면강하속도가 빠르다.

알코올은 메틸알코올(CH_2OH), 에틸알코올(C_2H_5OH), 부틸알코올(C_4H_9OH)이 있고 디젤은 벤젠 60~65[%], 나프탈렌 12~15[%], 에놀 7~10[%], 파라핀 1~3[%]이 있고 휘발유는 포화탄화수소 C_5H_{12}~$C_{10}H_{22}$의 혼합물이다.

3) 보일오버 현상

원유(나프타)의 경우 비점이 넓어(30~260[℃]) 가열시 경질유는 먼저 증발하고 중질유는 액면 부근에 남아 가열되면서 열류층을 형성한다. 열류층은 화재진행과 더불어 열류층이 증가되면서 점차 탱크바닥으로 이동한다. 탱크바닥에 물 또는 물-기름 에멀젼이 존재하면 뜨거운 열류층 온도에 의하여 물이 수증기로 변하면서 급속한 부피팽창(1,700배)으로 유류는 탱크외부로 분출하게 되는데 이를 Boil over 현상이라 한다. Boil over 현상이 발생하면 화재가 확대되고 진화작업에 큰 지장을 초래한다. 열류층의 강하속도는 40~130[cm/h] 정도이다.

Boil-over 현상 방지대책은 다음과 같다.

① 수분과 유류의 에멀젼 형성방지
② 유류탱크 바닥에 배수관 설치
③ 방유제 외측에 충분한 공간확보(방유제 설치)
④ 화재시 탱크 과열방지 설비(모래, 비등석을 탱크내 투입, 탱크냉각을 위해 SP설비, 물분무설비 설치)

4) 슬롭오버

화재가 발생하면 유류 표면온도는 물의 비점 이상으로 상승하는데 이때 물이 유류표면에 주입되면 물은 수증기로 변하면서 급격히 부피가 팽창되어 유류가 탱크외부로 분출하는데 이를 Slop over라 한다. 물이 주입되면 물의 급격한 증발에 의하여 유면에 거품이 일어나거나 고온층 아래 찬기름이 급히 열팽창하여 유면을 밀어 올린다. Slop over는 유류의 점성이 크고 유류표면의 온도가 물의 비점보다 높은 온도에서 발생한다.

주수소화를 할 경우 충분한 거리를 확보하여 Slop over가 발생하더라도 소방대원에게 위험이 없도록 탱크로부터 충분한 안전거리를 확보한 상태에서 진화작업을 한다.

5) 푸로스 오버(Froth over)

Froth over는 중질유 등 점성이 큰 고온유체(아스팔트)가 물위에 유입될 때 물은 수증기로 변하면서 부피가 급격히 팽창(1,700배)되어 용기외부로 분출되는 현상이다. 폐유, 용융금속등을 물이 들어있는 탱크트럭에 주입할 때 발생된다.

6) BLEVE 현상

유류 저장탱크 주위에 화재가 발생하여 저장탱크 벽면이 가열되면 액체가 차 있는 탱크벽면 온도는 내부액체로의 열전달에 의하여 큰 온도상승은 없으나 액체가 차있지 않은 윗부분의 온도는 증가한다. 높은 증기압으로 상부의 약한 부분이 파괴되면 탱크내부가 대기압으로 갑자기 낮아져 내부의 가열된 액체가 급격한 Flash 증발을 일으키고 증발력에 의해 액체및 탱크조각이 날아가게 되는데 이를 BLEVE(Boiling Liquid Expanding Vapor Explosion)라 한다. 폭발순서는 다음과 같다.

① 액체탱크 주위에 화재가 발생한다.
② 화재에 의해 탱크가 가열된다.
③ 탱크와 유면의 전도, 대류로 내부액체도 가열된다.
④ 탱크 액면부분은 열이 액체로 흡수되어 가열되지 않지만 액면상부의 증기공간은 크게 가열되고 탱크내부 증기압에 의해 연성파괴를 일으킨다.
⑤ 탱크상부의 연성파괴로 용기압력이 대기압으로 낮아지면 비등점도 낮아져 과열되어 있던 액체가 갑자기 끓어 올라 원래체적의 200배 이상 체적이 팽창하면서 분출·기화하여 Flash 증발로 파편을 멀리 날아가게 한다.
⑥ 분출된 증기가 착화하면 Fire Ball이 발생된다. 대부분 BLEVE는 용기에 액체가 1/2~3/4까지 차 있을 때 많이 발생하며 저장물질의 종류, 저장용기 재질, 주위온도와 압력상태에 따라 다르다.

(1) BLEVE 발생조건

① 밀폐계 존재
② 가연물 비점이상 가열
③ 기계적강도 이상 압력형성
④ 파열, 균열에 의해 내용물 대기중에 방출

(2) BLEVE 방지방안

화염시작과 BLEVE 발생시간은 탱크특성, 화재크기와 성상에 따라 다르다. 냉각용 물분무설비가 없는 비단열 용기가 소규모 탱크인 경우는 수분후 발생하고 대형용기는 수시간 후 BLEVE를 일으킬 수 있다. 4~113[m^3] 정도의 LPG 저장탱크에서 BLEVE는 8~30분 정도이며 15분 이하에서 58[%]가 발생한다고 발표되고 있다.

① 외부를 단열재료로 보호
② 탱크내부에 열도전율이 큰 금속을 내장(폭발방지장치 : 10톤 이상 LPG탱크)
③ 외부 화기부분과 격벽을 설치
④ 저장탱크 지하에 설치
⑤ 저장탱크 표면에 냉각살수장치를 설치
⑥ 긴급이송
⑦ 탱크 내 압력감압

7) 증기운 폭발

저온액화가스 저장탱크나 고압가연성 탱크가 파괴되어 다량의 가연성증기가 대기 중으로 급격히 방출되어 공기 중에 분산되어 있는 상태를 증기운(UVCE : Unconfined Vapor Cloud Explosion)이라 한다. 그러나 가스나 액체 등이 팽창하는데 필요한 에너지가 존재하지 않는다면 증기운은 형성되지 않는다. 증기운 폭발은 증기비중이 공기보다 무거워 증기가 낮은 공간으로 서서히 확산되어 증기운에 착화원이 주어지면 증기운폭발을 일으킨다. 증기운이 확산되어 착화원과 접촉함으로써 폭발하는 시간은 누설시점부터 30초~30분 정도이며 폭발이 심한 경우 순간에 공장전역이 파괴될 수 있다.

저장탱크 화염으로 인하여 인근 저장탱크가 복사열을 받아 온도가 증가되면 다량의 증기가 탱크외부로 누출되어 구름과 같이 뭉쳐지는 증기운이 화염과 연결되게 되면 화염이 증기운을 타고 인접탱크로 전파되어 화재가 확대된다. 저장탱크 화재가 단시간 내에 소화되지 않는 경우 증기운에 의해 모든 탱크에 화재가 발생하는 대형사고로 발전된다.

(1) 증기운 형성물질

LPG, 액화염소, 액화암모니아 등 액체는 물질의 Flashing으로 증기운 형성위험이 높다. 이 액체들은 증발잠열이 작기 때문에 저장상태에서 어떤 결함이 나타나면 즉시 증발현상이 나타난다. LPG, 액화염소, 액화암모니아 액체는 액체상태로 유지하는데는 그다지 높은 압력이 필요하지 않기 때문에 두께가 얇은 용기가 사용되고 있어 약한 충격에도 파손될 수 있다.

초저온액체(Cryogenic Liquid)는 산소, 질소, 수소, LNG 등을 -150[℃]의 아주 낮은 온도로 냉각하여 액화시킨 물질이다. 임계온도는 주위온도보다 높고 비점이 주위온도보다 낮기 때문에 소량이 누설되었을 때 순간증발(Flashing)이 일어나고 다량 누설되면 액체상태로 수평으로 퍼져나가면서 증발하여 증기운을 형상하여 UVCE을 일으킨다.

〈표 1-24〉 증기운 형성물질

class	물 질	특 성	증발형태
I	LNG	임계온도가 주위온도보다 낮음	열전달이 증발을 제한
II	LPG, 액화염소 액화암모니아	상온대기압에서 저온으로 액화	순간증발(Flashing) (증발잠열 작다)
III	벤젠, 핵산	비점이상으로 액화된 물질	열전달 및 확산이 증발제한
IV	화학공정상의 유기액체	임계온도가 대기온도보다 높고 그 압력으로 액화	내부에너지 순간증발(Flashing)
V	반응성물질(물+황산)	발열반응을 하는 혼합물	증발속도는 혼합속도에 좌우

(2) 증기운 폭발특징

① 증기운 크기가 크면 점화될 확률도 크다.
② 증기운 피해는 폭발보다는 화재가 보통이다.
③ 폭발효율이 적다. 즉 연소에너지의 20[%]만이 폭풍파로 전환된다.
④ 증기 누출점으로부터 먼 지점에서의 착화는 폭발충격을 증가시킨다.

(3) 증기운 폭발의 방지대책

① 가연성증기 유출을 막는다. 일단 증기운이 형성되면 통제가 불가능하다.
② 가연성물질 보유를 최소한으로 한다.
③ 누출 초기단계에서 시스템을 자동정지(시스템 차단, 누설검지기)시킨다.
④ 안전교육을 실시한다.

(4) 증기운 폭발 영향변수

① 증발잠열 크기
② 착화원의 크기
③ 가연성증기의 폭발효율, 연소열, 연소범위
④ 증기운의 크기
⑤ 누출점으로부터 거리
⑥ 압축가스 내부에너지
⑦ 주위온도, 압력, 풍속

(5) 증기운 폭발효율

개방계 증기운 폭발시 폭풍파에너지는 증기운을 구성하는 모든 물질의 에너지로부터 이론적으로 계산된 총에너지의 일부분(1~10[%])이다. 이론적인 총에너지는 $\Delta H_c \times W$이고 이 값에서 실제로 방출된 에너지비를 폭발효율이라 한다. 화학공장의 개방계 폭발시 폭발효율은 2[%] 정도이며 밀폐계 폭발효율은 25~50[%] 정도이다.

증기운 폭발을 감소시키기 위해 용기나 배관에서 누설이 생겨도 Flashing을 최소로 하고 아주 낮은 농도에서도 누설을 검지할 수 있는 고감도 가스검지기를 사용하고 누설이 발생하면 초기단계에서 시스템을 정지하는 차단밸브를 설치하는 것이 좋다.

$$\text{Flash율 } \frac{q}{Q} = \frac{H_{T1} - H_{T2}}{L}$$

q : 기화된 액체의 양, Q : 전 액체양, L : 증발열
H_{T1} : 방출 전 액체의 엔탈비, H_{T2} : 그 액체의 비등점의 엔탈비

(6) 저장물질 분류

① 상온, 대기압에서 액체이며 인화점이 상온 이하 물질 : 유출된 액체는 점화원이 있으면 액면에서 증기가 발생되어 공기 중에 확산되며 가솔린 등이 있다.
② 상온 · 가압하에 액화물질(LPG, 액화부탄), 물질의 비점 이상이지만 가압되어 액화물질(벤젠, 핵산) : 유출된 액체온도는 대기압의 비점까지 낮아지며 순간적으로 Flashing을 일으키며 주위의 열을 흡수하며 증발을 계속한다.
③ 대기압에서 저온액화물질(LNG) : 저온액화물질이 유출되면 주위 열에 의해 급속한 비등을 일으키며 단시간에 대량의 가연성증기운이 발생한다.

8) Fire Ball

인화성가스가 누출되어 공기와 혼합되고 폭발범위 이내로 되었을 때 점화원에 의해 착화되면 커다란 Fire Ball이 발생된다. 저온액화가스 탱크가 파열되면 Flash 증발을 일으켜 가연성기체가 대량분출되고 여기에 착화되면 지면에서는 반구형 화염(1)이 된다. 이 화염이 부력으로 상승함과 동시에 주위의 공기를 끌어올리면서 공모양(2)으로 되고 더욱 상승하면 버섯모양(3)으로 된다.

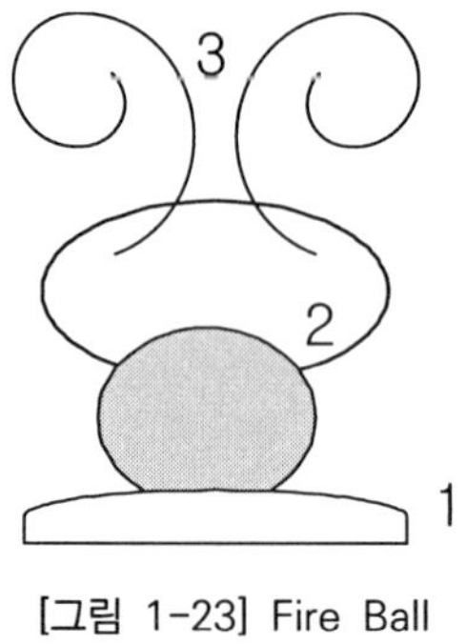

[그림 1-23] Fire Ball

① Fire Ball 직경 : $D = 3.77W^{0.325}$(W : 연료와 산화제를 합한 중량)
② 계속시간 : $t = 0.258\ ^{0.34}$초

다른 식으로 설명하면 다음과 같다.

① Fire Ball 직경 : $D = 6.48M^{0.325}$(M : 가연성액체의 초기중량[kg])
② 계속시간 : $t = 825\ ^{0.26}$초
③ 중심높이 : $H = 0.75D$

이 값은 연료의 종류에 따라 변화되며 Fire Ball의 크기에도 영향을 미친다.

Fire Ball은 불꽃온도가 높아서 보통 석유화재시 (800~1,000[℃])보다 높아 1,500[℃] 정도이다. 화구는 용기규모와 저장량에 따라 크기가 다르지만 큰 경우에는 직경이 수십미터 되는 것도 있다. 이러한 화구에서의 복사열은 주위 인명피해뿐만 아니라 시설물의 연쇄폭발을 일으키게 할 수 있다. 방출열은 절대온도의 4승에 비례하며 가연범위, 연소열, 증기밀도에 좌우된다.

증기운폭발(UVCE)에서는 1단계 폭발에 의해 열에너지를 얻는 증기운이 발생되고 2단계 폭발에 의해 Fire Ball을 형성하지만 BLEVE에서는 가연성 저장탱크가 외부 화재에 의해 과열되어 탱크압력이 상승하면서 파열과 동시에 Fire Ball을 형성한다. UVCE의 위험성은 폭발압력이고 BLEVE는 복사열과 폭발에 의해서 비산되는 파편들이 큰 위험요소이다.

(1) 착화파괴형 폭발

용기, 배관 등에 가스가 충만되어 있을 때 주위 착화원에 의해 착화되어 압력상승으로 인한 파괴형 폭발을 말하며 BLEVE에서 폭발양상이다.

(2) 누설발화형 폭발

용기 등에서 가스가 누설되어 발화원에 의해 착화되어 일어나는 폭발을 말하며 일종의 UVCE 현상이다.

9) 석유류 저장탱크 폭발방지대책

CRT, FRT화재는 모두 액면화재이다. 액면화재시에는 Boil Over, Slop Over 현상이 발생할 수 있다. FRT는 액면을 Flouting Roof로 막고 있으므로 화재초기에는 Ring Fire 형태로 굽도리 부분에서만 화염이 발생한다. 윤화(Ring Fire)란 유류탱크 소화작업시 연소유면에 폼을 투입하는 경우 탱크유면의 중앙부는 불이 꺼지지만 탱크벽면을 따라 칠제벽면의 열에 의해 기름을 증발시켜 환상으로 화염이 남아 연소가 지속되는 현상이다.

(1) 탱크내부 방지대책

① CRT탱크에 불활성가스(CO_2, N_2)를 넣어 폭발하한계를 유지한다.
② 상부에 증기공간이 없도록 FRT 탱크를 설치하여 폭발억제와 증기누출을 방지한다.
③ 탄화수소가스 공급으로 폭발상한계 이상을 유지(용적 감소에 의한 통기관으로 공기가 흡입되는 것을 막고 탄화수소가스가 공급되는 균압 시스템 적용)한다.
④ 가연성 혼합가스를 공기로 치환하여 폭발하한계 유지한다.
⑤ 연소범위 증기축적을 방지하기 위해 환기장치를 설치한다.

⑥ 발화원 제거
⑦ 폭발방지장치를 설치한다. 상업지구에 설치된 10[Ton] 이상의 LPG 저장탱크에 설치하여 탱크내벽에 열전도가 좋은 물질을 설치하여 탱크가 화염에 노출되었을 때 탱크 기상부 강판열을 탱크 내 액상가스로 신속히 전달하여 기상부 강판온도를 저하시킨다.
⑧ 자동제어시스템을 설치하여 운전중 규정 이상의 온도와 압력이 발생하지 않도록 제어한다.
⑨ 탱크에 냉각조치가 되어 있지 않은 경우에는 대개 화재발생 시점에서 10여분 정도 경과한 후 BLEVE가 발생한다.

(2) 탱크외부 방지대책

① 저장탱크 강도유지
② 다른 저장탱크와 거리유지(격벽설치, 지하설치, 단열처리)
③ 누출액 확산방지 조치(방유제, 유출유 방지제, 칸막이제)
④ 화염방지기가 부착된 무변통기관 또는 대기밸브 부착통기관(팽창 · 수축에 견디도록)
⑤ 이상내압 방출조치(파열판 설치, 탱크벽면과 지붕판 연결 약하게)
⑥ 과충전 방지조치(고액위치 감지장치)
⑦ 탱크냉각장치(스프링클러, 물분무장치, 수막)
⑧ 정전기방지(탱크접지, 본딩, 유속제한)
⑨ 낙뢰방지(피뢰설비)

8. 화염방지기

화염방지기(Frame Arrestor)는 가연성가스의 유통부분에 금속망이나 금속판을 사용하여 고온의 화염이 금속망에 접촉하면 열전도에 의해서 열을 소실시켜 소염되도록 하는 장치이다. 가연물 저장탱크에서는 가연성증기가 Vent를 통해서 배출되는데 가연성증기가 어떤 원인에 의해 인화되어 Vent로 유입될 수 있다. 통기관에 화염방지기를 부착하면 화염이 통기관을 통해서 탱크내로 유입되어 폭발하는 위험을 막을 수 있다. 또한 예혼합가스를 사용하는 노(Furnace)에서 처음 기동시나 부하를 줄일 때 역화가 일어날 위험이 있는 경우 화염방지기를 부착하여 방지한다.

1) 화염방지기 소염성능

① 화염방지기 설치시 상향전파 〉 수평전파 〉 하향전파 순으로 소염성능이 증가한다(하향전파시는 금속망 부분에 적체현상이 나타나 성능이 떨어진다)

② 금속망을 복수로 적층하면 일정한 매수까지는 소염성능이 증가한다.

2) 화염방지기 종류

화염방지기는 화염을 저지하는 소염능력과 폭발압력에 견리는 기계적 강도를 가져야 하며 금속부분이 유류 등과 부식되지 않도록 알루미늄, 스테인리스, 모넬(Ni+CU) 등으로 제조된다.

① 금속망형 : 열흡수율이 좋고 공기흐름에 대한 저항을 줄일 수 있다.
② 금속판형 : 튼튼하고 분해 및 청소는 쉬우나 공기저항이 크다.
③ 수냉형 : 통기관을 순환하는 물속에 통과하게 하여 가연성증기를 액화시켜 다시 탱크로 되돌려 보내는 장치로 인화방지와 가스손실을 억제한다.

3) 설치장소

① 인화성액체 저장탱크 통기관
② 예혼합가스를 사용하는 버너, 노(Furnace)
③ 증기 · 가스 배출덕트 배기관
④ 탄광메탄가스 방출시스템
⑤ 폐기가스 처리공장 배기통

4) 화염방지기 설치기준

(1) 소방법

옥내 · 외 저장탱크, 지하 · 간이탱크 저장소에 설치하는 무변통기관, 대기밸브 부착통기관의 선단에는 화염방지기를 설치하여야 한다.

① 무변통기관(Open Vent) : 우수의 침입을 막기 위해 선단을 하향으로 45[°] 이상 구부리고 가는 눈의 동망 또는 화염방지기로 인화방지조치를 하여야 한다. 최소직경은 30[mm] 이상 이어야 하고 탱크에 설치된 위험물 유출 · 유입관의 직경보다 커야 한다. 저장탱크의 구조, 용량, 위험물 출입속도 등에 따라 직경이나 필요수량을 결정한다.
② 대기밸브 부착통기관 : 저장하는 위험물이 휘발성이 높은 경우에 사용되며 0.1[kg/cm^2] 압력에서 작동이 가능한 밸브가 설치되어 있다.

(2) 산업안전보건법

인화성 액체 및 가스를 저장 · 취급하는 유류탱크에서 증기 또는 가스를 대기로 방출할 때는 외부로부터 화염을 방지하기 위하여 화염방지기를 그 설비선단에 설치하여야 한다.

(3) 설치기준

화염방지기 설치시에는 화염방지기 성능뿐만 아니라 설치위치, 주변상황을 충분히 고려하여 시공하여야 한다.

9. 유기화합물 위험성

유기화합물의 주성분은 C, H, O이고 그 이외에도 질소, 황산, 할로겐 등이 있다. 유기화합물은 이성질체가 많기 때문에 그 수는 200만개 이상이다. 이성질체라고 하는 것은 n-부탄과 iso 부탄과 같이 같은 분자식을 갖지만 원자의 결합상태가 달라 서로 다른 성질을 갖는다. 탄소수가 3인 프로판까지는 이성질체가 없으나 부탄부터는 이성질체가 존재한다. 유기화합물은 탄소수가 많아지면 융점, 비점이 높아진다. 그러므로 유기화합물은 착화원과 산소가 공급되면 연소되므로 유기화합물은 항상 화재의 위험성을 갖고 있고 대부분 10,000[kcal/kg] 이상으로 발열하므로 위험성은 더욱 증대된다. 위험성의 특징은 다음과 같다.

① 가연성증기 생성용이 : 유기화합물은 상온에서도 포화증기압이 커서 기상으로 존재하는 경우가 많아 용기 누출시 쉽게 증발하여 가연성 혼합기체가 된다.
② 낮은 인화점 : 인화점이 상온 이하에 있는 물질은 발화원이 있는 경우 쉽게 발화된다. 인화점이 높은 가연성액체 역시 인화점 이상의 온도로 가열하면 인화점이 상온 이하인 경우와 마찬가지로 쉽게 착화된다.
③ 액상의 확대성 : 액체상태로 유동되기 때문에 유출되면 낮은 곳으로 흘러 위험성이 확대된다.
④ 주수소화의 어려움 : 액상의 유기화합물은 비중이 1보다 작아 물위에 뜬다. 수용성 탄소화합물(알콜)은 다량의 주수로 소화가 가능하지만 대부분 유기화합물은 주수에 의해 화재를 확대시킨다. 그러므로 주수소화 대신 포소화설비, 가스계소화설비 등으로 대체하여야 한다.
⑤ 유기금속화합물 : 유기금속화합물은 반응성이 풍부하고 공기 중에 자연발화하는 것이 많다. 일부는 공기 중 격렬하게 자연발화하여 위험하다.
⑥ 정전기 발화 : 유기화합물은 도전성이 낮은 절연체로 고유저항이 크다. 고유저항이 큰 물질은 액체가 관내에 유입되거나 용기에서 이동할 때 정전기를 축적하였다가 순간방전으로 인화성가스를 폭발시킬 수 있으므로 가솔린, 등유와 같은 전기전도도가 낮은 물질을 취급할 때는 접지, 본딩 등 조치가 필요하다.

그러나 가연성액체로 물과 혼합하기 용이한 물질은 물과 혼합시 증기압을 저하시켜 증발량 감소가 가능하여 안전성이 높고 물에 의한 소화활동을 용이하게 한다.

옥내저장소 배출설비는 위험물 옥내저장소에 가연성 증기, 미분이 체류하는 경우 대기로 배출되는 배출설비를 설치하여야 한다.

① 배출설비는 국소방식으로 설치한다. 단, 위험취급설비가 배관이음 등 전역방식이 유효한 경우는 전역방식으로 한다.
② 배출능력은 1시간당 배출장소 용적의 20배 이상
③ 배출설비는 배풍기, 배출덕트, 후드 등을 이용하여 강제적으로 배출하도록 한다.
④ 배출구는 지상 2[m] 이상에 설치하고 인화방지망을 설치한다.
⑤ 배출덕트가 관통하는 벽부분의 바로 가까이에는 자동으로 폐쇄되는 방화댐퍼를 설치할 것
⑥ 배풍기는 강제배기방식

[문제 28] 용융금속이나 슬러그 같은 고온물질이 물속에 투입되었을 때 고온물질의 열이 저온의 물로 짧은 시간 내에 전달되어 일어나는 폭발의 형태로서 가장 올바른 것은?

① 증기폭발　② 분해폭발　③ 분진폭발　④ 가스폭발

[문제 29] 폭발발생의 원인 중 물리적 또는 기계적 원인인 것은?

① 증기운 폭발　② 압력방출에 의한 폭발
③ 분해폭발　④ 석탄분진의 폭발

[문제 30] 연소반응의 데토네이션 현상에서의 열에너지 공급원은?

① 전도　② 대류　③ 복사　④ 충격파

[문제 31] 데토네이션에 대한 설명이다. 틀린 것은?

① 발열반응으로서 연소의 전파속도가 그 물질 내에서의 음속보다 더 느린 것을 말한다.
② 물질 내의 충격파가 발생하여 반응을 일으키고 또한 그 반응을 유지하는 현상이다.
③ 충격파에 의해 유지되는 화학반응현상이다.
④ 반응의 전파속도가 그 물질 내에서 음속보다 빠른 것을 말한다.

[문제 32] 저장시 분해 또는 중합되어 폭발을 일으킬 수 있는 위험물은?

① 아세틸렌　② 시안화수소　③ 산화에틸렌　④ 염소산칼륨

[문제 33] 액화 가연성가스의 용기가 과열로 파손되어 가스가 분출된 후 불이 붙었다. 이러한 현상을 무엇이라고 하는가?

① 블레브　② 보일오버　③ 슬롭오버　④ 파이어볼

[문제 34] 다음 중 BLEVE 현상을 설명한 것은 어느 것인가?

① 물이 점성의 뜨거운 기름 표면 아래서 끓을 때 화재를 수반하지 않고 over flow되는 현상
② 물이 연소유의 뜨거운 표면에 들어갈 때 발생하는 over flow 현상
③ 탱크바닥에 물과 기름의 에멀젼이 섞여 있을 때 물의 비등으로 인하여 급격하게 over flow되는 현상
④ 과열 상태의 탱크에서 내부의 액화가스가 분출하여 기화되어 착화되었을 때 폭발하는 현상

[문제 35] 분진폭발에 대한 것이다. 옳은 것은?

① 분진 입자 속의 습기는 점화온도를 높여준다.
② 점화에 필요한 에너지는 분진입도의 증가와 역단계이다.
③ 분진입자 표면의 온도상승요인은 복사전열이 주이며 열전도는 무시할만 하다.
④ 불활성가스는 분진폭발을 대체로 촉진한다.

[문제 36] 다음 중 분진폭발에 의한 화재의 위험성이 <u>없는</u> 것은?

① 마그네슘 ② 생석회 ③ 유황 ④ 알루미늄

[문제 37] 다음 중 분해폭발성 가스가 <u>아닌</u> 것은?

① 아세틸렌 ② 에틸렌 ③ 히드라진 ④ 메탄

[문제 38] 분진폭발을 일으키는 분진입자의 크기는?

① 76μm 이하 ② 100μm 이하
③ 121μm 이하 ④ 230μm 이하

[문제 39] 화재플럼에 대한 설명 중 <u>옳지 않은</u> 것은?

① 화재플럼은 화염의 부력을 갖는 화염기둥과 고온의 연소생성물이 화원위로 상승하는 것을 말하며, 부력은 밀도차이에 의하여 유체가 상승하는 힘이다
② 뜨거운 플럼이 주위공기 온도로 냉각되면 부력은 0이 되어 플럼은 상승기류를 멈춘다
③ 화재플럼의 온도는 주위공기보다 상대적으로 높기 때문에 가스를 상승시키는 힘이 된다
④ 화재플럼의 구조중 연소화염영역은 지속하여 화염이 존재하며 간헐화염은 화염이 없는 열기둥이다

[문제 40] 다음 중 화학적 폭발과 물리적 폭발로 분류하였을 때 분류가 다른 하나는?

① 가스폭발 ② 분무폭발 ③ 분진폭발 ④ 수증기폭발

[문제 41] 다음 중 개방된 공간에서 발생할 수 있는 폭발은?

① 분해폭발 ② BLEVE
③ 증기운폭발(UVCE) ④ 가스폭발

[문제 42] 폭굉에 대한 설명으로 거리가 먼 것은?

① 폭발의 속도가 음속보다 크다
② 폭굉파는 대단히 고속으로 전파하며, 그 반응속도는 1,000-3,500m/s정도이다
③ 충격파를 동반한다
④ 반응면의 열의 분자확산 이동과 반응물과 연소생성물의 난류 혼합에 의한 전파이다

[문제 43] 폭연과 폭굉의 설명으로 옳은 것은?

① 폭연은 화염의 잔파속도가 음속보다 빠르고, 폭굉은 화염의 전파속도가 음속보다 느린 현상을 말한다
② 폭연은 에너지 전달이 충격파에 의해 나타나고, 폭굉은 이란적인 열 전달과정을 통해 나타난다
③ 폭연은 온도, 압력, 밀도가 화염면에서 불연속적이고, 폭굉은 온도, 압력, 밀도가 화염면에서 연속적이다
④ 폭연은 에너지 방출속도가 물질전달 속도에 영향을 받고, 폭굉은 에너지 방출속도가 물질전달속도에 기인하지 않고 공간의 압축으로 인하여 아주 짧다

제 2 장

소화 및 방폭

01 소화이론

소화방식에는 제거소화, 냉각소화, 질식소화가 있으며 소화형태에 따라서는 물리적 소화와 화학적 소화로 나눌 수 있다. 물리적 소화로는 냉각소화, 제거소화, 질식소화가 있으며 화학적 소화는 부촉매소화가 있다. 또한 지엽적인 소화는 가스화재시 밸브를 차단하거나 소화약제나 냉각수를 방사하는 방법이고 광의적 소화방법으로는 연소중인 물체를 이동하거나 방어선 구축, 파괴소화 등이 있다.

1. 소화특징

1) 제거소화

연소반응이 일어나고 있는 가연물과 그 주위의 가연물을 제거해서 연소반응을 중지시키는 소화방법으로 다음과 같은 방법이 있다.

① 연소중인 연료배관 차단
② 산불시 맞불로 가연물 제거
③ 수용성액체 희석소화
④ 유전화재시 질소폭탄을 이용 순간폭풍으로 가연성증기 제거
⑤ 심지에 입으로 불어 산소제거

2) 질식소화

질식소화는 가연성액체 가연물 화재에 적용되며 가연물의 산소농도가 15[%] 이하로 되면 소화된다. 그러나 아세틸렌은 4[%] 이하, CO와 수소는 6[%] 이하가 되어야 소화가 가능하다.

① 불활성 기체 이용(CO_2, Halon) : 희석질식
② 포소화 약제(화학포, 기계포) : 피복질식
③ 분말 소화약제(1, 2, 3종) : 피복질식
④ 모래, 젖은 가마니로 덮는 방법 : 피복질식
⑤ 연소실을 완전 밀폐하여 소화 : 희석질식

3) 냉각소화

물의 높은 비열로 인하여 현열과 잠열을 이용한 냉각소화와 기화된 수증기로 인한 희석소화와 질식소화를 한다.

① 물의 높은 비열 이용 : 냉각작용
② 수증기발생 증발잠열 냉각효과 : 기상 냉각소화
③ 수증기 생성으로 산소희석에 의한 질식소화
④ 수증기 생성으로 복사열 차단

4) 부촉매소화

수소원자와 친화력이 우수한 할로겐원소를 이용하여 수소와 산소결합을 방해하는 자유라디컬을 발생하여 부촉매작용을 하게 한다.

① 할로겐소화약제 : 화학적 부촉매제 발생
② 분말소화약제 : 분말로 인한 활성종을 제거하는 물리적 부촉매

2. 가스계 소화약제

1) CO_2 소화약제

CO_2 용기내 액화된 증기가 방출되면 용기 내 증기압은 감소되고 잔존액체는 증발열로 인해 냉각된다. 냉각된 액면은 드라이아이스가 되어 -78.5[℃]까지 냉각되고 이것이 노즐을 통하여 대기중으로 방사된다. 방출되는 약제는 증기상태와 일부는 -78.5[℃]의 온도를 가진 극히 미세한 입자의 드라이아이스이기 때문에 주위공간에 안개모습이 된다. 안개형성 이유는 드라이아이스가 승화할 때 주위로부터 승화열을 빼앗게 되므로 주위 공기 중에 있는 수증기를 냉각 응결시키기 때문이다. 자체 증기압이 커 다른 압력원의 도움없이 방사할 수 있고 반영구적 보존이 가능하다. 대기에 방출시 기화팽창률이 상당히 크기 때문에 적은 양으로 저장하여도 방출시 체적비율을 크게 사용할 수 있다.

(1) 적용화재

인화성액체 · 기체, 전기화재, 일반가연물

(2) 소화작용

① 냉각작용 : 저온저장 액체의 급격한 방출로 드라이아이스 형태의 안개미립자가 방출되면서 기화열을 흡수한다. 1[kg]의 액화 CO_2는 15[%] 대기 중에 방출되면 534[ℓ] 가스체적의 증기층을 형성하여 산소가 제거된다.

② 질식작용 : CO_2가 공기 중에 28[%] 정도 있으면 공기 중 산소농도는 15[%]로 감소하여 소화한다.

$$CO_2[\%] = \frac{21 - Q}{21} \times 100[\%] = 28[\%]$$

Q : 줄이고자 하는 산소농도(15[%])

③ 피복작용 : 비중 1.52로 연소가연물 피복

(3) CO_2 약제 특징

① 무색 · 무취이고 독성이 없다.
② 소화 후 흔적이 없으며 부식 · 손상 우려가 없어 화재조사시 용이하다.
③ 기체로 방사되므로 구석까지 잘 침투되어 소화효과가 좋다.
④ 자체 압력(20[℃]에서 59[kg/cm^2])으로 방사되어 심부화재에 효과가 있다.
⑤ 비전도성이다(전기절연이 공기의 1.2배).
⑥ 값이 싸고 저장이 반영구적이다(하론에 비해 크게 싸다).
⑦ 희석질식소화이기 때문에 20분 이상의 Soaking Time이 필요하다.
⑧ 기화잠열이 커서(138[kcal/kg]) 냉각효과가 크다.

(4) 사용시 유의사항

① 방사시 기화되므로 동상 우려가 있다(-78.5[℃]).
② 소화시 공간 내 산소농도 저하(체적 팽창률 534배)로 질식우려가 있다.
③ 자체압이 고압(용기는 250[kg/cm^2])이므로 저장시 주의(용기, 배관 밸브)하고 고압가스 표시를 위해 녹색으로 표시한다.
④ 방사시 소음이 크며 시야를 가린다.
⑤ CO_2는 -56.3[℃], 압력 5.3[kg/cm^2]에서 고체, 액체, 기체가 공존하는 삼중점이다.

(5) 비적응 소화대상

① 3류 위험물(반응성 금속, 나트륨, 칼륨, 칼슘)에는 CO_2, CCl_4와 격렬한 반응을 하는 것이 많다.

② 5류 위험물(자기연소성 물질, 니트로셀룰로이드, 니트로글리세린)
③ 수용인원이 많고 2분 이내에 대피할 수 없는 장소
④ CO_2 설비는 A급 화재에 어느 정도 적응성은 있으나 방사시 즉시 기화되어 재발화의 위험이 있으므로 A급에는 적응성이 없다고 본다. 또한 약제가 금방 흩어지기 때문에 실외나 바람이 강한 곳에서는 사용하지 않는다.

(6) CO_2가 인체에 미치는 영향

〈표 2-1〉 농도에 따른 인체영향

공기 중의 CO_2 농도[%]	인체에 미치는 영향
2	불쾌감이 있다
4	눈의 자극, 두통, 혈압상승
8	호흡곤란
9	구토
10	시력장애, 1분 내 의식상실
20	중추신경 마비, 단시간 내 사망

(7) 충전비와 충전밀도

국내에서는 충전비, NFPA에서는 충전밀도 개념을 사용한다.

① 충전비 : 충전비는 CO_2, 하론, 분말설비에서 소화약제 저장용기의 용적과 그 안에 채워지는 약제중량과의 비[ℓ/kg]를 말한다. 예를 들어 10[ℓ]인 용기에 CO_2 소화약제가 8[kg]을 충전하였다면 충전비는 1.25가 된다.
CO_2는 고압가스 안전관리법 적용을 받으며 충전비는 1.5 이상되어야 한다.
② 충전밀도 : 어떤 용기에 채울 수 있는 물의 무게에 대한 소화약제의 무게로 표시된다. 즉, 10[kg] 물을 채울 수 있는 용기에(체적이 10이다) 8[kg] CO_2 약제를 충전하였다면 충전밀도는 0.8이 된다. 충전비는 숫자가 작을수록 동일한 용기에 많은 소화약제를 충전한 것을 의미하고 충전밀도 개념에서는 숫자가 클수록 동일한 용기에 많은 소화약제를 충전한 것을 의미한다.

(8) 방출방식

CO_2는 희석 · 질식소화 작용으로 넓은 장소에서는 CO_2를 방사해도 공기 중의 산소농도는 희석되지 않고 밀폐된 실내공간의 가연물화재에만 소화효력이 있다. 그러므로 국소방출

보다는 전역방출 방식의 소화시스템이 바람직하다.

(9) 가스계 소화약제 정의

① 가스상의 소화약제 : CO_2, 하론(액화가스), 청정약제
② 가스를 이용한 약제방출 : 분말약제(질소가스)

〈표 2-2〉 약제별 소화특징

구 분	CO_2	하 론	분 말
소화원리	질식, 냉각	부촉매, 질식, 냉각	부촉매, 질식, 냉각
약제특성	인명위해, 냉해	환경파괴	비청정약제
소화효과	1	3	2
설치장소	전기실	컴퓨터실	석유화학, 철강공장
약제저장	고압식-저압식	축압식-가압식	축압식-가압식

2) 하론 소화약제

대표적인 지방족 포화탄화수소 계열(메탄, 에탄, 프로판, 부탄)의 탄화수소분자에 포함된 수소분자 일부 또는 전부를 할로겐원소로 치환한 것을 할로겐화물(Halogenated Hydro Carbon)이라 한다. 할로겐화물 소화약제란 지방족 포화탄화수소분자 중 수소원자가 불소, 염소, 취소, 옥소의 할로겐원자로 치환되어 생성된 물질의 소화약제를 말한다(CH_4 → $CBrF_3$, CH_4 → $C_2Br_2F_4$...).

(1) 적용화재 : 인화성 액체 · 기체, 전기화재

(2) 소화작용

① 냉각작용 : 하론의 저비점(-57.75[℃])에 의한 기화열 28[kcal/kg]로 냉각소화를 한다(물의 약 10[%]).
② 질식작용 : 화염에 의한 할로겐화합물 분해로 불활성가스(HF, HBr) 발생으로 산소희석
③ 부촉매 작용 : 소화과정에서 발생된 할로겐원소(Br)는 H와 결합하여(HBr) 활성기(OH) 생성을 방지하는 부촉매소화를 한다. 냉각 · 질식 · 제거에 의한 소화는 불꽃연소 · 작열연소 등에 가능하지만 부촉매에 의한 소화는 불꽃연소에만 효과가 있다.

(3) 하론약제 특징

① CO_2 보다 3배 소화능력이 있다.
② 무색투명이고 특이한 냄새가 난다.
③ 휘발성이 크고 부식 · 손상 우려가 없다.
④ 알코올 · 에테르에는 녹으나 물에 녹지 않는다.
⑤ 전기적 부도체이다.
⑥ 질식의 우려가 없다.
⑦ 화학적 안정하여 소화 후 잔존물이 없다.

(4) 사용상 단점

① 질소를 약제 방출가스로 사용한다.
② 오존층을 파괴하고 가격이 비싸다(CFC계열 물질이다).
③ 하론 1301을 제외한 하론은 좁고 밀폐된 실내(지하층, 무창층, 환기유효개구부 1/30 이하, 바닥면적 20[m^2] 이하)에는 사용을 금한다.
④ 높은 온도에서 분해되어 독성가스($COCl_2$(포스겐), 수소, 염소)가 발생

(5) 하론 1301 특징

① 인체에 독성은 거의 없으나 분해생성물은 유독하다(HF, HBr, Br_2).
② 온도가 상승하면 Br이 다른 물질에 비해 결합력이 약해 쉽게 분해되어 Br이 부촉매작용을 하고 오존층도 파괴한다.
③ 상온에서 140[kg/cm^2]에서 액화되며 고압용기에 저장한다.
④ 불꽃은 연쇄반응이고 하론은 연쇄반응을 억제하는 부촉매제이므로 불꽃연소에 강하다.
⑤ CO_2는 희석 · 질식소화이고 하론은 연소성가스를 불활성화 상태로 만든다.
⑥ 소화가스 농도가 작으므로 밀폐실 압력상승 우려가 없다(5[%]).

(6) 사용제한 장소

하론약제가 고온에 방사되면 불소(F), 염소(Cl), 취소(Br) 등은 수소와 반응하여 불화수소(HF), 취화수소(HBr), 염화수소(HCL), 취소가스(Br_2) 등을 발생하기 때문에 실내가스를 연소초기에 흡입하지 않도록 하여야 한다. 이러한 독성 때문에 지하층, 무창층 및 바닥면적 20[m^2] 미만 장소에서는 할로겐화합물 소화기 사용을 금하고 있다(단, 할론 1301은 제외).

하론이 인체에는 피해를 미치는 영향은 다음 기준으로 평가된다.

① 인체에 미치는 영향농도

② 인체에 허용된 노출시간

(7) 방사특성

① 가압식 : 별도의 가압용기를 사용하는데 국내에서는 사용하지 않는다. 가압용 가스용기는 상온(20[℃])에서 질소가스가 충전된 것으로 25[kg/cm^2] 또는 40[kg/cm^2]의 압력을 유지한다. 가압식 저장용기는 20[kg/cm^2] 이하의 압력으로 조정할 수 있는 압력조정 장치를 설치하여야 한다.

② 축압식 : 상온(20[℃])에서 하론 1301의 자체증기압은 14[kg/cm^2]으로 방사압이 부족하므로 42[kg/cm^2]의 질소가스를 축압시켜 상시 일정체적을 유지한다. 질소는 상온에서 기체로만 존재하며 변질이 없고 가격이 저렴하며 인체에 무해하다.

〈표 2-3〉 하론 소화약제 특징

하론 104 CCl_4 (사염화탄소)	하론 1211(CF_2ClBr) 브로모클로로후루로디 메탄(분자량 166[g])	하론 1301(CF_3Br) 브로모후로로트리 메탄(분자량 149[g])	하론 2402($C_2F_4Br_2$) 브로모디프로로테트라 에탄(분자량 260[g])
• 독성이 강해 금지 • 열분해시 포스겐 ($COCl_2$) 발생 • 법적으로 금지된 약제	• 독성이 강하다 • 비점 : -3.4℃(액체) • 기화열 32kcal/kg • ABC 소화기용 • 액체로 축압 • 증기압이 낮아 일부액 액상배출 • 증기압 : 2.5[kg/cm^2] 헤드방사압 : 2[kg/cm^2] • 기체(21℃)	• 독성이 약하다 • 비점 : -57.8[℃](기체) • 기화열 28[kcal/kg] • 소화설비용(밀폐공간) • 기체로 축압 • 소화기로 사용하는 경우 증기압이 높아 방출즉시 기화되어 A급에 적용효과 떨어진다. • 증기압 : 14[kg/cm^2] 헤드방사압 : 9[kg/cm^2] • 기체(21[℃])	• 독성 강해 영구 제명 • 비점 : 47.2[℃] • 기화열 : 25[kcal/kg] • 실제로는 사용안함 • 무상으로 방사(축압) • 증기압 : 0.48[kg/cm^2] 헤드방사압 : 1[kg/cm^2] • 액체(21[℃])

③ 하론 1211은 비등점이 -3.4[℃]이므로 동절기와 같이 저온에서 방출시 액상이 된다. 저장중 압력이 높지 않아 질소가스로 가압해야 하며 하론 1301에 비해 소화효과가 떨어지나 가격이 싸 하론 1301 대신 사용하기도 한다.

④ 하론 2402은 CCl_4, 1301, 1211보다 독성이 강하며 제4류 위험물을 저장 취급하는 경우에 사용한다.

⑤ CO_2, 하론 1211, 하론 2402는 지하층이나 무창층 또는 밀폐된 거실 등 20[m^2] 미만 장소에는 사용할 수 없다.

⑥ 하론은 저농도 소화약제로 주로 불꽃연소에 효과적이나 이를 심부화재에 적용하는 경우 고농도로 일정시간 유지시켜야 소화가 가능하다.

(8) 비적응 소화

① 3류 위험물(금수성 금속물질 : Na, K, Mg, Zr)
② 5류 위험물(자기반응성 물질, 니트로셀룰로오스)

(9) 가스 소화약제(CO_2, Halon)의 특징

① 오손이 적다.
② 전기적 절연성이 우수하다.
③ 조작이 간단하다.
④ 대규모 소화에는 곤란하다.
⑤ 바람이 있을 때 수직연소면 소화가 곤란하다.

(10) 방출방식

㈎ 전역방출방식

① 헤드설치 : 방사된 소화약제가 방호구역 전체에 균일하게 확산될 수 있도록 설치
② 방사시간 : 30초
③ 방사 압력 : 9[kg/cm^2](1301), 2[kg/cm^2](1211), 1[kg/cm^2](2402)

㈏ 국소방출방식

① 헤드설치 : 소화약제 방사압력에 의해 가연물이 비산되지 않도록 설치
② 방사시간 : 30초
③ 방사압력 : 9[kg/cm^2](1301), 2[kg/cm^2](1211), 1[kg/cm^2](2402)

㈐ 안전성 및 소화강도

요오드(I)의 경우 소화효과는 가장 강하나 분해가 너무 쉬워 다른 물질과 쉽게 결합하여 독성물질을 생성하며 가격이 비싸 소화약제로 사용하지 않는다. 소화강도(효과)가 I 다음으로 Br 이고 그 다음 Cl 그리고 마지막으로 F이다.

① 안정성 : F 〉 CI 〉 Br 〉 I
② 소화강도 : F 〈 CI 〈 Br 〈 I

〈표 2-4〉 인체에 허용된 노출시간

하 론	농도(vol : %)	노출 허용시간
1301	7 미만	15분
	7~10	1분
	10~15	30초
	15 초과	노출금지
1211	4 미만	5분
	4~5	1분
	5 초과	노출금지
2402	0.05	10분
	0.10	1분

3. 포소화약제

물소화로 인한 연소면이 확대될 우려가 있는 석유화학공업 등 유류화재에 주로 사용된다. 설치대상에 따라 이동식 또는 고정식으로 설치할 수 있고 장기간 보관이 가능하다.

1) 적용화재 : 유류화재

2) 소화작용

① 냉각작용 : 포에 함유된 수분
② 질식작용 : 포층 거품(Foam)으로 산소차단

3) 약제특징 및 조건

① 물이 필요하고 소화 후 청소가 필요함
② 침투성이 약하지만 부착성과 바람에 강함
③ 독성이 없어야 함
④ 포의 안정성
⑤ 유류와 집착성
⑥ 포의 유동성

4) 팽창비에 따른 분포

① 저팽창포 : 팽창비 20~80배로 포헤드, 포소화전(옥내)에 사용
② 고팽창포
  ㉠ 제1종 : 팽창비 80 이상 250 미만, 고발포용 고정포방출구
  ㉡ 제2종 : 팽창비 250 이상 500 미만
  ㉢ 제3종 : 팽창비 500 이상 1000 미만

저발포기는 자연적으로 흡입되는 공기만을 이용하여 포를 생성하는데 비하여 고발포기는 압축공기나 팬을 이용하여 인위적으로 공기를 불어 넣어 팽창비를 증가시킨다. 인위적으로 공기를 흡입시켜주는 중발포형은 Aspirator을 사용하고 고발포형은 송풍기를 사용한 Blower형이다.

5) 생성원리 분류

(1) 화학포 소화약제(소화기용)

중조($NaHCO_3$)와 황산알루미늄을 혼합하여 화학작용으로 발생되는 CO_2압력(5~7[kg/cm^2]) 으로 방출하여 냉각 · 질식소화한다.

$$2NaHCO_3 + Al_2(SO_4)_3 + H_2O \rightarrow 2(Al)OH_3 + 6CO_2$$

화학포 소화약제는 포 생성과 사용이 어렵고 가격이 비싸다. 목재 · 섬유 등 A급 화재에는 침투력이 약하고 빈번한 약제교환 등 유지관리 어려움으로 소방법에서는 그 성능을 인정하지 않는다. 거품속에 가스(CO_2, N_2)가 존재한다.

(2) 기계포 소화약제

포약제 원액과 물을 혼합하고 포헤드, 포소화전, 고정포방출구에서 공기흡입력에 의해 기계적인 방법으로 포를 발생시켜 연소물을 냉각, 질식소화한다. 거품속에는 공기가 존재한다. 대부분은 이 방식을 사용하며 특징으로는 다음과 같다.

① 대량의 포를 연속적으로 발생시킨다.
② 장기보관이 가능하다.
③ 3[%], 6[%] 농도의 것을 사용하며 발포기의 종류에 따라 포성질이 다르다.

㈎ 단백포 소화약제(Protein Foam)

동 · 식물에서 추출한 유기물(동물피, 발톱, 대두단백, 잡곡단백)을 단백질로 가수분해한

다음 여과·농축하고 방부제, 점착제를 첨가하여 제조한다. 팽창비가 20 이하인 저팽창포이며 특징은 다음과 같다.

① 가격이 싸다.
② 내화성으로 Ring Fire 발생이 없어 대형 유류탱크 소화에 적합하다.
③ 포의 유동성이 작아 소화속도가 늦다.
④ 부식성이 높고 경년기간이 짧다(3년).

(나) 불화 단백포(Fluoro Protein Foam)

단백포에 불소계면활성제를 첨가한 것으로 내화, 내유, 유동성이 있어 대형 유류저장탱크 소화에 가장 적합하다. 단백포는 휘발유 농도가 8.5[%]에서 단백포가 연소되지만 불화 단백포는 17[%]에 이를 때까지 불연성이어서 2배 이상 불연성을 갖는다. 특징은 다음과 같다.

① 내화성으로 Ring Fire가 발생하지 않아 대형 유류탱크에 적합하다.
② 내유성으로 유류에 오염되지 않아 표면하주입방식에 접합하다.
③ 유동성이 우수하여 소화속도가 빠르다.
④ 약제 보존기간이 길다(7~10년).
⑤ 가격이 비싸 국내에는 사용하지 않는다.

(다) 수성막포 소화약제(AFFF: Aqueous Film Forming Foam)

수성막포는 탄화수소계 계면활성제의 알킬기에 있는 수소원자를 불소원자로 치환한 불소계 계면활성제와 산화에틸렌 중합체가 주성분이다. 수성막포가 유면에 방사되면 수용액이 신속히 아래로 흘러내려 기름위에 전개되어서 기름증발을 억제하고 포는 수성막 위를 덮고 질식, 냉각작용에 의해 소화를 한다. 수성막은 엷은 막으로 되어 있어 유류증기압에 견디지 못하는 단점이 있으며 휘발성이 강한 석유류에서는 수성막이 파괴되어 Ring Fire가 발생한다. 1960년대 미군 해군연구소와 3M사가 동시에 개발한 약제로 일명 라이트워터라 한다. 포가 없는 수성막 단독으로는 불이 확산되는 것을 방지할 능력이 소멸되고 내화성도 낮아진다.

① 유동성이 강하여 유출유 화재에 적합하고 초기 소화속도가 빠르다.
② 내유성이 있어 표면하주입방식에 적용한다.
③ 3[%]형과 6[%]형이 있으며 저발포로 사용한다.
④ 불화단백포 및 ABC분말약제와 Twin agent system(CDC)이 가능하며 700~800[%] 소화성능이 증가한다.
⑤ 화학적으로 안정되어 있어 약제보전이 반영구적이다.
⑥ 구입가격이 비싸다.

⑦ 내화성이 약해 윤화가 발생되어 저장탱크 소화에 부적당하다.

(라) 내알코올 포(Alcohol-Resistant Foam)

포 소화약제 거품은 대부분(94~97[%]) 수분으로 포에 있는 수분이 수용성 액체에 용해되어 소포되고 수용성 액체가연물의 수분도 포쪽으로 이동하여 포를 파괴시켜 소화성능을 발휘할 수 없다. 그러므로 소포성을 방지하기 위해 단백포에 금속비누 또는 알코올성이 높은 불소계 계면활성제를 첨가한 약제로 수용성 알코올 화재나 유류화재에도 적용하는 양용형 소화약제이다. 주 적용대상은 알코올류, 케톤류, 에스테르류가 있다.

① 양용형 소화약제이다.
② 유류에 오염되지 않아 표면하주입방식이 가능하다.
③ 윤화가 발생하지 않는다.
④ 약제보존기간이 길다(8~10년).
⑤ 가격이 비싸다.

종류에는 불화단백형, 금속비누형, 고분자겔 생성형 알코올포 소화약제가 있다.

① 불화단백형 내알코올포 소화약제 : 알코올과 대응하는 불소계 계면활성제를 첨가한 소화약제로 대형 알코올류 탱크화재에 사용해도 윤화현상이 일어나지 않고 표면하 주입방식도 가능하다. Transfer Time(이전시간)에 제한이 없고 수명도 길다.
② 금속비누형 내알코올포 소화약제 : 알코올과 대응하는 금속비누를 소화약제에 첨가하면 금속비누는 알코올류를 대응하는 성질이 있어 알코올과 포가 대치되어 거품이 알코올 위에 떠 있도록 한다. 금속성 비누가 침전되기 때문에 이전시간이 짧은 단점이 있다. 가격이 싸나 단점이 많아 잘 사용하지 않는다.
③ 고분자겔형 내알코올포 소화약제 : 알킬산나트륨은 수용성 액체를 만나면 불용성겔이 된다. 탄화수소계 또는 불소계 계면활성제를 이용하여 기포하며 약제온도를 5[℃] 이상 온도로 유지해야 한다.

(마) 합성계면활성제포(Synthetic Foam)

계면활성제를 기재로 하여 안정제 등을 첨가한 합성물질로 계면활성제로 표면장력을 저하하여 기름증발을 억제하여 소화한다. 저팽창에서 고팽창까지 팽창범위가 넓어 기체 · 고체 등 사용범위가 크다. 저발포형 3[%], 6[%]을 사용하고 고발포형에는 1[%], 1.5[%]. 2[%]를 사용한다. 특징은 다음과 같다.

① 유출유 화재에 적합하다(지하가, 주차장, 갱도지하).

② 소화약제 보전기간이 반영구적이다(합성물질이기 때문에 단백질과 달리 쉽게 변하지 않는다).
③ 내화성이 약해 윤화발생 우려가 있어 유류저장탱크에 부적합하다.

계면활성제는 표면장력을 제거하여 고체화재에는 침투력을 크게 하고 액체연료 화재시에는 에멀젼 효과, 미셀막 형성으로 소화를 촉진시킨다. 계면활성제로는 비누, 지방산, 아민, 에테르, 알데히드, 알코올이 있다.

① 표면에 흡착하여 침투력 증가
② 에멀젼화(유화작용)
③ 미셀막 형성
④ 대전방지
⑤ 살균작용

수성막포, 합성계면활성제포는 윤화가 발생되어 유류저장탱크 부적합하고 표면하주입방식에 사용할 수 있는 포약제는 수성막포, 불화단백포, 알코올포가 있다. 윤화의 발생원인은 다음과 같다.

① 내열성이 약한 포소화약제
② 비점과 인화점이 낮은 유류화재
③ 탱크벽면이 고열로 가열

그러므로 윤화를 억제하기 위해서는 내열성이 강한 포소화약제를 사용해야 하고 탱크의 벽을 냉각시켜야 한다.

6) 포소화특성

(1) 이전시간(Transfer Time)

포약제와 물이 혼합되는 시점에서 거품이 형성되는 시점까지 시간을 말한다. 불화단백포 알코올포 소화약제는 이전시간에 제한이 없지만, 금속비누형 내알코올포 소화약제는 수용액이 해리되어 금속비누가 침전하므로 이전시간이 짧아 포수용액은 즉시 발포해야 한다.

(2) 환원시간(Drainage Time)

방출된 포가 깨져서 수용액으로 환원되는 시간이다. 거품상태로 존재하는 포 중 25[%]가 수용액이 될 때까지 시간(Quarter Drainage Time)이며 환원시간이 길수록 포가 오래 유지되어 성능이 우수하다. 단백포, 수성막포는 60초 이상이면 양호하고 합성계면활성제포는

30초 이상이면 양호하다.

(3) 유화소화

유류화재시 무상주수와 포약제를 방사하는 경우 유류표면에는 수(Water)막이 형성되며 물과 유류 중간성질을 갖는 유화층(Emulsion Effect)이 형성되어 공기의 공급을 차단시키는 소화작용이다. 유화소화 종류에는 무상소화, 포소화, 내알코올 포소화약제(수용성 가연물질)가 있다.

[문제 1] CDC분말소화약제와 함께 사용가능한 포소화약제는?

① 단백포 ② 불화단백포 ③ 수성막포 ④ 합성계면활성제포

[문제 2] 단백포소화약제와 불화단백포 소화약제를 비교설명 한 것 중 옳지 않은 것은?

① 불화단백포는 단백포에 비하여 내유성과 유동성이 상대적으로 우수하다
② 단백포의 소화설비는 주로 상부주입방식이며, 불화단백포는 표면하주입방식으로도 가능하다
③ 불화단백포의 경우 보관기간이 상대적으로 길다
④ 불화단백포의 경우 철(Fe)안정제의 양을 늘려야 하는 번거로움이 있다

[문제 3] 수성막포소화약제의 설명 중 옳지 않은 것은?

① 경년기간이 길고, 유동성이 좋은 거품과 수성막이 형성되어 초기소화속도가 빠르다.
② 일반적으로 고발포로 운용된다
③ 유류화재에 가장 효율적인 포소화약제이다
④ 단백포에비해 3배 이상의 소화성능을 가진다

[문제 4] 불소계계면활성제를 주성분으로 하며, 분말소화약제인 드라이케미컬과 함께 사용하여 그 성능을 증가시킬 수 있는 포소화약제는?

① 단백포소화약제 ② 불화단백포소화약제
③ 수성막포소화약제 ④ 내알코올포소화약제

4. 분말소화약제(Dry Chemical)

용기내에 미세한 분말을 넣고 방사에너지원(CO_2, N_2)으로 압입한다. 가스 압입방법으로는 용기내 분말과 함께 7~10[kg/cm^2]으로 압입하는 축압식과 용기내에 작은 CO_2용기(봄베이)를 설치하여 액화 CO_2를 충전한 가압식이 있는데 주로 가압식이 사용된다. 분말이

10~75[μm] 범위에 있을 때 소화효과가 크며 최적입도를 내는 것이 20~25[μm]이다. 분말성분이 97[%]이고 3[%] 정도는 방습제와 착색제이며 분말소화기는 전체 소화기의 95[%]를 차지한다. 보통의 분말소화약제는 독성이 없지만 많은 양의 방출은 일시적 호흡장애와 시야장애를 초래한다.

1) 적용화재 : 유류 · 가스화재, 전기화재, 일반화재

2) 소화작용

① 냉각작용 : 수증기
② 질식작용 : CO_2, HPO_3(방진, 피복작용)
③ 부촉매작용 : 활성종이 분말에 묻는 물리적인 부촉매 작용
④ 복사열 차단 : 분말

3) 분말소화 특징

① 독성, 부식, 변질, 동결이 없어 널리 사용된다.
② 습기에 주의한다(스테아린 마그네슘, 실리콘 등으로 방습처리)
③ 재발화 위험이 있다.
④ 금속화재(칼륨, 나트륨, 마그네슘 등)에는 특수분말약제(MET-L-X, Na-X, G-1, TEC, Boraron)를 사용한다.
⑤ 전기절연성이 있다.

4) 분말소화 효과

(1) 1종분말($NaHCO_3$: 중조, 중탄산나트륨, 탄산수소나트륨)

$$2NaHCO_3 + \text{열} \rightarrow \underset{\text{Na비누화}}{Na_2CO_3} + \underset{\text{냉각,질식}}{H_2O} + \underset{\text{질식}}{CO_2} - 19[kcal/mol]$$

지방, 식용유 화재시 가연물의 지방산과 Na^+ 이온이 반응하여 비누거품을 생성하여 비누화현상을 일으켜 유화작용으로 소화시키며 동시에 냉각, 질식작용이 발생된다. 동시에 연쇄반응을 일으키는 활성종이 분말표면에 흡착되는 물리적 부촉매작용을 일으킨다.

① 식용유 화재시 유화작용으로 소화효과가 증대한다.
② B, C급 화재에 적용한다.
③ 소화 후 불씨가 있는 경우 재발화하기 쉽다.

④ 백색으로 착색한다.

(2) 2종분말($KHCO_3$, 탄산수소칼륨)

$$2KHCO_3 + 열 \rightarrow \underset{부촉매}{\underline{K_2CO_3}} + \underset{냉각,질식}{\underline{H_2O}} + \underset{질식}{\underline{CO_2}} - 29[kcal/mol]$$

1종분말을 개량한 것으로 소화능력이 1.67배 크지만 가격이 비싸다. 소화효과가 1종보다 좋은 이유는 칼륨염이 나트륨염에 비하여 흡습성 강하고 고체화되기 쉽기 때문이다. 보라색으로 착색한다.

(3) 3종분말($NH_4H_2PO_4$, 제1인산암모늄)

$$NH_4H_2PO_4 + 열(190°) \xrightarrow{A급} \underset{메타인산}{\underline{HPO_3}} + \underset{냉각,질식}{\underline{NH_3}} + H_2O$$

메타인산(HPO_3)은 불연성 용융물질로 가연성 표면에 유리피막을 형성하여 소화는 물론 재연소를 막는 방진작용을 하여 A급소화도 가능하다. 방습을 위해 실리콘오일(3[%])을 사용하며 응고방지를 위해 활석분, 운모분을 사용하며 담홍색으로 착색한다.

$NH_4H_2PO_4$는 산성으로 알칼리분말과 혼합하면 탄산가스를 방출하고 응고하므로 혼합시 주의한다. 비누화현상은 없다. ABC화재에 사용하며 소화후에 주위에 과열된 고온금속이 있으면 재연소하기 쉽다. 심부화재에는 소화효과가 어렵다.

(4) 4종분말

B급, C급 화재에 적합하다. 2종분말과 요소가 혼합된 분말약제로 회색으로 착색한다. 소화성능은 좋지만 경제성으로 잘 유통되지 않는다.

$$2KHCO_3 + (NH_2)_2CO \rightarrow K_2CO_3 + 2NH_3 + 2CO_2 - Q$$

〈표 2-5〉 소화약제별 특징

종 별	소화약제	착 색	적응화재	방사압[kg/cm^2]
1종	$NaHCO_3$	백색	B, C	45
2종	$KHCO_3$	보라(자색)	B, C	27
3종	$NH_4H_2PO_4$	분홍	A, B, C	27
4종	$KHCO_3$+요소	회색	B, C	18

5) 금속화재 소화약제

제2류 위험물(마그네슘분, 알루미늄분, 아연분)과 제3류 위험물(금속칼륨, 금속나트륨, 알킬알루미늄, 알킬리듐)은 물과 접촉하면 발열하거나 수소 등 가연성가스 등을 방출하기 때문에 화재시 주수소화는 불가능하며 CO_2, CCl_4 등과도 심하게 반응하므로 사용해서는 안된다. 소화방법으로는 건조사로 덮어 질식소화(소규모 화재)하거나 NaCl이나 $NH_4H_2PO_4$성분의 금속소화용 분말소화약제(Dry Powder)를 사용한다. Dry Powder Extinguisher 종류는 다음과 같다.

(1) MET-L-X 분말

염화나트륨(NaCl)과 첨가물로 이루어진 것으로 Na, K, Mg 화재에 적합하다. 건강위험성이 없고 물리적 변화가 없다.

(2) Na-X 분말

염소가 포함되지 않은 소화약제이다. 탄산나트륨(Na_2CO_3)과 첨가제로 되어 있는데 첨가제는 습기방지와 소화기의 압력을 일정하게 유지하기 위한 것이다. Na화재에 적용한다.

(3) G-I 분말

유기인과 흑연이 입혀진 코크스로 구성되어 있는 비가연성 분말이다. 흑연은 열전도체로 화재로부터 열을 흡수해 금속온도를 발화온도 이하로 낮추어 소화가 되는 역할을 한다. K, Na, Mg 화재에 적합하다.

(4) TEC(Ternary Eutectic Chloride)

염화칼륨(KCl), 염화나트륨(NaCl), 염화바륨($BaCl_2$)의 혼합물로 이 약제는 나트륨, 칼륨, 나트륨-칼륨 합금화재 소화용으로 가장 효과적이다. 염화바륨은 유독하므로 조심하여야 한다.

(5) Boralon

하론 1211과 TMB(Tri-Methyoxy-Borane) 혼합약제로 마그네슘 화재에 적합하다. 금속화재에 Boralon을 사용하면 용융된 산화붕소에 의해 소화하고 이때 생성된 메틸알코올은 하론 1211으로 소화한다. 그 이외에도 구리분말, 흑연분말, 유리분말, 건조사(SiO_2) 등도 금속화재 소화에 사용된다.

6) 소화적응성

분말소화약제는 유류화재는 물론 CO_2나 포소화약제로 소화가 불가능한 아세틸렌 가스와 같이 15[kgf/cm^2]의 고압으로 분출하는 고압가스 화재도 소화에도 적응력이 높다. 그러나 자기연소성 물질 화재나 D급 화재에는 적응성이 없다. 분말소화약제 소화능력은 다음과 같다.

① 적응능력이 넓다(유류화재, 전기화재, 아세틸렌, 가스화재).
② CDC로써 분말(인산염, 중탄산소다)로 물소화 능력을 향상시킬 수 있어 제1종, 제2종도 A급 화재 적용가능하다.
③ 포와 병용하여 사용하기 위해서는 흡습을 방지하기 위해 실리콘 등으로 표면처리한 것이 사용되는데 이를 CDC(Compatible Dry Chemical)라 한다.
④ 분말은 부식성이 있어서 배관 내 남아 있는 것을 청소해야 한다.

〈표 2-6〉 소화능력 비교

소화약제	소화능력
하론 1301	3
분말	2
하론 2402	1.7
하론 1211	1.4
하론 CCl_4	1.1
하론 CO_2	1

7) 소화현상

(1) 비누화현상

가열상태의 기름(식용유, 지방질유)에 1종분말 소화약제가 방출되면 중탄산소다의 Na^+ 이온과 기름의 지방산이 결합하여 비누거품을 만든다. 이 비누거품이 가연물을 덮어 산소공급을 차단하여 소화효과를 높인다. 따라서 식용유화재 소화에는 1종분말 약제가 효과적이다.

(2) Knock Down 효과

분말소화약제 분사시 가연물 표면을 덮어 질식소화시키고 동시에 분말이 불꽃을 포위하여 활성종을 흡착하여 부촉매작용으로 연쇄반응 억제로 순식간에 소화하는 작용이다. 10~30초 이내에 실행되어야 하며 30초 이내에 Knock Down되지 않으면 소화가 불가능하다.

5. 냉각소화법

냉각소화는 연소물의 열을 연소온도 이하로 떨어뜨리는 방법이며 주로 물을 사용하며 식용유 화재시 고체 또는 냉각된 식용유를 사용하는 것도 냉각소화의 한 방법이다.

1) 적용화재

일반화재, 식용유 화재, 유류 · 전기화재 일부(물분무시)

2) 화재진압 Mechanism

(1) 냉각소화(현열, 잠열)

물 1[g]이 10[℃]에서 100[℃] 수증기가 되기 위해서는 약 629[cal]의 열량을 흡수하기 때문에 큰 냉각소화를 한다.

$$1[g] \times (1(\text{비열}) \times (100[℃]-10[℃]) + 539) = 629[cal] = 2635[J]$$

수증기 비열은 0.6[cal/g · ℃]로 100[℃] → 250[℃] 수증기는 $(250-100) \times 0.6 = 90$[cal/g · ℃]이다. 물입자가 미세할수록 물의 표면적이 커지고 표면적이 클수록 빠른 시간내에 열을 흡수하게 되어 냉각효과가 커진다. 1ℓ의 물이 1[mm]이면 2[m^2], 0.1[mm]는 20[m^2], 0.01[mm]은 200[m^2]의 표면적이 된다. 냉각소화는 고체(금속)를 사용하는 방법과 액체(물)를 사용하는 방법, 기체(CO_2)를 사용하는 방법이 있다.

(2) 희석소화

수용성액체 가연물 화재시 주수소화로 인하여 물이 수증기로 증발되면 약 1,700배 부피가 팽장되어 넓은 표면석은 복사열을 차단하여 화재주변을 냉각시키고 연기속의 재를 제거하여 소화활동과 피난에 도움을 준다. 물 1[g]은 부피가 팽창되어 표면적이 넓어진다.

$$\frac{1}{18}[mol] \times 22.4[\ell] = 1{,}244[cc],\ 1{,}244\ \frac{273+100}{273} = 1{,}700[cc]$$

(3) 질식소화

수증기 발생으로 화재공간내 공기가 치환되어 질식소화한다.

3) 물소화의 특징

① 비열과 증발잠열이 크다.
② 쉽게 구하고 값이 싸다.
③ 체적이 1,700배로 희석소화한다.
④ 쉽게 첨가제 사용한다.
⑤ 비압축성 액체로 펌핑이 쉽고 쉽게 이동할 수 있다.
⑥ 물의 형태를 변화시켜 소화에 적절히 응용할 수 있다(봉상, 적상, 무상).
⑦ 유류 화재와 금수성 물질에 사용할 수 없다.
⑧ 소화 후 물 피해가 크다.
⑨ 전기도체이므로 감전 위험이 크다.

4) 물 주수방법에 따른 소화효과

〈표 2-7〉 주수방법에 따른 소화 형태

소화종류	소화방법	적응화재
봉상주수	• 막대모양의 충돌력으로 심부침투 • 감전발생 가능성	• 고체가연물 • 대규모 화재, 소화면적이 적음
적상주수	• 방울 형태 주수(SP)	• 실내가연물, 소화면적이 적음
무상주수	• 물분무 헤드에서 고압으로 방수하여 안개 형태 주수 • 표면적 증가로 열흡수 용이, 수증기 발생으로 희석소화 • 물입자가 작아 봉상·적상보다 냉각효과 좋음	• 에멀젼 효과의 유류화재 소화 • 희석효과의 전기화재 소화

5) 미분무소화(Water Mist System)

수손피해가 되는 시설물에는 하론약제가 많이 사용되었으나 오존층 파괴로 인한 환경오염으로 몬트리올의정서에 의해 사용이 억제될 예정이다. 하론 소화약제를 대체할 수 있고 적은 양의 물로 높은 소화성능을 발휘하는 미분무수 소화시스템 개발이 증가하고 있다. 미분무수는 표면적 대비 체적비가 기존의 SP물방울보다 커서 열전달효과가 크며 SP는 냉각을 주로 비열에 의한 감열이지만 미분무수는 증발잠열에 의한 냉각효과가 크다. 그러므로 훨씬 적은양의 물로도 큰 효과를 얻을 수 있다.

미분무소화설비"란 가압된 물이 헤드 통과 후 미세한 입자로 분무됨으로써 소화성능을 가지는 설비를 말하며, 소화력을 증가시키기 위해 강화액 등을 첨가할 수 있다.

(1) 미분무수 크기

화재안전기준준 104A에 따르면 "미분무"란 물만을 사용하여 소화하는 방식으로 최소설계압력에서 헤드로부터 방출되는 물입자 중 99[%]의 누적체적분포가 400[μm] 이하로 분무되고 A,B,C급 화재에 적응성을 갖는 것을 말한다.

입자의 크기를 보면 SP(스프링클러)는 1000[μm], Spray는 150~300[μm], Fog는 10~100[μm], Aerosol는 5[μm]이다.

물입자가 20[μm] 이하이면 물은 공기 중에 부유하는 Mist 형상이며 질량이 작아 운동에너지가 작고 발생지점에 도달하기 어렵게 된다. 그러나 물분무시스템의 노즐은 화재발생 지점 가까운 거리에 두어야 효과적인 화재진압을 할 수 있다. 미분무수 동작으로 복사열 흐름을 70[%] 정도 감소시킬 수 있다. 미분무수의 단점으로는 심부화재와 차폐 장애물이 있는 구획에는 적용하기 어렵다.

분무된 물입자의 크기가 균일해야 이상적인 소화기능을 수행한다. 물입자 살수분포는 정해진 지역에서 측정된 샘플입자 및 분사에 관계된 물방울 크기의 범위를 말한다. DVF는 무수한 물방울들의 분포상황과 물방울 크기를 가시적으로 정량화하는 방법으로 물분무헤드 성능표시 기준이 된다. DVF 30%, 50~80[μm] 분사노즐에서 분무된 입자가 노즐로부터 1[m] 거리에 떨어지는 전체입자 중 크기가 50~80[μm] 입자가 30[%]가 되는 것을 (체적비율) DVF(Droplet Volume Fraction) 30[%], 50~80[μm]라고 하며 이 체적비율이 클수록 이상적인 노즐이라 할 수 있다. 미분무 시스템은 고압수류에도 마모되지 않는 노즐개발과 물분무장치가 주된 핵심기술로 여러 분야에서 연구가 진행되고 있다.

(2) 미분무수의 소화능력

소화를 위해 연소열로 생성되는 모든 열을 흡수할 필요는 없으며 연소열의 30~60[%] 정도만 흡수하여도 소화가 가능하다. 액체화재에서 미분무수는 기화하면서 불꽃을 냉각시키면서 가연물 표면에서 복사열 흐름을 감소시켜 액체가열로 인한 발생증기가 연소범위 이하로 되어 연소가 불가능하게 된다. 미분무수는 낮은 인화점을 가지는 액체연료 화재를 소화하는 것은 매우 어렵다. 왜냐하면 액체연료는 낮은 온도에서도 연료가 증발되어 증기를 만들기 때문이다. 미분무수의 중요변수는 살수분포, 적용방향, 물입자 크기, 질량, 유입공기속도 등으로 소화능력은 다음에 좌우된다.

① 가연물의 물성
② 밀폐효과
③ 살수분포
④ 살수밀도(크기, 속도, 질량)

⑤ 연소표면으로 수증기를 밀수 있는 방사 모멘텀(노즐특성, 노즐배치)이 필요하다. 연소표면 쪽으로 강한 모멘텀 없이 단지 난류 혼합계는 소화가 불가능하다.

㉠ 미분무수의 속도(3.5[kg/cm^2] 방수압)

㉡ 화염에 대한 미분무수의 방향성

㉢ 가연물표면이나 불꽃으로 운송되어지는 미분무수의 질량

미분무 설비의 소화효과는 다음과 같다.

① 소화(Extinguishment)
② 노출방호(Exposure Protection)
③ 화재억제(Fire Suppression)
④ 화재제어(Fire Control)
⑤ 온도제어(Temperature Control)

(3) 물분무설비 분류

① 사용압력에 따른 분류 : 저압식(12.1[Bar] 이하), 중압식(12.1~34.5[Bar]), 고압식(34.5[Bar] 이상)

② 분사방식에 따른 분류

㉠ 실린더 Type : 실린더에 물과 질소가스를 일정압력 이상으로 압입하여 화재시 실린더 내의 압력으로 물분사한다.

㉡ 펌프 Type : 화재시 배관을 통하여 노즐로 분사하는 것으로 일반적인 Type이다.

③ 습식형과 건식형

㉠ 습식형 : 배관에 항상 물이 차 있는 것으로 화재시 파괴되면서 물분사

㉡ 건식형 : 배관 내에 물이 없다가 화재시 수동으로 펌프가 작동되어 물분사

④ 단일 Agent와 Twin Agent

㉠ 단일 Agent : 노즐에서 단지 물만 분사

㉡ Twin Agent : 물뿐만 아니라 Ar, N_2가스를 섞어 분무한다. 노즐형태, 물 + 가스 혼합비에 따라 물입자 크기와 분사 Pattern을 다양하게 변화시킬 수 있다. 노즐 분출구를 크게 할 수 있어 노즐이 막히는 것을 방지할 수 있으나 설치비용이 비싸서 실용적이지 못하다.

⑤ 미분무수 발생노즐

㉠ 일반노즐(충격노즐)(Impingement Nozzle) : 물의 제트류가 디플렉타에 충돌하여 작은 조각으로 분쇄되는 고체제트의 원리에 의해 작동한다. 표준형 SP, 일제살수설비, 일반공장 노즐에 많이 사용된다. 분사속도와 표면형태가 살수각도, 살수분

포, 살수균질도, 스프레이 모멘텀을 결정한다.

㉡ 압력분사 노즐(Pressure Jet Nozzle) : 작은 구경의 오리피스를 통해 높은 압력으로 물을 밀어내는 제트류에 의해 작동한다. 압력분사 노즐은 작은 오리피스, 소용돌이 챔버, 각 오리피스 필터 등으로 충격노즐보다 높은 압력(12~272[Bar])으로 동작된다.

㉢ 이류체 노즐(Twin-Fluid Nozzle) : 물과 압축공기 또는 질소가스에 의해 물을 잘게 부수고 여러 오리피스로 살수형태를 결정한다. 3~7[Bar] 범위에서 살수분포, 살수각도, 미분무 모멘텀을 결정하며 농예용 살수설비, 건물습도제어, 도장설비 등에 이용한다.

(4) Water Mist 특징

① Halon보다 2배 소화효과가 있다.
② 기존 SP보다 물소모량이 90[%] 감소한다.
③ 독성이 없고 전기적 부도체이다.
④ 소화후 소손이 적다.
⑤ 가연성액체 Pool 화재에 적용 가능하다.
⑥ 적용대상이 화학공장, 박물관, 전산실, 반도체공장으로 다양하다.
⑦ 심부화재에 약하다.

(5) 적용장소

① 전기시설 설치공간
② 가연성액체 저장장소, 폭발억제장소
③ 물에 민감한 도서관, 박물관
④ 소화용수 급수 제한장소(선박의 기관실, 항공기 엔진실)

(6) 적용 제외장소

① 물과 반응하여 위험물질을 생성하는 물질(금수성물질)
② 고온의 물질로 끓어 넘치는 위험이 있는 물질(Slop Over)
③ 운전시 표면온도가 260[℃] 이상으로 분무시 손상을 입을 기계장치

(7) 배수설비 설치기준(차고, 주차장)

① 10[cm] 이상의 경계턱으로 배수구 설치(차고, 주차장)
② 40[m]마다 집수장 설치(배수구에서 새어나온 기름을 소화)

③ 바닥은 배수구를 향하여 2/100 기울기 유지
④ 가압송수장치의 송수능력과 같은 배수장치 설치

6) 물소화 향상 첨가제

(1) 계면활성제(Surface Active Agent)

용액의 표면장력을 감소시키는 물질을 계면활성제(비누, 아민, 지방산, 에테르, 알데히드, 알코올)라 한다. 친수성과 함께 친유성도 가지는 양친매성이 있어서 물과 기름의 2상계면 사이에서의 흡착력이 강하다. 따라서 포가 유면에 밀착하여 유면과 공기와의 접촉을 막아주어 기름증발을 억제하고 효과적인 질식소화를 가능하게 한다. 포의 생성을 도울 뿐 아니라 파포현상도 억제한다. 유화성, 분산성, 기포성이 있으며 세제로 많이 사용되고 공업용, 소방용으로 사용된다. 최근에는 고분자 계면활성제가 있다.

액체내부에서는 주위분자로부터 인력을 받아 평형상태를 유지하지만 자유공간에서는 외부인력을 받지 않기 때문에 액면을 축소하려는 장력이 작용하는데 이를 표면장력이라 한다. 염분은 표면장력을 증가시키지만 비누 등 유기물, 알코올, 산, 온도상승 등은 표면장력을 감소시킨다. 표면장력은 소화수에 있어서 소화기능과 냉각기능에 영향을 준다.

① 소화기능 : 물방울이 연소면 표면에서 신속히 확산되고 잘 스며들어야 하는데 표면장력이 크면 확산과 스며드는 것이 떨어지게 된다. 그러므로 표면장력을 감소시키기 위해 계면활성제(지방산, 아민, 비누, 에테르, 알데히드, 알코올)를 사용한다. 계면활성제는 유화성, 분산성, 기포성을 갖고 있어 표면장력을 감소시킨다.
② 냉각효과 : 표면장력이 크면 SP나 물분무헤드에서 분사되는 물방울이 크게 되어 냉각효과가 감소한다. 그러므로 표면장력이 작으면 물표면적이 확대되어 냉각소화에 효과가 있고 침투력을 증가시키며 물분무 설비의 경우에는 물안개 형성에 도움을 준다.

(2) 동결방지제(Anti-freeze Agent)

동절기에 물이 얼지 않도록 물의 빙점을 낮추는 첨가제로 에틸렌글리콜, 프로필렌글리콜, 염화칼슘, 염화나트륨이 있다. 그 이외에 동결방지대책으로는 다음과 같다.

① 단열재(유리섬유, 발포 폴리스티렌)
② Heating Coil 사용
③ 건식시스템
④ 헤드의 상향식 배관
⑤ Dry Pendant Type Head 사용

⑥ 소화용수에 부동액 혼합

(3) 점성증가제(Thickening Agent)

공중소화시 나무 등에 부착성이 지속되기 위해 제1인산암모늄과 CMC, 적색안료, 물 등을 혼합하여 사용한다.

① MAP(Mono Basic Ammonium Phosphate) : 제1인산암모늄으로 직접소화, 간접소화, 재연방지 역할을 한다. 장기간 보관하면 굳어져서 사용하기 어렵게 되는 결점도 있기 때문에 건조한 장소에 보관하여 양호한 분말상태를 유지하여야 한다.
② CMC(Carboxy Methyl Cellulose) : 백색 미세한 분말(섬유소 글리코산나트륨의 유기화합체)로 소화약제를 공중에서 살포할 때 약제의 무산을 방지하고 타고 있는 초목의 가지와 잎 등에 달라붙어 표면코팅이나 피막을 형성하여 소화효과를 증진시킨다.
③ 적색안료 : 살포지역 확인과 약제 살포밀도를 측정한다.

(4) 밀도변환제(Density Modifier)

물의 밀도를 변화시키는 물질로 기포성 용제에 넣어 유류화재에 분사하면 물의 밀도가 작아져 유류화재에 적용할 수 있다.

(5) 혼합화학약제(Twin Ageat System)

포소화약제는 유동성이 낮아 신속한 소화작업에는 불리하지만 유류화재에 절대적인 위력을 나타내며 재발화 위험이 없다. 반면에 분말소화약제는 빠른 소화능력은 있으나 유류화재의 경우 재발화 위험이 있다. 먼저 분말약제로 불꽃을 제거한 후 포를 방사하여 확실하게 소화하면 혼합약제는 빠른 소화특성과 재발화위험을 제거시킬 수 있다.

항공소방대에 사용시 "ABC분말 20[kg] + 수성막포 20[ℓ]" Type와 "ABC분말 40[kg] + 수성막포 40[ℓ]" Type 등의 Twin Agent System을 사용한다.

CDC(Compatible Dry Chemical Agent)약제란 중탄산나트륨, 중탄산칼륨, 인산염 등 물과 병용할 수 있는 약제로 물에 타서 사용하면 물만 사용하는 경우보다 소화효과를 높일 수 있다. 물 속에서 변질되지 않도록 실리콘으로 방습처리한다.

① 분말소화약제 + 물
② 분말소화약제 + 포 소화약제

6. 부촉매소화

연소는 가연물의 원소인 수소와 공기 중 산소가 결합하여 연소한다. 연소과정에서 발생된 자유라디칼(OH)과 가연물의 수소분자가 결합하여 연소생성물 H_2O와 활성수소원자(H)가 생성된다. 활성수소원자는 산소분자와 결합하여 연쇄반응이 계속된다. 이러한 연쇄반응을 억제하기 위해 수소원자와 친화력이 우수한 할로겐원소를 이용하면 수소와 산소와 결합이 방해되어 OH 발생이 억제된다. 화학반응의 진행을 어렵게 하는 물질을 부촉매라고 하며, 할로겐화합물 소화약제와 분말소화약제는 부촉매소화를 촉진시킨다.

7. 희석소화

연소하는 가연물 공간에 소화약제를 방사하여 산소농도를 21[%]에서 15[%]로 희석소화하는 질식소화의 일종이다. 포소화는 화원을 덮어 질식소화를 하지만 가스계 소화약제는 기체이므로 화원에 부착되지 않고 주위 산소농도를 희석하여 질식시켜 소화한다.

1) 불활성가스 희석(CO_2, Halon, 질소, Ar)

연소가스에 불활성기체를 혼합시켜 가연성가스의 농도를 희석시켜 연소하한계 이하로 내려 소화(Inerting)한다. CO_2, Halon 소화 이외에도 SP나 물분무 소화시 증발되는 수증기도 가스농도를 희석시키는 소화이다.

2) 액체농도 희석

수용성가연물(에틸알코올, 메틸알코올)이 연소하고 있을 때 다량의 물을 투입하여 알코올농도를 희석시켜 소화시킬 수 있다. 수용성 가연물에 물이 투입되면 액체가연물이 증발되는 분압은 라울의 법칙에 의하여 농도에 반비례로 작아져 연소하한계가 되어 연소가 중지된다(알코올, 에테르, 에스테르, 케톤류 등).

① 수용성가연물에 물을 투입하여 액체농도를 희석시켜 증기발생 억제
② 비수용성가연물에 물을 투입하면 표면이 유화되어 가스발생 억제

화재진압 후 2차 피해로는 다음과 같은 양상이 일어난다.

① 물계통 소화약제에 의한 수손
② 소방주수에 의한 건물붕괴
③ 연기에 의한 건물 · 기기 오염

④ 분말, 포약제에 의한 기기오염
⑤ 하론에 의한 환경오염
⑥ CO_2에 의한 동파
⑦ 판매시설 및 공장의 생산중단

〈표 2-8〉 소화약제별 소화 메커니즘

소화약제	소화효과	소화 메커니즘	적응 대상물
봉상주수 적상주수	냉각소화	충돌력에 의한 파괴작용 발열량이 큰 고체화재 냉각	일반화재
무상주수	냉각소화 유화작용 질식작용	일반화재 냉각 기름표면 유화층 형성 0.2[m] 이상 간격 확보 전도억제	일반화재, 전기화재 유류화재
포소화	냉각작용 질식작용	포 속의 수분의 기화열 가연물 피복	비행기 격납고, 차고·주차장, 특수가연물, 석유저장탱크, 준위험물(일반화재, 유류화재)
CO_2소화	냉각작용 질식작용 피복효과	기화열 밀폐공간 산소농도 저하(15%) 비중 1.52	전기실, 특수가연물 서고, 박물관 가연성액체, 가스(유류화재, 전기화재)
할로겐	냉각작용 질식작용 부촉매효과	기화열 46 비중 1.6 Br HBr	특수가연물, 전기실, 차고·주차장(1301), 유류화재, 전기화재 1211은 일반화재
분말소화	질식효과 냉각효과 부촉매효과	CO_2, H_3PO_4 H_2O Na, K, NH_4 금속이온	하론, CO_2 등 물에 의한 소화방법으로 적당하지 않은 대상물 소화(아세틸렌가스) 일반화재(A급), 유류화재, 전기화재

8. 청정소화약제

1) 청정소화약제 정의(NFSC 107A)

화재안전기준에 따르면 '청정소화약제'란 할로겐화합물(할론 1301, 할론 2402, 할론 1211 제외) 및 불활성기체로서 전기적으로 비전도성이며 휘발성이 있거나 증발 후 잔여물을 남기지 않는 소화약제를 말한다.

'할로겐화합물 청정소화약제'란 불소, 염소, 브롬 또는 요오드 중 하나 이상의 원소를 포함하고 있는 유기화합물을 기본성분으로 하는 소화약제를 말한다.

'불활성가스 청정소화약제'란 헬륨, 네온, 아르곤 또는 질소가스 중 하나 이상의 원소를 기본성분으로 하는 소화약제를 말한다.

(1) 할로겐화합물 청정소화약제

오존층 파괴강도를 낮추기 위하여 Br을 많이 사용하지 않고 F위주로 소화의 주체가 되는 HFC, HCFC, FIC-13 I 1 계열의 물질이 있으며 하론보다는 성능이 떨어진다.

(2) 불활성가스 청정소화약제

질소, 아르곤, 헬륨, 네온 중 하나 이상의 원소를 기본성분으로 하는 소화약제를 말한다. 적응화재는 B, C, E급에 적합하며 전역방출방식으로 사용하는 물분무 등 소화설비 대상 중 방호구역내의 연소형태가 표면화재인 것에 적용한다. 종류로는 IG-01(Ar), IG-100(N_2), IG-541(N_2, Ar, CO_2), IG-55(N_2 : 50%, Ar : 50%) 등이 있다.

(3) 청정소화약제 적응성

소방대상물 중 연소형태가 표면화재에 한한다.

(4) 청정소화약제를 사용 제한장소

① 제3류, 제5류 위험물을 취급하는 장소
② 사람이 상주하는 곳으로 NOAEL(최대허용 설계농도)를 초과하는 장소

2) 청정약제기준

미국환경보호국(USEPA : Us Enviroment Protection Agency)은 하론 대체 소화약제를 결정하기 위해 청정약제 기준을 제시하였다.

① 환경영향평가기준에 적합할 것
  ㉠ ODP(Ozone Depletion Potential)가 0일 것 : 활성염소와 브롬 오존파괴능력으로 CFC-11($CFCl_3$: Trichloro Fluro Carbon) 1[kg]이 파괴하는 오존량에 대한 어떤 물질 1[kg]에 의해 파괴되는 오존량을 뜻한다.
  ㉡ GWP(Global Warming Potential)가 낮을 것 : 이산화탄소가 지구온난화에 미치는 영향을 1로 보고 어떤 방출기체 1[kg]의 가열효과이다. 하론가스는 C-F, C-Cl, C-Br의 결합이 8~13[μm] 적외선을 강력히 흡수하여 대기 중 온실효과를 일으킨다. 그 외에 CH_4, CO_2, NO_2, CCl_4에 의해서도 발생된다.
  ㉢ ALT(Atmosphere Life Time)가 짧을 것 : 물질이 방사된 후 대기권내에서 분해되지 않고 체류하는 잔류시간이다. 할로겐화합물은 대기권 잔존시간이 수백~수천년으로 매우 길기 때문에 발생량이 소량이라도 장기간 축적되면 차세대에 영향을 미친다.

〈표 2-9〉 지구온난화 지수 및 기여도

물질 종류	GWP	온난화기여도[%]
CO_2	1	55
CH_4(CFC계열)	21	15
N_2O(아산화질소)	310	6
HFCS(수소불화탄소)	1,300~23,900	24
PFCS(과불화탄소)		
SF_6(육불화황)		

② 소화성능이 우수할 것 : 소화성능 및 ODP는 하론 원소 열 F(1) < Cl(2) < Br(10) < I(16) 순으로 높으므로 ODP를 낮추려고 Br대신 F를 사용하면 소화성능도 떨어진다. F는 청정소화약제의 주체이고 Br은 하론약제의 주체이다. I는 분해가 빠르고 불안전하며 가격이 비싸 경제성이 없다.
③ 독성기준(NOAEL, LOAEL 기준)에 적합해야 한다.
④ 전기적 비전도성과 휘발성으로 잔여물이 없어야 한다.
⑤ 경제성이 있어야 한다.

3) 청정소화약제 특징

① 소화중 피연소 물질에 피해를 주지 않으며 소화가 종료된 후에는 이물질 및 부산물이 생기지 않는다.
② 장기간 저장하여도 화학적 변화가 없다.
③ 하론과 CO_2 약제와는 달리 방출시 산소농도 저하가 없다.
④ 하론에 비해 소화성능은 떨어지나 오존층 파괴가 적다.
⑤ 부촉매 소화능력을 하론보다 떨어지나 냉각 소화작용을 한다.
⑥ CO_2, 하론의 경우 설계시 수작업을 하지만 청정약제는 PC를 사용한다. 10초 방출방식으로 액체, 기체흐름을 수작업으로 계산하기에는 불가능하다.

4) 하론 대체물질

하론소화설비는 탁월한 소화능력으로 낮은 설계농도에서도 소화가 가능하고 특히 1301은 독성이 적어 실내에서도 사용된다. 그러나 하론규제에 따라 선진국은 2010년부터 생산판매가 금지되며(하론 1301) 개도국의 경우 기준수량(1995~1997년 평균생산량)의 15[%]만 필수 용도로 생산토록 하였으며 우리나라는 1인당 하론소비량 0.3[kg] 이하로 개도국의 지위에 있다.

① 1세대 하론 대체물질 : ODP와 GWP가 낮으면 소화능력도 낮고, 높으면 소화능력도 높은 물질
② 2세대 하론 대체물질 : ODP와 GWP가 낮으면서 소화능력도 높은 물질

5) 독성 한계

소화약제를 거주지에 사용하기 위해서는 설계농도를 NOAEL과 LOAEL에 만족시켜야 한다.

① NOAEL(No Observable Adverse Effect Level) : 인간의 성장에 영향을 주지 않는 최대허용농도로 노출시 아무런 규제없이 소화약제를 거주지역에 사용할 수 있다.
② LOAEL(Lowest Observable Adverse Effect Level) : 생물체의 성장기능, 신진대사 등에 영향을 주는 최소량으로 인체에 미치는 독성 최소농도이며 사람이 거주하는 지역에 사용하는 경우 제한조건이 있다.

(1) 사용기준

① 설계농도가 NOAEL 이하인 경우 : 사람이 상주하는 곳에 사용 가능
② 설계농도가 NOAEL을 초과하고 LOAEL 이하 : 사람이 상주하는 지역에는 농도별 허용노출시간을 제한하는 안전장치를 설치한 경우만 사용
③ 설계농도와 LOAEL을 초과한 경우 : 사람이 상주지역에 설치불가, 비상주지역에도 인명노출지역에는 농도별 허용노출시간을 제한하는 장치설치

〈표 2-10〉 설계농도 및 NOAEL

소화약제 종류	설계농도[%]	NOALE[%]	LOAEL[%]
Halon 1301	7	7	7
IG-541	37	43	52
HFC-227(FM-200)	7	9	10.5
HFC-125	10.8	7.5	-
HFC-23	15.6	50	-
HCFC-124	9.8	1	-
FIC-13I1(CF_3I)	3.1	0.2	0.4
NAF S-Ⅲ	8.6	10	-
FC-3-1-10	6.6	40	-

※ 설계농도는 소화농도에 1.2를 곱하여 계산한다.

(2) PBPK 모델에 의한 기준(Physiologically Based Pharmaco Kinetic)

인체 내 독성물질이 흡수될 때 인체 내에서의 확산, 신진대사 등을 조사하여 인명에 대한 노출안전도를 정량적으로 분석하는 방법이다.

① 설계농도가 NOAEL을 초과하고 LOAEL 이하인 경우 : 상주지역에 사용할 때 허용노출시간을 5분까지 사용할 수 있다.

② 설계농도가 LOAEL을 초과하는 경우

㉠ PBPK 모델에 의해 5분 이상 안전하다고 판단된 경우 : 상주지역에서 5분 이내의 노출이 가능하다.

㉡ PBPK 모델링에 의해 5분 미만의 시간만 안전하다고 판단되는 경우 : 안전하다고 판단된 시간 이내에 대비할 수 있는 안전장치를 한 때만 상주지역에 사용할 수 있다. PBPK 모델링에 의해 노출안전도가 확인되면 설계농도가 허용농도보다 높아도 주거지역에서 청정소화약제 사용이 가능하다.

6) 청정소화약제 종류별 특징

(1) Inergen 541

Inergen은 불활성기체(Inert gas)와 질소(Nitrogen) 합성어이다. Inergen은 할론과 분말약제처럼 화학적 소화특성은 없고 CO_2와 같이 밀폐된 공간에서 산소농도를 낮추어 소화한다. 자기반응성 물질을 제외한 모든 가연물은 공기 중 산소농도를 낮추면 소화된다. 불활성 기체는 화재시에도 화학적 작용을 하지 않으며 종류로는 CO_2,, N_2, He, Ne, Ar 등이 있다.

〈표 2-11〉 Inergen 541 약제성분

가스 성분	N_2[%]	Ar[%]	CO_2[%]	O_2[%]
Inergen 541	52	40	8	0
방출 후 실내가스	70	16	3~4	14
자연공기	78	1	0.03	21

N_2 : 산소희석(저산소상태 12~14[%]), Ar : 혼합기체 비중=공기비중

CO_2 : 호흡을 편안하게 도와줌

Inergen 특징은 다음과 같다.

① 자연에 존재하는 가스로 친환경적이다(ODP 0, GWP 0).

② 약제 저장공간이 CO_2보다 2배 크다.
② 가격이 저렴하다.
③ CO_2 농도가 낮아(3~4[%]) 사람이 있는 곳에 사용할 수 있다(30초 이내 대피).
④ 배관 마찰저항이 작고 방출압이 높아 중앙집중방식으로 가스용기실을 설치하고 원거리 적용이 가능하다(수직 300[m], 수평 400[m] 원거리 배관가능).
⑤ NOAEL 43[%], LOAEL 52[%]이다(설계농도 37[%]).
⑥ 자체압력으로 15M[Pa], 20[MPa] 축압저장하므로 배관설치시 주의하여야 한다.
⑦ 기체상태로 저장되며 방출시에도 배관 속을 기체로 흐르므로 CO_2나 하론처럼 방출시 기화, 냉각이 없으므로 연무현상도 없다.

(2) HCFC 계열

하론 대체물질로 가장 먼저 개발된 약제로 Br을 함유하지 않은 수소화 염화불화탄소로서(HCFC) 오존층을 파괴하는 CFC(프레온가스)물질에 수소를 첨가하여 대기권으로 방출되면 쉽게 분해하여 성층권에 도달하지 못하도록 한 것으로 오존층 파괴지수가 0.02 이하이다.

(3) HFC계열

FC 물질에 수소가 첨가된 물질로(HFC) 대기중 수명이 FC계열에 비해 짧아 GWP가 낮도록 개발된 물질이다. HFC 계열은 염소와 취소가 함유되지 않아 ODP가 O이지만 취소가 없어 화학적 소화능력이 없어 하론약제보다 소화능력이 약하다.

(4) NAFS-Ⅲ(HCFC Blend A, North America Fire Guardiun사)

하론 1301 대체물질로 가능하지만 사용조건의 제한을 받는다. 최대 구성물질인 HCFC-22는 ODP가 0.05, GWP1600, 대기권 잔존수명 1600으로 2020년에는 생산이 중단될 예정이다. 현재 하론 1301 대체물질로 가장 많이 사용한다.

① 소화농도 7.2[%], 설계농도 8.6[%], NOAEL 10[%], LOAEL 10[%]
② 하론 1301에 비해 무게비로 1.6배, 부피비로 2.3배 투입
③ 산소가스로 축압하여 2.5[MPa], 4.1[MPa]의 2가지로 저장(하론 1301도 같은 방법으로 저장한다)

〈표 2-12〉 가스 소화약제별 특징

구 분	하론 1301	CO_2	FM-200	Inergen	NAFS-Ⅲ	HFC-23
충진압력[kg/cm^2]	25~42	60	25.3	153	42.3	42.8
ODP	16	0	0	0	0.04	0
GWP	0.8	0.0008	0.7	0	0.1	13
방출시간	30초	1분, 7분	10초	60초	10초	10초
대기권 잔존시간	107년	230년	35년	0	16년	300년
유해성	무	유	무	무	무	무
소화원리	부촉매소화	질식, 냉각	부촉매	질식	부촉매	부촉매
호흡상태	양호	호흡장애	양호	양호	양호	양호
방출후 O_2농도[%]	20	15 이하	12	-	-	-
저장용기보관상태	액상(N_2)	액상	액상(N_2)	기체	액상(N_2)	액상(N_2)
저장용기수	1	4	2.55	7	1.4	4.6
설계농도[%]	5	34	7	34	8.6	16
NOAEL[%]	7.5	-	9	43	10	50
헤드방사압력	9	고 : 21, 저 : 10.5	13.8	22.8	8.3	8
노즐방사거리[m]	-	7	9.1	9.8	5.7	-
개구부 가산량	2.4	표면 : 5, 심부 : 10	-	-	2.8	-
용기(체적/약제량)	68[ℓ]/50[kg]	68[ℓ]/45[k]g	68[ℓ]/50[kg]	80[ℓ]/12.2[m^3]	68[ℓ]/50[kg]	68[ℓ]/50[kg]
약제가격[원/kg]	30,000	500	50,000	15,000	30,000	25,000
인증기관	-	-	UL, FM	UL, FM	ULC	UL, FM

〈표 2-13〉 청정소화약제 종류 및 물성

약제명	HCFC BLEND A (NAF S-III)	IG-541 (INERGEN)	HFC-227EA (FM-200)	HFC-23 (FE-13)	HCFC-124 (FE-24)	HFC-125 (FE-251)	FC-3-1-10 (PFC-410)
화학식	$CHCLF_2$(82[%]) $CHCLFCF_3$(9.5[%]) $CHCL_2CF_3$(4.75[%]) $C_{10}H_{16}$(3.75[%])	N_2(52[%]) Ar(40[%]) CO_2(8[%])	CH_3CHFCF_3	CHF_3	$CHCLFCF_3$	CHF_2CF_3	C_4F_{10}
화학식명	Hydrochloro Fluoro Carbon	불연성, 불활성 혼합제	Heptafluoro Propane	Trifluoro Methane	Chlorotetra fluorometha ne	Pentafluoro ethane	Perfluoro butane
증기압[kg/cm²]	9.4	150	4.5	46.7	3.8	13.5	2.9
최대충전비[kg/m²]	900	N/A	1153	865	1137	929	1281
20[℃]용기 내 충전압력[kg/cm²]	25.3/42.3	153	25.3	42.8	13.7	11.7	25.3
최소사용설계압력 [kg/cm²]	35.2/100	153	35.2	126.7	16.9	22.5	35.3
최대허용설계농도[%]	10	43	9	50	1	7.5	40
최소설계농도[%]	8.6	37	7	15.6	9.8	10.8	6.6
GWP	0.1	0	0.6	13	-	-	18.2
ALT	16년	0	35년	300년	7년	41년	500년
ODP	0.044	0	0	0	0.02	0	0
방사시간	10초	60초	10초	10초	10초	10초	10초
용기 내 상태	액체	기체	액체	액체	액체	액체	액체
배관	Sch 40	Sch 40	Sch 40	Sch 80	Sch 40	Sch 40	Sch 40

(5) HFC-227(FM-200)

무색, 무취이며 할론약제와 마찬가지로 부촉매소화를 한다. 방출특성 향상을 위하여 질소를 첨가시켜 액체상태로 저장한다(25.3[kg/cm²]). 방출시 방사노즐에서 기화하면서 기화열을 흡수하기 때문에 냉각소화를 한다.

① 소화농도 5.8[%], 설계농도 7[%], NOAEL 9[%], LOAEL 10.5[%]로 거주에 사용할 수 있다.
② 저압식으로 1301 대체물질로 HFC 계열중 가장 효과적이나 먼거리 압력이 부족하다.
③ 미국 최초로 UL의 구성품 인증제품이다.
④ NAFS-III와 같이 2가지로 축압한다.

(6) FIC-13I1(CF_3I)

① 1211 대체물질로 무게비 및 부피비는 0.94, 0.83이다.
② 소화농도는 3.1[%]로 우수하다.
③ NOAE L0.2, LOAEL 0.4로 매우 낮아 비상주지역에 적당하다(Total Flooding System이 아니고 Streaming Agent이다).
④ 대기권 잔존시간은 하루이하, ODP 0.008이하, GWP 5이하이다.
⑤ 미국 New Mexico Engimeering Research Institute에서 개발되어 Triodide 상품명으로 판매한다.
⑥ 향후 폭발방지용 약제로 사용될 수 있다.
⑦ 2세대 물질이다.

(7) 청정약제 저장용기 설치기준

① 온도가 55[℃] 이하이고 온도변화가 작은 곳에 설치해야 한다.
② 방호구역내 설치할 경우 조작이 용이하도록 피난구 부근에 설치해야 한다.
③ 외부에 설치할 경우 직사광선 및 빗물침투 우려가 없는 갑종방화문 또는 을종방화문으로 구획해야 한다.
④ 저장용기의 자체중량, 총중량, 약제체적, 충전일시, 충전압력을 표시해야 한다.
⑤ 집합관에 접속된 저장용기는 동일한 내용적, 충전압력, 충전량이 같도록 해야 한다.
⑥ 저장용기의 약제손실이 5[%]를 초과하거나 압력손실이 10[%]를 초과하는 경우 재충전하여야 한다. 다만, IG-541 저장용기의 경우에는 압력손실이 5[%]를 초과할 경우 재충 전 또는 교체해야 한다.
⑦ 용기구조는 충전량 및 충전압력을 확인할 수 있는 구조여야 한다.

7) 지구온난화

지구온실효과는 지구를 보호하는데 매우 중요하다. 온실효과가 적으면 지구온도가 과냉상태(빙하기)가 되고, 많으면 과온상태(엘리뇨)가 된다. 온실효과의 주요인은 CO_2 배출량과 CFC계열 누설물질이다. CO_2, CH_3, NO_2, CFCl등의 온실가스는 대기권 밖으로 방출되는 적외선을 흡수하여 대기중에 다시 방출함으로써 대기온도를 상승시키는데 이러한 현상을 온실효과(Green House Effect)라 한다.

(1) 오존의 생성과 파괴

오존은 CO_2, N_2, 메탄(CH_4), 프레온가스(ClBr) 등에 의해 파괴된다. 오존층은 대류권 상부와 성층권 하부에 걸쳐 대류권에 10[%] 성층권에 90[%] 정도 오존이 분포되어 있다. 파장 242[nm] 이하의 자외선은 대기중 산소분자를 광분해하여 산소원자를 발생하고 산소원자와 산소분자가 더해져 오존을 만들어 낸다. 오존은 파장이 긴 자외선의해 파괴되며, 그 수명은 수시간 내지 수개월이며 전체적인 오존량은 평형을 이룬다. 지구상에 존재하는 오존의 양은 약 33억톤으로 추정되며 대기 중에 균일하게 분포되어 있다.

프레온가스가 지상에 방출되면 대류권에 체류하다가 성층권에 도달하게 되는데 이때 자외선에 의해 광분해되어 염소가 방출된다.

하론 1301에 의한 오존파괴 메커니즘을 보면 다음과 같다.

$$Br + O_3 \rightarrow BrO + O_2 \rightarrow BrO + O \rightarrow Br + O_2$$
$$Cl + O_3 \rightarrow ClO + O_2 \rightarrow ClO + O \rightarrow Cl + O_2$$

Br 및 Cl은 위와 같은 연쇄반응으로 스스로 안정된 물질을 형성할 때까지 수천에서 수만개의 오존을 파괴한다. CFC와 하론이 전체 오존파괴량의 95[%]이고 그 중 하론의 기여도는 18[%]이다. 오존층파괴로 인한 영향은 다음과 같다.

① 피부암, 백내장 원인
② 농작물의 흉작
③ 플랑크톤 죽음
④ Plastic 노화현상

태양에서부터 지구상에 도달하는 자외선은 그 파장에 따라 다음과 같은 영향을 준다.

① UV-A : 320~400[nm] : 지구표면 도착하고 생성물 영향 없다.
② UV-B : 280~320[nm] : 성층권의 오존에 흡수되어 지구생태계가 유지된다.
③ UV-C : 200~280[nm] : 대기 중 물질에 흡수되어 지구에 도달하지 않는다.

특히 290[nm]의 파장은 돌연변이와 피부종양 생성률이 330[nm]보다 1000배 정도 높다고 한다.

[문제 5] 기계포 소화약제의 혼합방식 중 급수펌프와 약제펌프를 각각 별도로 설치하여 수용액의 혼합비율을 가장 정확하게 할 수 있으며 주로 대형설비에 사용되는 것은?

① 라인프로포셔너방식 ② 펌프프로포셔너방식
③ 프레져프로포셔너방식 ④ 프레져사이드프로포셔너방식

[문제 6] 표면하주입방식(SSI)으로 주입이 가능한 포소화약제로 묶인 것은?

① 불화단백포소화약제-수성막포소화약제
② 단백포소화약제-수성막포소화약제
③ 수성막포소화약제-합성계면활성제포
④ 단백포소화약제-불화단백포소화약제

[문제 7] 이산화탄소 소화약제에 관한 설명 중 옳은 것을 모두 고른 것은?

㉮ 대표적인 소화작용은 질식소화와 부촉매소화이다
㉯ 주로 유류화재나 전기화재에 사용된다
㉰ 저장은 액체상태로 저장한다
㉱ 소화약제로 인한 오염이나 피해가 없다

① ㉮㉰ ② ㉮㉯㉰ ③ ㉮㉯㉱ ④ ㉯㉰㉱

[문제 8] 한계산소지수가 12%인 물질을 소화시키기 위한 이산화탄소의 농도는 얼마인가?

① 28.5% ② 34.0% ③ 42.9% ④ 54.4%

[문제 9] 충전비가 1.5인 고압식으로 운용되는 이산화탄소 소화설비에 필요한 약제량이 200kg이다. 이산화탄소 표준용기(68ℓ) 몇 개가 필요한가?

① 2개 ② 3개 ③ 4개 ④ 5개

[문제 10] 할로겐화합물 소화약제에 관한 설명 중 옳은 것을 모두 고른 것은?

㉮ 주로 할로겐화탄화수소로 이루어져 있다
㉯ 대표적인 소화작용은 부촉매 소화작용이다
㉰ 이산화탄소 소화약제보다 소화농도가 낮다
㉱ 비전도성이므로 전기화재에도 사용된다

① ㉮㉱ ② ㉮㉯㉰ ③ ㉮㉯㉱ ④ ㉮㉯㉰㉱

[문제 11] 다음 중 Halon 1211의 화학식은?

① CF_3Br ② CF_2Br_2 ③ CF_2Br ④ CF_2ClBr

[문제 12] 분자량이 149g/mole, 비점이 -57.6℃, 기체비중이 5.1, 액체비중이 1.57, 소화농도가 3.5%인 소화약제는?

① Halon 1211 ② Halon 1301 ③ Halon 2402 ④ Hlaon 1011

[문제 13] 다음 중 소화성능이 제일 높을 것으로 예상되는 가스계소화약제는?

① 이산화탄소 ②Halon 1301 ③ HFC-125 ④ IG100

[문제 14] 다음 중 NOAEL이 소화농도보다 낮아 사람이 상주하는 곳에 사용하지 못하는 소화약제는?

① HCFC-124 ② HFC-23 ③ HFC-236fa ④ FC-3-1-10

[문제 15] ABC급 소화약제로 사용되는 분말소화약제는?

① 탄산수소나트륨 ② 탄산수소칼륨 ③ 제1인산암모늄 ④ 탄산수소칼륨 + 요소

[문제 16] 분말소화약제의 특성에 관한 설명중 옳지 않은 것은?

① 약제는 Na이나 K의 중탄산염 또는 인산염류가 주로 사용된다
② 겉보기 비중은 0.82g/㎖이상 이어야 한다
③ 분말을 수면에 고르게 살포했을 때 1시간이내에 침강되어야한다
④ 보통 방습을 위하여 금속스테아린산염등으로 표면처리한다

[문제 17] CDC분말소화약제와 함께 사용가능한 포소화약제는?

① 단백포 ② 불화단백포 ③ 수성막포 ④ 합성계면활성제포

[문제 18] 다음 중 불꽃소화농도가 제일 낮을 것으로 예상되는 청정소화약제는?

① HCFC-BLEND A ② FIC-13I1 ③ HFC-23 ④ HFC-125

[문제 19] 이산화탄소의 허용농도(TLV기준)는?

① 200ppm ② 1000ppm ③ 5000ppm ④ 10000ppm

[문제 20] 할론 소화기는 연소의 어느 요소를 제거함으로써 소화작용을 하는가?

① 점화원 ② 가연물 ③ 산소 ④ 연쇄반응

[문제 21] 포소화제의 소화작용은?

① 냉각작용 ② 질식작용 ③ 염 억제작용 ④ 냉각 및 질식작용

[문제 22] 다음 중 전산실, 통신기기실 등의 소화에 가장 적합한 것은?

① 스프링클러설비 ② 옥내소화전설비
③ 분말소화설비 ④ 할로겐화합물소화설비

[문제 23] 불소계 습윤제를 기제로 한 것으로 유류화재 진압에 뛰어난 소화력을 가진 포소약제로 일명 Light water라고 불리는 것은?

① 수성막포소화약제 ② 단백포소화약제
③ 합성계면활성제포소화약제 ④ 수용성액체용포소화약제

[문제 24] 다음은 분무연소에 대한 설명이다. 잘못된 것은?

① 액체연료를 수 pm ~ 수백 pm 크기가 액적으로 미립화시켜 연소시킨다.
② 휘발성이 낮은 액체연료의 연소가 여기에 해당됨
③ 점도가 높은 중질유의 연소에 많이 이용되고 있다
④ 미세한 액적으로 분무시키는 이유는 표면적을 작게하여 공기와의 혼합을 좋게하기 위함이다.

[문제 25] 소화분말의 주성분이 제1인산암모늄인 분말소화약제는?

① 1종 분말소화약제 ② 2종 분말소화약제 ③ 3종 분말소화약제 ④ 4종 분말소화약제

[문제 26] 불소계 계면활성제를 주성분으로 하여 드라이 케미컬과 혼합 시 7-8배의 소화상승효과를 갖는 소화약제는?

① 수성막포 ② 합성계면활성제포 ③ 불화단백포 ④ 알코올포

9. 가스계 청정소화약제 설계

1) 약제질량 산정

$$약제농도(C) = \frac{방사약제\ 체적(V')}{방호구역\ 체적(V) + 방사약제\ 체적(V')} \times 100$$

$$V' = S(비체적) \times W(약제질량),\quad 약제질량(W) = \frac{V}{S}\left(\frac{C}{100-C}\right)$$

$$C = \frac{SW}{V+SW} \times 100,\quad C(V+SW) = SW \times 100,\quad CV = SW(100-C)$$

(1) Halon 청정약제분사량

$$W = \frac{V}{S}\left(\frac{C}{100-C}\right)[kg]$$

W : 소화약제 무게[kg], V : 방호구역 체적[m^3]
S : 비체적(불활성가스 체적비로 소화약제별 선형상수 : $S = K_1 + K_2 t$)
K_1, K_2 : 가스 종류에 따른 상수(HFC125 : $K_1 = 0.72$, $K_2 = 0.0007$)
t : 방호공간의 예상 최저온도(20[℃]기준)
C : 체적에 따른 소화약제 설계농도[%)], 제조업체 설계기준 수치적용

(2) IG-541 약제 분사량(Inertgas계열)

$$X = 2.303\frac{Vs}{S}\log\left(\frac{100}{100-C}\right)$$

X : 공간체적에 더해진 소화약제의 부피[m^3/m^3]

Vs : 20[℃]에서 소화약제의 비체적[m^3/kg]

S : 소화약제별 선형상수($S = K_1 + K_2 t$)

〈표 2-14〉 소화약제별 K_1, K_2

소화약제	K_1	K_2
FC-3-1-10HFC	0.0941	0.0003
HCFC BLEND A	0.2413	0.00088
HCFC-124	0.1578	0.0006
HFC-125	0.1701	0.0007
HFC-227EA	0.1269	0.0005
HFC-23	0.2954	0.0012
HFC-236fa	0.1413	0.0006
FIC-13I1	0.1136	0.0005
FK-5-1-12	0.0664	0.0002741
IG-01	0.5685	0.0208
IG-100	0.7997	0.00293
IG-541	0.66799	0.00239
IG-55	0.6598	0.00242

2) 소화약제 분사

전역방출방식의 가스계 소화약제의 분사량 계산시 Halon계통의 약제는 설계농도가 낮고 분사시간이 10초 이내로 짧기 때문에 분사된 약제의 누출량을 고려하지 않는다. 그러나 CO_2, Inergen은 분사량이 많아 방호구역 압력이 상당히 높게 올라가며 분사시간도 1분 이상 길기 때문에 누출량이 보충되어야 한다. 또한 설계농도가 NOAEL 이상일 경우 피난을 위한 시간지연 후 방출되어야 한다.

3) 소화약제 기동장치

① 방호구역 출입구 부근 및 피난이 용이한 곳에 설치한다.
② 조작부는 0.8~1.5[m]에 설치한다.
③ 방출 SW는 음향장치와 연동하여 조작될 수 있도록 설치한다.
④ 방출표시등을 설치한다.
⑤ 기동장치에는 전원표시등을 설치하고 18[kg] 이하의 힘으로 기동하도록 한다.
⑥ 기계력, 전기력, 가스력에 의한 방법으로 기동하는 구조이다.
⑦ 기동장치는 자탐설비의 감지기 동작과 연동하고 수동장치를 함께 설치한다.

4) 배관설치

배관간의 접속은 나사접합, 용접접합, 압축접합, 플렌지접합 등의 방법을 사용하여야 한다.

배관의 구경은 하론약제가 10초 이내에 95[%] 이상 방출하고 IG-541은 1분 이내에 95[%] 이상 방출되도록 한다.

① 소화배관은 전용으로 하고 배관, 배관부속, 밸브류 등은 방출내압에 견디어야 한다.
② 강관 또는 동관을 사용할 것
  ㉠ 강관 : 압력배관용 탄소강관 중 이음이 없는 Schedule 80 이상(저압식과 하론, 분말은 Sch40 이상)
  Schedule 번호 = 10 × 사용압력[kg/m^2]/허용응력[kg/mm^2]
  ㉡ 동관 : 이음이 없는 동관으로 165[kg/cm^2] 이상의 압력에 견딜 것(저압식은 37.5[kg/m^2])
③ 고압식설비 배관부속
  ㉠ 개폐밸브 또는 선택밸브의 1차측 : 40[kg/cm^2]의 압력에 견딜 수 있는 것
  ㉡ 개폐밸브 또는 선택밸브의 2차측 : 20[kg/cm^2]의 압력에 견딜 수 있는 것
  ㉢ 저압식은 10[kg/cm^2] 압력에 견딜 수 있는 것
④ 배관용적률을 용기저장량 이하로 제한하는 이유
  ㉠ 약제가 배관용적을 채우기 위해 사용된다.
  ㉡ 배관의 구경은 청정소화약제가 10초 이내(IG 541의 경우는 1분 이내)에 방출되어 방호구역 각 부분에 설계농도 이상이 되어야 한다.
⑤ 오리피스 구경설정
  ㉠ 분사헤드 오리피스 면적이 배관면적에 비해 너무 크면 소화약제의 분출속도가 너무 느려져서 효과적으로 방사할 수 없다. 그러므로 분사헤드의 오리피스 면적은 분사헤드가 연결되는 배관면적의 70[%] 이하로 하여야 한다.

㉡ 오리피스 구경이 너무 작아도 손실압력이 커져 10초 이내 방출이 어렵다.

㉢ 압력이 낮은 곳의 오리피스는 높은 곳의 오리피스에 비례하여 구경이 작은 것을 사용한다.

⑥ 선택밸브 : 2 이상의 방호구역 또는 방호대상물에서 CO_2 저장용기를 공용하는 경우 선택밸브를 설치한다.

㉠ 방호구역 또는 방호대상물마다 설치한다.

㉡ 방호구역 외의 장소에 설치한다.

㉢ 각 선택밸브에는 담당방호구역 또는 방호대상물을 표시한다.

⑦ 헤드 방사압

〈표 2-15〉 헤드 방사압

약제명	CO_2	IG-541	FM-200	HFC-23	NAF S-Ⅲ
방사압력[kg/cm^2]	21(고압), 10.5(저압)	22.8	4.9	9.0	8.3

⑧ 방사시간

㉠ 전역방출방식 : 1분(표면화재), 7분(심부화재)

㉡ 국소방출방식 : 30초

⑨ 분사헤드

㉠ 분사헤드 설치높이는 0.2~3.7[m]이며 천장이 3.7[m] 초과할 경우 추가로 다른 열의 분사헤드를 설치한다.

㉡ 분사헤드 오리피스 면적은 분사헤드와 연결되는 배관구경 면적의 70[%]를 초과하여서는 안된다.

㉢ 제조업체, 일자, 오리피스 크기 등을 표시하여야 하며 부식 방지조치를 한다.

⑩ 하론설비 헤드 설치기준

㉠ 헤드설치는 토너먼트 방식을 원칙으로 한다(분말, 하론).

㉡ Halon2402 방출헤드는 무상으로 분무되는 것으로 한다.

㉢ 헤드구경은 30초 이내에 방사되는 크기 이상으로 한다.

㉣ 10초 이내 설계농도 95[%] 이상 방출해야 한다.

⑪ 예비소화약제 : 모든 청정소화약제 설비를 설치할 때는 자동식 소화설비로 설치되고 보충 소화약제를 고려하여 예비소화약제를 설치한다. 그 필요성은 다음과 같다.

㉠ 재발화를 대비한다.

㉡ 저장용기 고장에 대비한다.

㉢ 교체, 변경시 대비하여 어느 설비에도 연결되지 않은 저장설비를 설치하여 비상시 사용한다.

⑫ 자동폐쇄장치(피스톤릴리져 댐퍼)

㉠ 환기장치가 있는 경우 방사되기 전 정지되도록 할 것

㉡ 개구부 또는 통기구가 있는 경우 CO_2가 방사되기 전에 당해 환기장치, 개구부, 통기구를 폐쇄(천장으로부터 1[m] 이상 아래부분 또는 바닥으로부터 당해 층높이의 2/3 이내의 통기구)

㉢ 자동폐쇄장치는 방호구역 또는 방호대상물이 있는 구획의 밖에서 복구할 수 있는 구조로 하고 그 위치를 표시하는 표지를 할 것

㉣ 피스톤릴리져는 전역방출방식에서 방호구역의 개구부, 댐퍼 등을 폐쇄하기 위한 가스압에 의한 자동폐쇄장치

⑬ 음향경보장치 : 수동은 조작시 경보하고 자동식인 경우에는 화재감지기와 연동하여 경보

㉠ 증폭기 재생장치는 화재시 안전하고 유지관리가 쉬운 장소에 설치할 것

㉡ 확성기는 수평거리 25m 이하일 것

㉢ 소화약제 방사개시 후 1분 이상 계속 경보

㉣ 제어반의 복구스위치를 조작하여도 방송에 의한 경보를 계속 발할 수 있을 것

⑭ CO_2 Vapor Delay Time : CO_2액체는 배관보다 훨씬 온도가 낮기 때문에 초기흐름은 증발되어 증기관이 노즐로부터 방출된다. 배관라인이 냉각되고 액체가 그 노즐에 도달하기까지 지연시간은 다음과 같다.

$$\tau = \frac{wc(T+5)}{9.13(Q-9)} + \frac{1{,}050[\mathrm{V}]}{Q}\ [\mathrm{sec}]$$

w : 배관, 밸브 중량[lbs], Q : 보정된 유량[lbs/min]
c : 배관, 밸브 비열, T : 시작점에서 배관온도[F]
q(증발된 유체) = $\frac{s(T+5)}{2400}$ [lbs/min] (s : 배관표면적)

⑮ 비상전원설비 : CO_2 비상전원은 옥내소화전 설비의 비상전원 기준에 의하여 설치

5) 과압배출구

소화약제가 방출될 때 전역방출방식에서는 압력이 상승한다. 압력이 심한 경우 문, 창문, 천장 등을 파손 우려가 있어 청정소화약제나 CO_2 소화설비 방출구역은 과압배출구(Draft Damper)를 설치해야 한다. 국내에 설치되는 가스계 소화설비는 대부분 과압배출구를 소홀히 하고 있는 반면 NFPA 및 선진외국 소방설비설계업체는 정확한 과압배출구 설계를 제시하고 있다.

(1) 과압배출 압력

Inergen인 경우 압축상태의 가스로 저장되므로 가스상태로 분사되어 처음부터 압력이 상승하지만 CO_2는 21[℃]에서 60기압의 액상으로 저장되어 방출시 순간적으로 액체에서 기체로 기화되면서 주변 열을 흡수하여 순간적 압력저하가 일어나 부압으로 되다 다시 상승압이 발생하게 된다. Inergen은 모든 경우 과압 배출구가 필요하고 CO_2 소화약제는 경우에 따라 과압배출구가 필요하다.

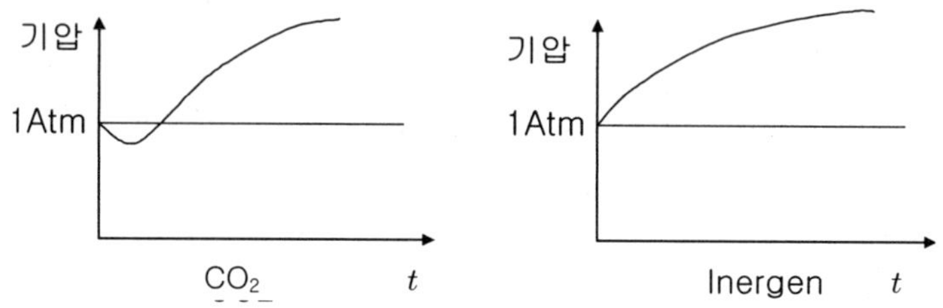

CO_2 고압식 : 21기압 이상으로 방출

CO_2 저압식 : 10.5기압 이상으로 방출

Inergen : 22.8기압 이상으로 방출

[그림 2-1] 방출시 압력변화

(2) 압력배출용 댐퍼

압력배출용 댐퍼 설치시에는 설치위치, 크기, 작동압력, 소화농도유지 등이 고려되어야 한다. 소화약제가 방출되어 실내압력이 50[Pa] 이상 상승했을 때 댐퍼 블래드가 개방되고 일정압력이 방출된 후에는 자동으로 폐쇄되도록 하며 압력에 민감하기 위해 알루미늄 Blade로 제작한다. 배출구 크기는 80×80[mm]~550× 550[mm]로 실내용적과 가스방출량에 따라 선정한다.

$$CO_2\text{배출면적} = \frac{239Q}{\sqrt{p}}[\mathrm{mm}^2]$$

Q : 계산된 CO_2량[kg/min], p : 방호구역 허용 내력[kpa]

$$\text{Inergen 배출면적} : \frac{0.0855Q}{\sqrt{p}} (= 42.9Q\sqrt{p}\,[\mathrm{cm}^2])$$

Q : 계산된 Inergen량[ft^3/min]

p : 방호구역 허용내력[(돔 : 100[lb/ft^2], 일반 : 50, 경량건물 : 10)

(3) 과압배출구 설치위치

① 신속하게 개방될 수 있도록 할 것
② 공기가 배출되도록 높은 곳에 설치
③ 방사노즐에서 먼 곳에 설치
④ 방호구조 허용압력보다 낮은 압력에서 개방
⑤ 최소 100[mm] 이상의 벽 또는 천장에 설치
⑥ 소화농도가 규정치 이하로 떨어지지 않도록 과압배출량을 최소로 해야 함

6) 소화농도

(1) 소화농도 유지기간(Soaking Time)

소화약제가 방사되고 소화농도에 도달한 후 재발화가 되지 않도록 소화농도 유지시간이 필요하다. 소화약제가 방출되면 화재는 수초 이내 진압되지만 심부화재의 경우 재발화를 방지하기 위해 10~20분 정도 Soaking Time이 필요하다.

① CO_2 설계농도 : 20분
② Halon, 청정소화약제 설계농도 : 10분

NFPA에 의하면 표면화재는 하론 5[%]농도로 10분 이내에 완전히 소화할 수 있고 심부화재인 경우에는 5[%]농도로 10분 이내 소화되지 않는 경우이다. 그러므로 심부화재는 10[%] 이상의 농도로 10분 이상의 Soaking Time이 필요하다. 소염농도란 불꽃연소를 하고 있는 가연성가스에 소화약제를 투입하여 화염이 꺼지는 소화약제의 농도를 말하며 화학양론비, 소화농도, 온도, 압력에 따라 소염농도는 다르다. 가연성가스에 소화약제를 가하면 연소범위가 좁아져 소화가 불가능하게 되는데 이때 소화가스 농도를 피크농도라 한다. Peak농도는 Soaking Time 시간에 공기 중 소화약제를 혼합하여 연소가 정지되는 한계치를 의미한다. 피크농도는 공기 중의 vol[%]로 표시되며 가스계 소화약제의 소화효과에 척도로 사용된다.

(2) 소화약제 누설

초기에 방사된 소화약제는 농도가 상승하여 설계농도 유지기간이 진행되지만 개구부를 완전히 폐쇄하지 못하면 Soaking Time 동안 누설되는 양만큼 계속해서 소화약제를 보충해야 한다. 개구부 면적당 추가약제량은 CO_2 개구부인 경우 개구부 면적당 5[kg/m^2], Halon 개구부에는 개구부 면적당 2.4[kg/m^2]이 추가되어야 한다. 3종 분말은 방호공간 체적에 대하여 0.36[kg/m^3]이 필요하고 폐쇄할 수 없는 개구부는 그 면적에 대하여

2.7[kg/m³]이 가산되어야 한다.

전역방출방식의 경우 Halon 소화약제는 설계농도가 낮고 분사시간이 10초 이내로 짧기 때문에 분사된 약제의 누출을 고려하지 않지만 lnergen와 CO_2는 분사량이 많아서 방출공간 내의 압력이 높아지고 분사시간도 1분 이상 길기 때문에 누출되는 약제량이 고려되어야 한다.

(3) 방출시간

방출시간이란 소화약제가 설계농도만큼 완전히 방출하는데 걸리는 시간을 말한다. 방출되는 시간은 짧을수록 좋다. 왜냐하면 화재초기에 가스소화약제가 신속히 방출되어야 화재를 초기에 진압할 수 있기 때문이다.

표면화재는 질식소화에 의해 방사시간 내에 소화되지만 심부화재는 반드시 냉각소화가 필요하기 때문에 고농도로 일정시간 유지되어야 한다. 따라서 약제량 산정은 표면화재와 심부화재로 구분하여 방사시간을 달리 적용하여야 한다.

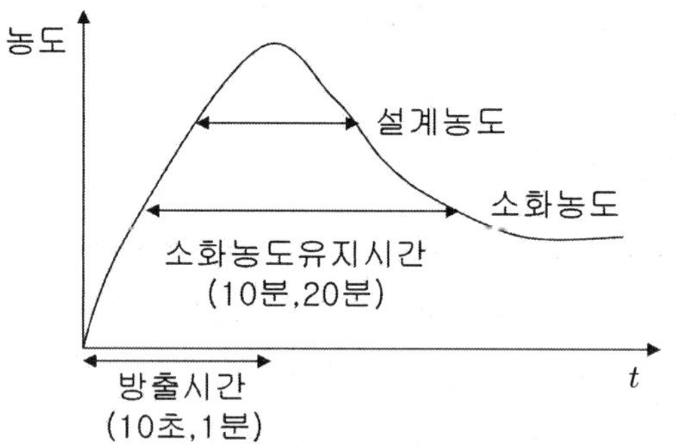

[그림 2-2] 방출시간 및 소화농도 유지시간

CO_2, lnergen은 국소방출은 30초, 전역방출은 불꽃화재는 1분 심부화재는 7분의 방출시간을 유지하여야 하며 Halon은 10초 이내에 95[%] 이상 방출되도록 하여야 한다.

방출시간을 제한하는 이유는 다음과 같다.

① 분해생성물 억제(1301은 482[℃]에서 열분해로 HBr 발생)
② 초기소화
③ 약제 누설량 감소
④ 노즐에서 충분한 방사율(공기와 잘 혼합)
⑤ 배관내 균일한 유속

국내에서는 소화약제 방사시간을 규정하고 있지만 설계농도 유지시간이 제시되지 않고 있다. 그러므로 방호구역특징, 중요도에 따라 최소한의 설계농도 유지시간이 제시되어야 한다.

7) CO_2 설계농도

공기 중의 산소농도는 21[%]이며 이 농도를 계속 감소시키면 연소는 정지하게 되는데 이 농도를 연소한계농도라 한다. 보통 탄화수소계열은 15[%] 정도가 되며 다른 가연성가스 등은 더 낮은 산소농도에서 연소가 정지하게 된다.

$$\text{이론적인 } CO_2\text{농도 } C = \frac{21-Q}{21} \times 100$$

Q = 연소한계농도(LOI : 15[%]), 설계농도 = 이론농도 × 1.2 = 34[%]

그러므로 설계농도에 실내용적을 곱하면 CO_2량이 산정된다. CO_2방출 후 산소농도는 0.21(100 - C)이며 설계농도 34% 일 경우 산소의 농도는 14[%] 정도이다.

8) 이산화탄소 소화약제량 산출

(1) 전역방출방식

㈎ 표면화재(B, C급)

① 가연성액체, 가스(B, C급 화재) : 설계농도 34[%] 이하(방호구역체적[m^3] × 체적당 약제량[kg/m^3] + 방호구역의 개구부면적[m^2] × 개구부보정[$5kg/m^2$])

〈표 2-16〉 방호대상물 설계농도

방호구역체적	체적당[m^3] 약제량[kg]	최소 저장량[kg]
45[m^3] 미만	1.0	45
45~150[m^3] 미만	0.9	
150~1,450[m^3] 미만	0.8	135
1,450[m^3] 미만	0.75	1,125

② 가연성액체, 가스(B, C급 화재) : 설계농도 34[%] 이상(방호구역체적[m^3] × 체적당 약제량[kg/m^3] × 보정계수 + 방호구역의 개구부면적[m^2] × 개구부 보정[$5kg/m^2$])

㈏ 심부화재(A급)

① 종이, 목재, 석탄, 합성수지 등 화재 : 방호구역의 체적[m^3] × 체적당 약제량[kg/m^3] + 방호구역의 개구부면적[m^2] × 개구부보정[$10kg/m^2$]

〈표 2-17〉 체적당 약제량

방호대상물	체적당[m^3] 약제량[kg]	설계농도[%]
유압기기를 제외한 전기설비, 케이블	1.3	50
55[m^3] 미만의 전기설비	1.6	50
서고, 전자제품, 목재가공품창고, 박물관	2.0	65
고무류, 면화류, 석탄창고, 집진설비	2.7	75

(2) 국소방출방식

(가) 평면화재

① 윗면이 개방된 용기에 특수가연물, 4류 위험물이 저장되는 경우
② 화재시 연소면이 1면으로 한정되고 가연물이 비산할 우려가 없는 경우

$$Q = \text{방호대상물 표면적}[m^2] \times \text{방출계수}(13[kg/m^2]) \times \text{할증계수(고압식 1.4, 저압식 1.1)}$$

(나) 입면화재

$$Q = \text{방호대상물 표면적}[m^2] \times q \times \text{할증계수(고압식 1.4, 저압식 1.1)}$$

q : 방호공간[m^3]에 대한 CO_2 소화약제량[kg/m^3], $q = 8 - 6 \times (a/A)$
a : 방호대상물 주위에 설치된 벽면적의 합계[m^2]
A : 방호공간 벽면적(방호공간 : 방호대상물의 각 부분으로부터 0.6[m]의 거리에 둘러싸인 공간)

(다) 위험물

$$Q = \text{방호대상물 표면적} \times q \times \text{할증계수(고압식 1.4, 저압식 1.1)}$$

$q = 2[(8 - 6(a/A)]$

(라) 호스릴 방식

$$Q = \text{노즐수} \times 90[kg]$$

[문제 27] 가로×세로×높이가 각각 1[m]인 방호대상물(비산의 우려가 있음)에 국소방출방식의 이산화탄소 소화설비(저압식)를 설치하려고 한다. 몇 kg을 저장해야 하는지를 계산하시오(단, 0.6[m] 이내에 벽은 없음)

[문제 28] 한계산소지수가 12[%]인 물질을 소화시키기 위한 이산화탄소의 농도는 얼마인가?

① 28.5[%] ② 34.0[%] ③ 42.9[%] ④ 54.4[%]

9) 하론 소화약제량 산출

(1) 전역방출방식

(가) 일반가연물

방호구역체적[m^3]×체적당 약제량[kg/m^3]+방호구역의 개구부면적[m^2]×개구부보정[kg/m^2]

〈표 2-18〉 체적당 약제량, 개구부보정

대상 구분		약제종별	기본약제량[kg/m^3]	개구부보정량[kg/m^2]
차고, 주차장, 전기실, 통실실 전산실 등 전기설비		1301	0.32~0.64	2.4
특수가연물 저장취급	제1종, 제2종 가연물	1301 1211 2402	0.32~0.64 0.36~0.71 0.40~1.10	2.4 2.7 3.0
	고무류, 목재가공품, 톱밥, 면화류, 대패밥, 종이, 사류, 볏집류	1301 1211	0.52~0.64 0.60~0.71	3.9 4.5
	합성수지류	1301 1211	0.32~0.64 0.36~0.71	2.4 2.7

(나) 특수가연물

방호구역체적[m^3]×체적당 약제량[kg/m^3] + 방호구역의 개구부면적[m^2]× 개구부보정[kg/m^2] ×기준수

〈표 2-19〉 대상위험물당 기준수

대상위험물	이황화탄소	에테르	에틸알코올	벤 젠	헥산 및 펜탄
기준수	2.6	1.47	1.35	1.11	1.03

(2) 국소방출방식

(가) 평면화재

① 윗면이 개방된 용기에 4류위험물, 특수가연물을 저장하는 경우

② 화재시 연소면이 1면으로 한정되고 가연물이 비산할 우려가 없는 경우

Q = 방호대상물의 표면적[m^2] × 기본량[kg/m^2] × 할증계수

〈표 2-20〉 약제종별당 약제량

약제종별	1301	1211	2402
약제량[kg/m^2]	6.8	7.6	8.8

〈표 2-21〉 약제종별당 할증계수

약제종별	1301	1211	2402
할증계수	1.25	1.25	1.10

(나) 입면 화재

Q = 방호대상물의 표면적[m^2] × q × 할증계수(고압식 1.4, 저압식 1.1)

$q = X - Y(a/A)$

q : 방호공간[m^3]에 대한 CO_2 소화약제량[kg/m^3]

a : 방호대상물 주위에 설치된 벽면적의 합계[m^3]

A : 방호공간 벽면적 합계

〈표 2-22〉 X, Y 수치

약제종별	X값	Y값
1301	4.0	3.0
1211	4.4	3.3
2402	5.2	3.9

(다) 호스릴 방식

〈표 2-23〉 노즐당 소요 약제량

1301	1211	2402
45[kg]	50[kg]	50[kg]

[문제 29] 자동개폐장치가 설치되지 않은 창문의 면적이 $3m^2$인 목재창고의 크기가 $50m^3$이다. 국가화재안전기준에 따른 전역방출방식의 Halon1301소화약제의 저장범위는? (단, 체적인자K_1 = 0.52-0.64kg, 개방인자K_2 = 3.9kg로 계산한다)

10) 분말소화설비 약제량

〈표 2-24〉 분말소화 약제량

<table>
<tr><th colspan="2">구 분</th><th>제1종 분말</th><th>제2, 3종 분말</th><th>제4종 분말</th></tr>
<tr><td rowspan="2">전역방출 방식</td><td>• 방호구역의 체적[m^3]당</td><td>0.6[kg]</td><td>0.36[kg]</td><td>0.24[kg]</td></tr>
<tr><td>• 개구부 보정량 개구부[m^2]당</td><td>4.5[kg]</td><td>2.7[kg]</td><td>1.8[kg]</td></tr>
<tr><td rowspan="2">국소방출 방식</td><td>• 윗면이 개방된 용기 또는 화재시 연소면이 1면에 한정되고 비산우려가 없는 4류 위험물의 방호(방호대상물의 표면적 1[m^2]당)</td><td>8.8[kg]×1.1
=9.68[kg]</td><td>5.2[kg]×1.1
=5.72[kg]</td><td>3.6[kg]×1.1
=3.96[kg]</td></tr>
<tr><td>위 외의 경우 : 방호공간 $m^2 \times Q$
$Q=(X-Y)\times a/A\times 1.1$
Q : 방호공간 1[m^3]에 대한 약제량[kg]
a : 방호대상물 주위에 설치된 벽면적 합계
A : 가상주위 벽면적 합계</td><td>X=5.2
Y=3.9</td><td>X=3.2
Y=2.4</td><td>X=2.0
Y=1.5</td></tr>
<tr><td colspan="2">호스릴 방식</td><td>50[kg]</td><td>30[kg]</td><td>20[kg]</td></tr>
</table>

11) FM200 소화설비 설계순서

① 설계농도 결정

② 방호구역 체적 결정

③ 방호구역 최고, 최저온도 결정(방호구역 최저온도에서 적절한 설계농도를 구한다)

④ 방호구역 밀폐도 결정

⑤ 필요한 구성품 결정 : 실린더 크기, 수량, 감지기, 압력스위치

⑥ 노즐 설치 위치결정

㉠ 천장높이

㉡ 노즐 분사 범위

㉢ 노즐 유량

⑦ 실린더 위치결정

㉠ 실린더 수량

㉡ 저장 온도

㉢ 접근 용이도

㉣ 바닥하중상태

⑧ 배관

㉠ 노즐 위치

㉡ 고정물(행거, 지지물)

⑨ Layout 및 배관 굵기
　㉠ 수리계산을 한다.
　㉡ 배관도를 그린다.
　㉢ 관의 치수를 도면에 표시한다.
　㉣ 부속품의 위치를 결정한다.
　㉤ 노즐에 필요한 유량을 산정한다.

12) 가스계 소화약제 기본설계

(1) 가스계 소화약제 특징

① 신속하고, 소화능력 우수, 피연소물에 피해가 없다.
② 방사전 모든 개구부 폐쇄한다.
③ 심부화재에 적용이 어렵다.
④ 약제 누설발생으로 보충한다.

(2) 설계순서

① 설계농도 결정 : 20% 안전율 고려(누출, 배관 불균형, 노즐 불균형)
② 소화약제량 결정 : 설계농도와 방호공간체적에 따라 계산$\left(w = \frac{v}{s}\left(\frac{c}{100-c}\right)\right)$
③ 최대방사시간 결정(10초, 30초, 1분)
④ 최소유지시간(10분, 20분)
⑤ 배관, 노즐결정 : 배관 Schedule로 압력유지, 설계농도에 맞는 노즐
⑥ 과압방지 : 배출구

10. Door Fan Test

가스계 소화약제 설치공간에 누설부분이 있으면 약제가 누출되어 소화농도가 기준에 미달된다. 이 경우 Door Fan Test를 통한 방호구역 내의 누출면적과 Soaking Time을 확인해야 소화성능을 보장할 수 있다. 이 시험은 직접적인 약제방출 없이 Computer Program, 압력계, Door Fan을 사용하여 약제방출을 가정하여 실내·외 압력, 송풍량, 개구부면적, 누출시간, 개구부 위치를 이용하여 소화약제 설계농도 유지시간을 예산하여 으로 소화약제량의 적정성을 판단할 수 있다. 이 시험은 선진화된 시험기법으로 선진국에서는 가스계 소화설비가 설치된 건물은 반드시 방호구역 밀폐도시험인 Door Fan Test(방호구역

밀폐도시험) 보고서를 제출하도록 하지만 국내에서는 아직도 이 시험을 의무화하지 않고 있다.

국내에서도 청정소화약제 성능을 보장하기 위해 정확한 설계농도 유지기간을 제시하는 Door Fan Test 법적 기준이 의무화되도록 하여야 할 것이다.

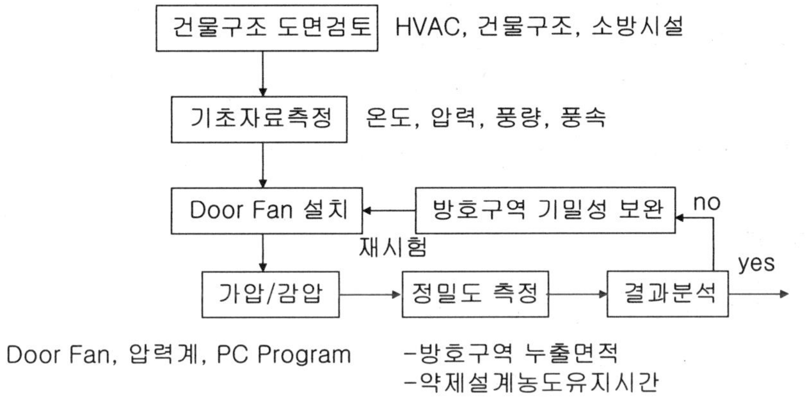

[그림 2-3] Door Fan Test 순서도

11. 가스계 소화설비 FI 인증

가스계 청정소화약제의 FI(Fire Inspection) 인증을 위해서는 소화약제와 노즐, 밸브 등에 대한 자료와 설계 Program의 적정성과 제조사마다 서로 다른 설계 Program을 사용하기 때문에 FI인증 설계 Program과 설비에 맞는 설계 및 시공이 이루어져야 한다.

1) 적용기준

건축허가 동의대상물에 청정소화설비를 설치하는 경우 설계에 대한 FI인증을 한국소방산업기술원에서 받아야 한다.

① 2001. 2. 22 이전 : 소방공사 감리자와 관할 소방서 협의
② 2001. 2. 22 이후 : 모든 동의 대상물

2) 인정기준

청정소화약제 형식승인을 보유한 업체가 인증을 획득한 경우 인증된 약제와 설계 Program을 이용하여 설계하고 KFI로부터 검토를 받은 시설에 대해서는 FI인증을 받은것으로 한다. 그러나 약제공급업체에서 FI인정을 받지 않은 것은 각 대상물별로 FI인증을 획득하여야 한다.

3) 준수사항

① 판매업체 : 소화약제 형식승인을 득하고 청정소화설비 설계 Program에 대해 KFI에 가스계 소화설비 FI인증을 신청하여 득할 것
② 설계자 : FI인정을 획득한 소화약제회사에서 설계 Program을 받아 설계하고 설계된 도면이 FI인정 조건에 맞는지 KFI에 검토요청
③ KFI : FI 인증 시험안내, 인정시험 수행, 인증서 발급

국내에서는 HCFC와 FM-200, Inergen만 FI약제로 인정을 받고 있다.

4) 해외인증

미국에서 청정소화약제 인증순서는 다음과 같다.

① NFC 등재 : 약제종류 및 시스템 기준 제정
② SNAP(SIGnificant New Alternative Policy) : Program 평가
③ UL, FM 인증취득 : 소화설비 시스템으로 사용하기 위한 방사시간, 방사압력, 배관구경, 소화농도, 방사량 등을 판단

12. 소화기

물이나 소화약제 압력에 의해 방사하는 기구로 사람이 조작하여 소화하는 것을 말한다. 축압식은 약제용기에 압축가스(CO_2, N_2)가 봉입된 방식이며 가압식은 소화약제 본체용기와는 별도의 용기(몸베이)에 봉입하여 봉판 파괴시 방출가스 압력으로 약제가 방출된다. 소화기 성능은 방사시간(10초 이상), 방사효율(90[%] 이상), 사용온도 0~40[℃](화학포 : 5~40[℃])에 맞는 것을 선택하여야 한다. 소방법상 수동식, 자동식, 간이소화용구가 있다.

소화기의 선택은 화재의 형태 및 건물구조, 주위환경 조건에 따라 선택된다.

① 동작의 용이성
② 점유자의 사용능력
③ 소화약제와 연소물질 사이의 화학적 반응
④ 화재진압시 조작자 피해 여부
⑤ 유지 · 보수 조건

1) 능력단위

1개의 소화기가 어떤 종류의 화재, 어느 정도의 소화능력을 가지고 있는가를 능력단위로 표시한다.

(1) 대형소화기

A급 화재는 10단위 이상, B급 화재는 20단위 이상인 소화기를 말한다.

(2) 소형소화기

소화능력단위가 1단위 이상으로 대형소화기 미만의 소화기를 말한다.

〈표 2-25〉 대형소화기별 용량

강화액 소화기	60[ℓ] 이상
물소화기	80[ℓ] 이상
포소화기	20[ℓ] 이상
Halon 소화기	30[kg] 이상
CO_2 소화기	50[kg] 이상
분말소화기	20[kg] 이상

2) 능력단위 시험

능력단위는 A급, B급 화재에 적용하며 C급은 능력단위는 없고 소화약제가 전기에 대하여 절연성이면 C급 화재에 적용되는 것으로 표시한다.

(1) A급 화재

건조한 소나무, 오동나무 장작을 쌓은 모형에 (1단위 : 90개, 2단위 : 144개) 불을 붙인 다음 3분후에 소화하여 소화약제가 방사완료시까지 잔염이 없어야 하며 방사완료 2분 이내 재발화가 되지 않는 경우이다.

(2) B급 화재

300[mm]×300×30[mm] 액면에 불을 붙인 다음 1분후 소화를 시작하고 약제방출 완료 후 1분 이내에 재발화가 되지 않는 경우이다.

(3) C급 화재

C급 화재소화기는 능력단위는 없고 전기전도성 시험을 한다.

① 이격거리 50[cm]인 경우 : AV 35±3.5[kV]
② 이격거리 90[cm]인 경우 : AC 100±10[kV]

상기전압을 가한 상태에서 소화약제를 방사하는 경우 통전전류가 0.5[mA] 이하가 되어야 한다.

3) 설치장소

각 층마다 설치하되 보행거리가 소형은 20[m], 대형은 30[m] 이내마다 바닥에서 15[cm] 띄워서 설치한다.

4) 소화기구 능력단위

〈표 2-26〉 소화기구 능력단위

대상물	능력단위 (1단위 기준)
유흥주점, 위락시설	30[m^2]
공연장, 집회장, 관람시설, 문화재	50[m^2]
근린생활, 판매 · 영업, 숙박시설, 노유자시설 전시장, 의료시설, 공동주택, 업무시설	100[m^2]
기타	200[m^2]

① 벽, 반자의 실내에 면하는 부분이 불연재료, 준불연재료, 난연재료로 된 소방대상물에 있어서는 표 기준면적의 2배를 한다.
② 보일러실, 주방은 25[m^2]마다 1단위 수동소화기와 자동확산 소화용구를 바닥면적 10[m^2] 이하는 1개, 10[m^2] 초과는 2개 설치한다.
③ 관리자 출입이 곤란한 지하구의 제어반, 분전반은 그 상부에 자동확산 소화용구를 설치하며 한다.
④ 발전기, 변압기, 통신실은 50[m^2]마다 수동식 소화기 1개 이상 설치와 자동확산 소화용구를 설치한다.
⑤ SP 또는 물분무 등 소화설비가 설치된 경우에는 자동확산 소화용구(자동식소화기 포함)를 설치하지 않을 수 있다.
⑥ SP, 옥내소화전 설비가 설치된 경우 소화기 설치수량의 2/3을 감할 수 있다. 근린생

활시설, APT, 11층 이상은 감소대상이 아니다.

⑦ 기름탱크실(옥내, 지하) : 대형수동식 소화기 1개, 소형 1개
⑧ LPG 가스연소기로부터 10[m] 이내에 3단위 이상 소화기 1대를 구비한다.
⑨ 소화기는 능력단위 기준과 보행거리 기준에 적합하여야 한다.

5) 자동식 소화기

자동식 소화기는 자동소화설비가 설치되지 않은 APT 주방에 설치하여 가연성가스 누출이나 화재발생시에 경보를 발하고 가스의 누출을 자동으로 차단하며 화재발생시 소화약제를 자동으로 방사하여 소화한다. 자동식 소화기 설치기준은 다음과 같다.

① 소화약제 방출구는 환기구와 분리되고 유효한 방호면적(0.4[m^2] 이상) 확보
② 감지부는 환기구 중앙근처 설치
③ 자동식소화기에 사용되는 가스누설 차단장치는 주방 개폐밸브 1[m] 이내
④ 가스누설 탐지부는 천장 또는 바닥 0.3[m] 이내
⑤ 수신부는 열, 습기에 주의
⑥ 주방배관 개폐밸브로부터 2[m] 이하 위치에 설치 후 확인점검

6) 자동확산 소화용구

자동식소화기가 없는 주방, 보일러실에 설치하는 설비로 화기취급설비의 직상부에 설비되어 화재발생시 소화용구 자체적으로 열을 감지하여 소화하는 기기이다. 구성부분을 보면

① 본체 : 축압식, 가압식
② 감지부 : Fusible Link(70[℃]), 유리벌브형
③ 압력계 : 축압식에 설치(질소가스 충전)
④ 음향장치 : 축압식에 설치, 1[m]에서 70[dB]

7) 강화액 소화약제(K_2CO_3)

물의 소화성능 향상을 위하여 K_2CO_3를 첨가한 수용액이다. 응고점이 -20[℃] 이하로 기온저하에 의한 한랭지나 겨울철에 사용할 수 있다. 축압식으로 질소를 가압(10[kg/cm^2])한다.

8) 산 · 알칼리 소화약제

용기 속의 중탄산나트륨과 용기내 황산을 봉입한 앰플을 갖고 있다. 누름쇠에 충격을 가함으로써 황산앰플이 파괴되어 산 · 알칼리 반응에 생기는 CO_2가스압을 이용하여 물을 방

출하여 소화하는 화학반응식 소화기이다. 무상인 경우 C급 화재에도 적용 가능하다.

$$\underset{(\text{용기 속})}{\underline{2NaHCO_3}} + \underset{(\text{앰플에 봉입})}{\underline{H_2SO_4}} \rightarrow \underset{\text{거품(포)}}{\underline{Na_2SO_4}} + \underset{5\sim7[kg/cm^2]}{\underline{2CO_2}} + 2H_2O$$

9) 간이소화약제

① 건조사 : 건조된 모래로 가연성이 없어야 한다. 질식작용으로 ABCD급에 사용되는 만능소화제이다.

② 팽창질석 : 팽창질석은 운모가 변형되어 생성된 것으로 함유된 수분이 탈수되면 팽창한다. 색깔은 금, 은, 갈색이 있으며 1,400[℃] 내화성이 있고 알킬알루미늄 화재에 적합하다.

③ 팽창진주암 : 천연유리를 1[cm] 미만의 진주 크기로 분쇄한 것으로 3~4[%] 수분을 함유하고 있으며 화재에 노출되면 체적이 15~20배 팽창한다.

④ 중조톱밥($NaHCO_3$) : 중조의 열분해생성물로 부촉매 작용이 일어나 인화성 액체소화에 적합하다.

⑤ 사과탄(소이탄) : 중조($NaHCO_3$), 탄산암모니아(NH_4CO_3)를 유리 용기에 봉입한 투척용 소화재이다.

〈표 2-27〉 간이소화용구 능력단위

간이소화용구		능력단위
마른 모래, 팽창질석	삽을 상비한 50[ℓ] 이상의 것 1포	0.5단위
팽창 진주암	삽을 상비한 160[ℓ] 이상의 것 1포	1단위

[문제 30] 다음 중 B급화재에 해당하는 대형소화기의 능력단위는 몇 단위 이상인가?

① 10단위 ② 20단위 ③ 30단위 ④ 40단위

10) 방수총 소화설비(Water Cannon)

Dome경기장, 컨벤션센터 등 대형공간의 화재발생시 방수총을 화점을 향하여 집중 방수하여 화재를 진압하는 소화설비이다. 주사형 적외선 불꽃감지기(Scanning Type lnfrared Fire Sensor)를 사용하여 최대 230[m] 거리까지 감지하고 화재가 감지되면 선회하는 자동방수총(Full Auto Stand-by System)으로 자동으로 화재를 진압한다. 2대의 주사형 화재감지기가 동일한 위치에서 화재라고 판단한 경우에만 자동 방수한다.

(1) 적용대상

① 천장에 SP 배관시공이 불가능한 경우
② 천장이 높아 SP 소화효과를 기대할 수 없는 장소
③ 기존의 감지장치로 감지가 불가능한 경우

(2) 주사형 불꽃감지기

불꽃감지기가 화재를 감지하면 중앙감시반으로 화재신호를 보낸다. 2대 감지기가 동일위치 화재라고 판단한 경우 자동방수가 시작된다. 중앙감시반은 수신한 화재 위치정보를 컴퓨터로 연산하여 모니터에 위치를 표시하고 방수총을 선택한다. 중앙감시반에서 화재위치를 정확히 파악하고 방수총으로 화점을 향하여 집중 살수한다.

방수총은 제어반의 제어로 자동선회하면서 사정거리도 자동설정하여 방수하여 방수층이 설치된 지역에서 수동제어도 가능하다. 방수한 후 소화유무를 화재검출기로 다시 확인하고 완전히 소화가 안된 경우 방수를 재개한다.

① 최대감지거리 : 230[m]
② 수평선회각도 : 0~190[°]
③ 수평감시각도 : 90[°]
④ 수평선회시간 : 16초

(3) 중거리방수총

40×40[m] 넓이의 개방적 공간의 중앙홀에 설치한다.

① 최대방수량 : 2,800[ℓ/min]
② 방수압력 : 8[kg/cm^2]
③ 유효사거리 : 65[m]
④ 수평선회시간 : 20초
⑤ 수평선회각도 : 180°

(4) 장거리 방수총

공항터미널, Dome경기장, 컨벤션센터 등 대형공간에 적용하며 방수량을 높이기 위해 Compressor가 필요하며 Linear 제어를 적용된다.

① 최대방수량 : 3,600[ℓ/min]
② 방수압력 : 8[kg/cm^2]

③ 유효사거리 : 85[m]
④ 수평선회시간 : 5초
⑤ 수평선회각도 : 180[°]

(5) 비수계 소화시스템 선정시 고려사항(Non water based fire suppression system)

① 비수계시스템 : 가스계 소화시스템(CO_2, 하론, 청정)과 분말소화약제를 말한다.
② 선정시 고려사항
㉠ 방호구역 용도 : 구성기기, 화재하중
㉡ 감지시스템 특성 : 열특성, 화염스펙트럼, 연기특성, 감지기의 신뢰성, 감지시간, 경제성
㉢ 약제특성 검토
- 소화약제 물리적 특성 : 밀도, 점도, 흡습성, 저장의 용이성, 비중
- 공급의 용이성 : 24시간 이내 공급
- 소화메커니즘 적정성 : 소화약제 소화메커니즘과 연소물의 연소특성 고려

㉣ 약제의 설계농도 지연시간 계산
- 시스템 응답시간 : 감지기 동작시간(감열부의 반응시간 지수), 조작제어시간
- 사람 대피시간
- 구획 조정시간 : 문, 댐퍼폐쇄, 환기시스템 정지
- 약제방출시간

㉤ 인체에 대한 영향(눈, 호흡기, 피부), 마취, 동상
㉥ 환경에 대한 영향(공기, 물, 오존층, 토양)
㉦ 적절한 소화시스템 : 고정식(이동식), 자동식(수동식)
㉧ 경제적 요소 : 설계비용, 설치비용, 운용유지보수, 재충진비용, 성능시험비용, 폐기비용, 배관설비, 저장용기

02 방폭구조

방폭구조란 가연성가스, 분진 등이 있는 장소에 점화원에 의해 화재폭발 우려가 있는 경우 폭발을 방지할 수 있는 구조로 위험분위기에 대하여 점화원이 되지 않도록 하는 설비이다. 그러나 실제로 이것은 불가능 하기 때문에 위험분위기에 점화하는 확률을 0(전기설기

점화 확률 × 위험분위기 생성확률 = 0)으로 하는 것이 이상적이다. 그러므로 방폭구조 선정시 위험장소와 폭발물질에 따라 방폭등급을 고려한 신뢰성 있는 방폭기기가 설치되어야 한다.

① 위험장소 종별 : 0종, 1종, 2종
② 폭발물질 등급 : 1급, 2급, 3급
③ 환경여건 : 주위온도(20~40[℃]), 표고(1000[m]), 상대습도(45~85[%])

그 이외에 분진, 부식성 가스, 진동 등도 고려되어야 한다.

1. 방폭기기

전기방폭이란 전기설비에 의한 점화원인 전기불꽃을 제거함으로써 화재폭발이 일어나지 않도록 하는 방법으로 방폭기기를 사용하며 이 기기는 폭발화염이 가연성가스로의 점화를 차단하는 구조이거나 폭발시 화염이 외부로 전파되지 않는 내압구조로 설계된 기기를 말한다.

① 점화원을 격리(차단)하는 방법(내압, 내부압력, 유입)
② 점화능력 본질적 억제(최소에너지 이하)
③ 전기설비 안정도증가(절연성능 증가)
④ 폭발성분위기 생성방지(누설, 체류금지)

전기불꽃의 점화능력은 가스종류나 점화원 크기에 따라 다르지만 점화능력이 없다고 확인되지 않는 한 점화능력이 있는 것으로 본다. 그러나 점화원 온도가 가스발화에 필요한 허용온도보다 낮다고 판단되면 점화능력이 없는 것으로 보아도 된다.
전기기기가 점화원인으로 불꽃이 발생되는 경우는 다음과 같다.

① 상시운전 : 직류전동기 정류자, 유도전동기 Slipring
② 순시동작 : 차단기 개폐, 보호계전기 개폐접점
③ 지속적 고온발생 : 전열기, 전등
④ 고장 또는 파손시 불꽃

1) 내압방폭구조(Flame Proof Type)

기기용기내에 폭발성가스가 침입하여 폭발하여도 용기는 폭발압력에 견디며 접합면 틈새를 통해 불꽃이 누설되어 외부의 가연성가스에 점화가 안되는 구조이다.

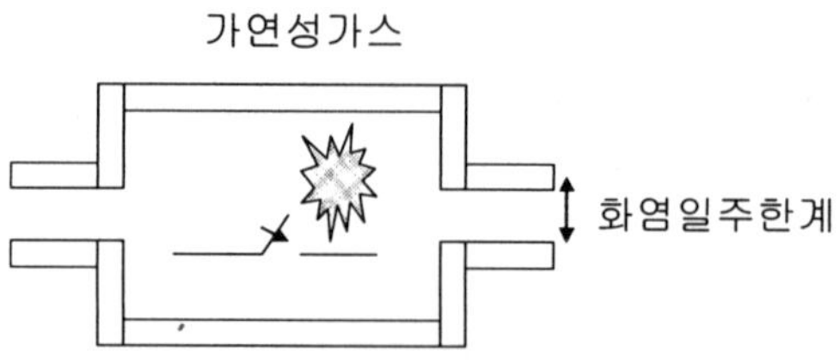

[그림 2-4] 내압방폭구조

용기내부에 침입한 가스가 폭발하기 때문에 기기내부가 손상되는 것에 대한 고려가 되어야 한다. 1종, 2종 장소에 사용된다. 아크가 생길 수 있는 접점, 스위치, 개폐기류 등이 있으며 기구조건은 다음과 같다.

① 접합면은 화염일주한계 이내로 해야 한다.
② 폭발에 견디는 전폐구조로 해야 한다.
③ 폭발시 용기내부 기기는 손상되어도 그로 인해 운전장치에 중대한 영향을 미치는 경우는 적당하지 못하다.
④ 대형 회전기의 내압방폭구조는 폭발등급 2, 3가스에는 사용할 수 없다.

2) 압력방폭구조(Pressurized Type)

외부에서 가연성가스가 유입되지 않도록 불활성가스로 용기내부에 정압력을 유지하여 내부스파크와 외부 가연성가스 접촉을 불가능하게 된 구조이다. 폭발성가스의 폭발등급에 관계없이 사용 가능하며 내용물 파괴를 보호한다(통풍식, 봉입식, 밀봉식). 통풍식과 봉입식은 기기운전중 용기 모든 점의 압력을 주위 대기압보다 수주 5[mm] 이상 높게 유지하고 밀봉식은 내부압력이 유지되는 장치를 설치한다. 아크가 생길 수 있는 모든 스위치와 전동기, MCB 등과 1종, 2종 장소에 사용된다.

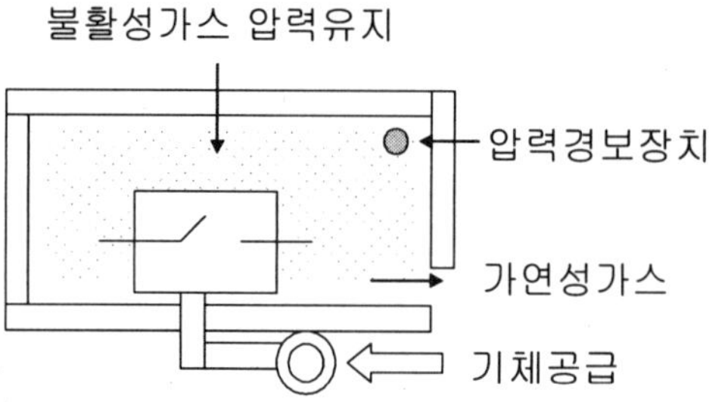

[그림 2-5] 압력방폭구조

3) 유입방폭구조(Oil Immersed Type)

전기불꽃, 아크 또는 고온이 발생하는 부분을 절연유 속에 넣어 주위에 있는 폭발성가스와 접촉을 차단하는 구조이다. 유면계로 기름 누설저하를 감시해야 하는 불편으로 거의 사용하지 않는다. 1종, 2종 장소에 사용된다. 개폐시 아크에 의해 발생하는 수소가스 등을 제거할 수 있는 배출구를 만들어야 한다. 유면저하시 위험하므로 유면계로 감시되어야 한다.

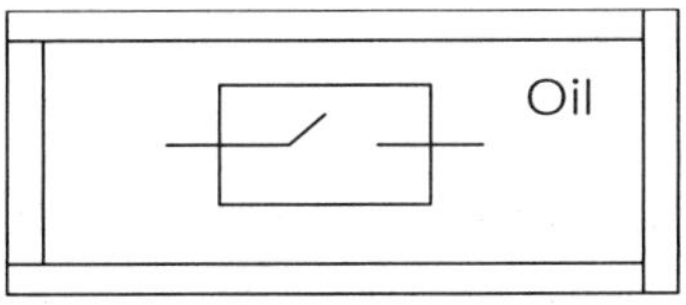

[그림 2-6] 유입방폭구조

4) 안전증 방폭구조(Increased Safety Type)

정상운전시 점화원이 되는 불꽃이 발생하지 않도록 절연성능을 강화하고, 기기표면 온도상승을 억제하도록 안전도를 강화한 구조이다. 내부에서 고장이 발생된 경우 방폭성이 보장되지 않는다. 단자 및 접속함, 농형유도전동기, 변압기, 조명기구 등 2종 장소에 사용된다.

5) 본질안전 방폭구조(Instrinic Safety Type)

최소발화에너지 이하이기 때문에 불꽃이 발생하여도 폭발가스가 점화되지 않는 구조이거나 안전펜스(이격거리)가 형성되어 본질적으로 점화가 되지 않는 구조이다. IEC에서는 본질안전 방폭구조 분류시 메탄의 최소점화전류와 다른 폭발성가스의 최소점화전류비로 분류한다. 온도, 압력, 유량계 등 계측기기와 신호기 등 0종 장소에 사용되며 혼촉, 정전유도에 의해 기능이 상실할 수도 있다.

6) 특수방폭구조(Special Type)

폭발성가스의 인화를 방지할 수 있는 특수한 방폭구조로 모래를 삽입한 사입방폭구조와 밀폐방폭구조가 있다.

〈표 2-28〉 장소별 방폭구조

구 분	위험장소	장소별 방폭구조
1종 장소	지속적인 폭발분위기	본질안전
2종 장소	정상상태의 간헐적 폭발분위기	내압, 압력, 유입
3종 장소	이상상태의 폭발분위기	내압, 압력, 안전증

[문제 31] 전기설비의 방폭구조 중 전기설비 용기내부에 공기, 질소, 탄산가스 등의 보호기체를 대기압 이상으로 봉입하여 당해 용기내부에 가연성 가스 또는 증기가 침입하지 못하도록 한 구조는?
① 압력방폭구조 ② 내압방폭구조 ③ 유입방폭구조 ④ 본질안전 방폭구조

2. 방폭설비 적용

방폭설비는 인화성 또는 가연성가스나 분진으로 인한 화재 · 폭발위험이 있는 장소 및 인화성 또는 가연성액체를 취급하는 장소에 설치하는 전기설비에 적용한다. 자연발화성 물질을 취급하는 장소나 광산에 설치되는 전기설비는 적용하지 않는다.

1) 방폭지역 지정장소

방폭지역이라 함은 인화성 또는 가연성물질이 화재, 폭발을 발생시킬 수 있는 농도로 대기 중에 존재하거나 존재할 수 있는 장소를 말한다.

① 인화성 또는 가연성가스나 증기, 분진 등이 쉽게 존재할 가능성이 있는 지역
② 인화점 40[℃] 이하의 액체가 저장, 취급되는 지역
③ 인화점 65[℃] 이하의 액체가 인화점 이상으로 저장, 취급될 수 있는 지역
④ 인화점 100[℃] 이하 액체의 경우 해당 액체의 인화점 이상으로 저장, 취급되는 지역

비방폭지역이라 함은 다음과 같다.

① 환기가 충분한 장소(옥외, 지붕이나 한쪽벽만 존재, 자연환기 또는 강제환기 장소)
② 전부 용접으로 접속된 배관주위
③ 완전 밀봉된 수납용기 속에 저장
④ 적합한 방폭구조를 사용한 경우

2) 방폭전기설비 설계순서

① 전기설비 배치
② 설치장소의 위험성 검토
③ 방폭전기기기 선정
④ 방폭전기배선공사 선정(내압방폭구조, 안전증 방폭구조)
⑤ 방폭대책의 적정성 검토

3) 방폭설비 선정시 고려사항

① 방폭지역 등급에 따라 방폭기기와 배선방법을 선정
② 가연성가스·증기 등의 최소발화온도
③ 설치장소 환경조건(주변온도, 습도, 부식성, 표고, 먼지)
④ 분진방폭구조의 경우 분진의 도전성 유무
⑤ 본질안전 방폭구조인 경우 최소점화전류와 폭발성가스와 적절성
⑥ 내압방폭구조의 경우 화염일주한계와 폭발성가스와의 적절성
⑦ 압력방폭구조, 유입방폭구조, 안전증 방폭구조의 경우 최고표면온도 고려
⑧ 사용장소에 폭발성가스가 2종 이상 존재할 경우 가장 위험도가 높은 폭발성가스의 위험특성에 대응하는 방폭기기 선정
⑨ 모든 방폭기기는 발화온도에 대한 폭발성가스 분류와 적절히 대응하는 등급이 필요
⑩ 방폭전기기기 및 배선은 온도, 열전도도, 열방사 등에 의해 온도가 상승하여 방폭성능에 영향을 줄 우려가 있으므로 확인이 필요
⑪ 옥내에 1000[ℓ]의 경유저장탱크가 있는 경우 : 경유는 제4류 위험물 중 제2석유류로 지정수량은 1000[ℓ]이므로 소방설비기술기준에 의해 옥내탱크 저장소로 간주된다. 옥내탱크 저장소의 채광, 조명, 환기설비는 기술기준에 맞게 다음과 같이 시설한다.
   ㉠ 가연성가스 등이 체류할 우려가 있는 장소의 조명등은 방폭등으로 할 것
   ㉡ 전선은 내화, 내열전선
   ㉢ 점열스위치는 출입구 바깥부분에 설치할 것

4) 방폭전기설비의 전기적 보호방식

방폭전기설비의 이상동작으로 점화원이 되는 것을 방지하기 위해 전기적, 기계적으로 충분히 보호되어야 한다.

① 지락, 과전류보호 차단장치 : 지락, 단락시 즉시 전로를 차단할 수 있는 장치를 시설한다(과전류는 경보기 설치).
② 방폭배선설비 : 배관, 단자함, 부속품 등을 내압방폭, 안전증 방폭구조로 시설하고 케이블 및 전선에 손상이 없도록 한다.
③ 금속제 접지 : 전기기기의 금속제 외함, 전선관 등 금속부분은 접지시공(400[V] 이상은 10[Ω], 400[V] 이하는 100[Ω] 이하)을 한다.
④ 본딩 접지 : 전위차에 의한 스파크 방지를 위하여 방폭지역 내의 모든 도전성 부분을 본딩한다. 단, 전선관의 예상 최대지락전류를 안전하게 흐를 수 있는 경우에는 본딩을 생략할 수 있다.

⑤ 가능하면 본질안전 방폭성을 갖는 배선공사를 실시한다.

3. 폭발등급

1) 위험장소별 방폭기기

NEC(National Electrical Code)에 의한 위험장소 구분은 방폭지역 내에 존재하는 위험물질 종류에 따라 1, 2, 3급지역으로 구분한다.

(1) 1급지역 전기설비

1급지역이란 인화성이 높은 액체나 가스, 증기 등을 제조·저장하는 장소(가솔린, 나프타, 벤젠, 아세톤, 수소)로 여기에 사용되는 전기기구는 위험장소 밖이나 위험분위기에 안전한 검정품 방폭형기기를 사용하여야 한다.

(2) 2급지역 전기설비

폭발성분진에 의하여 위험분위기가 조성되는 물질이 있는 장소로 2급지역에 설치된 기기의 표면온도가 과도하게 상승할 경우 기기표면에 쌓인 분진이 탈수, 탄화되어 폭발원인이 된다. 따라서 이 지역에 설치되는 전기기기의 표면온도는 상승되지 않도록 하여야 한다.

(3) 3급지역 전기설비

3급지역이란 쉽게 인화될 수 있는 면부스러기, 솜털 등과 같이 인화성 섬유가 비산되는 지역을 말한다. 인화성 섬유(면부스러기, 솜털 등)가 비산되어 얇은 층으로 분포된 비산 섬유물질은 전기스파크나 아크 등 어떤 점화원에 의해 인화되면 인화속도가 빨라 화재가 폭발적으로 진행한다. 3급지역에 설치된 기기는 기기표면에 누적된 면부스러기, 솜털을 점진적으로 탄화시킨다든지 지나치게 건조되지 않도록 표면온도가 상승되지 않아야 한다. 왜냐하면 탄화되거나 건조된 유기물질은 자연발화 가능성이 매우 높기 때문이다. 그러므로 정상운전시 과부하가 잘 되지 않는 기기의 경우는 최대표면온도를 165[℃] 이하를 유지해야 하며 모터 또는 변압기와 같이 과부하가 될 가능성이 있는 기기의 경우 120[℃]를 유지하도록 한다.

2) 방폭지역 분류

방폭지역의 분류는 방폭기기 및 배선을 결정한다. 분류기준은 폭발농도에 따라 하는 것이 아니고 농도가 폭발한계에 달할 확률에 따라 하는 것으로 정확한 수치표시가 아니라 개념적 성격을 의미한다.

(1) 0종 장소(지속적 폭발분위기)

폭발성가스가 지속적으로 존재하는 장소(가연성가스탱크 내부, 인화성 액체탱크 액면 상부, 배관 내부)이며 본질안전 방폭구조로 설계한다.

(2) 1종 장소(간헐적 폭발분위기)

폭발성가스가 누적되어 위험농도가 될 우려가 있는 장소로 정상동작 중 발생할 수 있다(0종 장소 근접주변, 탱크개구부 부근, 탱크안전밸브나 통기관 부근, 환기가 불충분한 장소, 위험물 가스누출 우려되는 Pit 부근). 본질안전, 내압, 내부압력, 유입방폭구조로 설계한다. 0종, 1종 장소에 설치되는 전기설비는 불꽃이나 스파크, 고온가스를 방출해서는 안되며 표면온도가 주변의 폭발성 분위기를 발화시키기에 충분해서도 안된다.

(3) 2종 장소(이상상태 폭발분위기)

이상상태에서 위험분위기가 우려되는 장소에서 적용되며 모든 방폭구조가 적용된다. 아크나 스파크 발생기구는 적정한 외함에 설치하거나 부족한 점화에너지인 경우만 사용된다. 0종 장소 또는 1종 장소의 주변영역, 용기나 장치의 연결부 주변영역, 펌프봉인부 주변영역 등은 2종 장소로 구분한다.

정상시 위험원이 있고 환기 부적절한 경우 0종 기기를 사용하고 환기 적절한 경우 1종 기기를 사용한다. 또한 이상시 위험원이 있고 환기 부적절한 경우 2종 기기를 사용하고 환기 적절한 경우 비위험장소 기기를 사용한다.

〈표 2-29〉 방폭 전기기기 선정기준

IEC		USA	비 고
Zone 0	Intrinsic Safety Type(EXi) Specially Approved for Zone 0	Class 1 Division 1	Pressuring, Puzing 또는 Oil Immersed Type도 Zone 0에 적합하게 제작된 경우에는 적용이 가능하다.
Zone 1	Intrinsic Safety Type(EXi) Frame Proof Type(EXd) Pressurized Type(EXp,f) Oil Immersed Type(EXo) Specially Approved for Zone 1		
Zone 2	All Equip. Certified for Zone 0 and 1 Increased Safety Type(EXe) Non Sparking Type(EXn)	Class 1 Division 1	

NFPA에서는 CLASS1 장소에서 Division Ⅰ(0종, 1종), Division Ⅱ(2종)로 구분한다. 또한 Group A(아세틸렌), Group B(수소), Group C(에틸렌), Group D(휘발유, 프로판, 부탄)으로 위험도를 분류한다. 또한 방폭 전기기기는 규격에 대한 표시 이외에 방폭구조에 대한 표기를 하도록 규정되어 있다.

〈표 2-30〉 방폭구조 표시

방폭구조	표시(국내)	영문표기
내압(耐壓)방폭구조	Exd(d)	Frame Proof Type
압력(壓力)방폭구조	Exp(f)	Pressurized Type
유입(油入)방폭구조	Exo(o)	Oil Immersed Type
본질안전 방폭구조	Exia, Exib(e)	Intrinsic Safety Type
안전증 방폭구조	Exe(e)	Increased Safety Type
특수방폭구조	Exs(s)	Special Type

3) 비방폭지역 선정

① 용기내부에 질소, CO_2 등의 불활성가스를 주입하여 내부에 위험분위기가 발생되지 않음이 보장할 수 있을 경우의 용기 내부는 2종장소로 인정한다.
② 실내를 양압으로 유지하는 경우의 당해 설비는 비방폭 지역으로 구분할 수 있다.

4. 화염일주한계

화염의 전파력은 폭발재해시 위험성을 평가하는데 중요한 척도가 되는데 화염전파특성의 대소기준이 화염일주한계이다. 즉, 화염이 일주를 일으키는 최소간격 또는 화염이 일주를 일으키지 않는 최대간극을 화염일주한계(MESG : Maximum Experiment Safe Gap)라 하며 방폭설비의 기준이 된다.

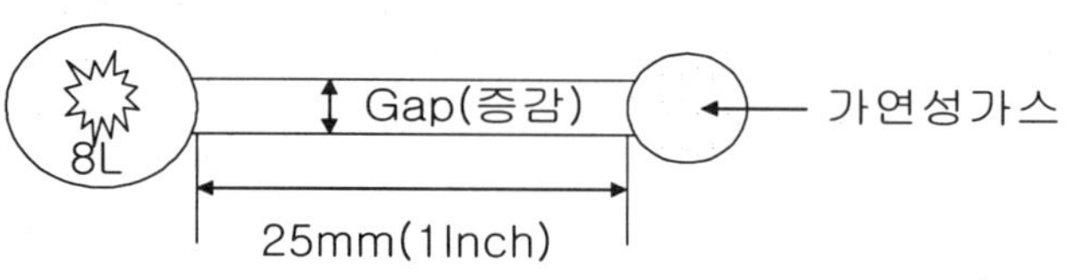

[그림 2-7] 화염일주거리 실험

폭발성가스의 폭발시험시 표준용기(원형 8[ℓ]와 외부공간을 일정거리(1[inch])를 두고 틈을 0에서 서서히 증가하여 몇 [mm]까지 되었을 때 표준용기의 내부화염이 외부로 전파되는가를 조사하고 그때의 틈사이의 크기에 따라 폭발등급을 분류한다. 화염일주한계가 작은 물질일수록 화염전파력이 강하여 위험물질이 된다.

소염거리(Quenching Distance)란 평판사이 간격이 어느 크기 이하로 줄어들면 화염이 더 이상 전파되지 않는 거리를 말하며 이때 원형인 관인 경우를 소염직경이라 한다. 가정용 가스 연소기구의 노즐크기는 역화방지를 위해 소염직경보다 작아야 한다.

〈표 2-31〉 폭발등급

폭발등급	1등급	2등급	3등급
안전틈새[mm]	0.6[mm] 초과	0.4~0.6[mm]	0.4[mm] 이하
해당 가스	암모니아, 아세톤, 메탄, 에탄, 프로판, 부탄	에틸렌 석탄가스	수소, 이황화탄소 아세틸렌

전기 사용장소의 폭발위험성은 그 장소에 있는 폭발성가스 종류에 따라 다르기 때문에 가스의 위험도를 발화도(온도등급) 및 폭발등급으로 분류하여 적합한 방폭구조 및 대책을 마련하여야 한다. 위험도는 폭발등급 및 발화도의 숫자가 클수록 높다.

〈표 2-32〉 폭발성가스의 분류

폭발등급 / 발화도	450≥T1〉300	300≥T2〉200	200≥T3〉135	135≥T4〉100	100≥T5〉85	85≥T6
1 (0.6[mm] 초과)	나프탈렌 아세톤 암모니아 일산화탄소 에탄 초산 초산에틸 톨루엔 프로판 벤젠 메탄올 메탄	에탄올 부탄 염화비닐 프로필렌	가솔린 사이클로 헥산 펜탄올 펜탄 헥산	아세트알데히드 디부틸 에테르	-	아질산 에틸
2 (0.4~ 0.6[mm])	석탄가스 시안화수소 아크릴로 니트릴	에틸렌 부타디엔	디메틸 에테르 아크릴 알데히드	디에틸 에테르 트리메틸 아민	-	-
3(0.4[mm] 이하)	수소	아세틸렌	-	-	이황화탄소	질산에틸

〈표 2-33〉 폭발성가스 발화온도 등급

IEC 79	KSC 0906, 1997	발화온도[℃]
T_1	G1	450
T_2	G2	300~450
T_3	G3	200~300
T_4	G4	135~200
T_5	G5	100~135
T_6	G6	85~100

5. 정전기 방지대책

고유저항이 큰 물질은 정전기 축적이 용이하므로 순간 방전스파크에 의해 주위 인화성가스를 폭발시킬 수 있으므로 접지·본딩 등 필요한 조치를 취하여야 한다. 물질 고유저항이 1[MΩ·m] 이하인 것을 정전기적 도체라 하고 이상인 것을 정전기적으로 부도체라 한다. 합성수지, 고무, 탄화수소 계열은 전기적으로 부도체이기 때문에 두 개의 다른 물질이 접촉, 분리하는 과정에서 정전기 발생이 쉽다. 정전기 폭발조건은 다음과 같다.

① 정전기 발생(마찰, 충돌, 박리, 분출, 수송)
② 최소화에너지[mJ] 이상
③ 폭발범위내 혼합가스

정전기 축적을 제어할 수 있는 방법은 전하의 양을 제한하거나 축적된 전하를 방출하는 방법이다. 전하량을 제어하는 것은 접촉방지, 유속제한으로 제어할 수 있고 정전하 방출은 접지, 본딩이나 습도조절, 공정기기 전도성물질 제작 등이 있다. 정전기에 의한 불꽃은 그 에너지가 크지 않아 제어가 어렵기 때문에 전하발생 억제와 정전하 방출이 유일한 대책이다.

일반적으로 정전기 전하축적을 억제하는 방법은 다음과 같다.

① 상대습도를 70[%] 이상 유지(표면저항 감소).
② 접지·본딩
③ 대전방지를 위해 전도성물질을 사용
④ 유체 이송시 유속을 제한(1[m/s] 이하)
⑤ 제전기로 공기를 이온화
⑥ 인체접지(도전화, 도전바닥)

1) 공기이온화

대기 중 존재하는 이온농도는 1,000[개/cm^2] 이하로 정전기 관리차원에서 공기이온 농도는 커야 하므로 인공적으로 이온을 발생시킨다. 이온이 발생되면 물체가 가지는 정전기가 반대극성의 이온을 잡아당겨 중화된다.

2) 제전기

제전기에 의해 발생된 전자이온은 물체에 축적된 정전기 전하극성을 중화하여 전기적인 중성상태로 유지시킨다. 제전기 이온화 방법은 다음과 같다.

① 방사능을 이용하는 방사선식
② X선을 이용하는 자기방전식
③ 코로나 방전을 이용하는 전압인가식

방사능 이용방법은 방사선의 전리작용에 의해 발생하는 이온을 이용하는 방식으로 polonium210에서 방출되는 α입자가 공기 중의 산소원자와 충돌하면 자유전자가 발생되어 전자를 잃은 산소원자는 양이온이 되고 방출된 자유전자는 다른 원자와 결합하여 음이온이 생성되어 정전기를 중화시킨다.

X선 이용방법은 Polonium210 대신 X선을 이용하고 이온 생성방법은 방사능 이용방식과 동일하다.

코로나 방전은 대기압에서 3[MV/m] 이상의 고전압이 공급되면 산소원자에서 자유전자가 생성되어 자유전자를 잃은 원자는 양이온이 되고 자유전자가 다른 원자와 결합한 음이온이 된다. 여기서 양이온은 고전압의 음극에 흡착되어 소멸되고 음이온만 생성되어 정전기를 중화시킨다.

3) 접 지

정전기는 전기선도도와 관계가 있는데 고유저항이 큰 물질은 정전기 축적이 용이하고 고유저항이 작은 물질은 정전기 축적이 없다. 고유저항이 큰 물질은 접지본딩을 통해 정전기 축적을 제거한다. 인체내의 정전기를 억제하기 위해서 도전화와 도전성 바닥을 설치한다. 실제 현장에서는 접지저항값을 100[Ω] 이하로 한다.

① 도전화 : 도전성 고무창으로 고유저항이 적은 구두를 사용한다(10^5~10^6[Ω])
② 도전성 바닥, 도전성 콘크리트, 매트, 타일 등

4) 본 딩

서로 절연되어 있는 도체간 방전은 순간적으로 큰 에너지를 방출하고 방출시간 또한 지연된다. 그러므로 각 설비들의 전위를 동일하게 하고 대지에 접지시켜 정전기 보유를 최소로 한다.

5) 정전기 축적형태

① 마찰대전 : 마찰에 의한 전하분리
② 박리대전 : 밀착된 테이프 강제분리
③ 충돌대전 : 입자 상호충돌
④ 분출대전 : 분체, 액체, 기체분출시 마찰에 의해 발생
⑤ 유동대전 : 절연성 유체가 관내를 흐를 때
⑥ 유도대전 : 대전체에서 정전 유도
⑦ 침강대전 : 절연성 유체에 비중이 다른 부유물이 침강할 때
⑧ 적하대전 : 자중으로 액적이 떨어질 때
⑨ 비말대전 : 액체가 미세하게 비산시 발생

6) 성상에 따른 발생

① 기체 : 유동전하는 액체나 고체의 미립자가 포함되는 2상류(Two Phase Flow)이어야 한다.
② 액체 : 유속에 좌우되며 대전량은 유속의 1.75승에 비례한다.
③ 고체 : 유동이나 마찰에 의한 대전은 기체나 액체보다 용이하다.

7) 정전기 장해유형

① 역학장해 : 보푸라기, 의복 달라붙기
② 방전장해 : 착화, 폭발, 전기충격, 반도체 소자파괴, 전자노이즈

8) 정전기 방전형태

대전물체에 축적된 정전기가 전하의 순간 이동에 의해 서로 중화되면서 열과 빛을 발생하는 현상이다. 발생순서는 전하발생 → 전하축적 → 정전기 → 착화점 방전 → 발화 순으로 발생한다.

① 코로나방전(부분적 절연파괴로 빛이 약하다)

② 불꽃방전(절연 완전파괴)
③ 연면방전(코로나가 절연체 면 위를 따라 발생)
④ Streamer 방전(긴 줄을 형성)
⑤ 기체방전
⑥ 진공방전

9) 방전에너지

① 도체로부터 방전

$$W = \frac{1}{2}CV^2 = \frac{1}{2}QV = \frac{1}{2}\frac{Q^2}{C}$$

W : 방전에너지, C : 대전물체 정전용량, V : 대전전위, Q : 대전전하

② 절연물부터 방전

$$W = \int IVdt = \int I^2Rdt = \int \frac{V^2}{R}dt$$

I : 방전전류, V : 방전전극간의 전압, R : 방전 공극저항

10) 성상별 대전방지

(1) 고체 대전방지

① 도전율 향상을 위해 대전 방지제 첨가
② 도전성 재료사용
③ 접지

(2) 액체 대전방지

① 액체를 취급하는 용기 · 배관을 금속제나 도전성 재료를 사용하여 접지한다.
② 액체용 대전방지제 혼입하여 도전율 향상하고 이와 밀착된 금속을 접지한다.
③ 정지해 있는 액체는 제전기에 의해 대전방지를 한다.
④ 불연성 액체의 대전방지도 가연성액체와 같은 방법으로 한다.
⑤ 비산하고 있는 가연성액체는 대전을 방지할 수 없기 때문에 액체류의 정전기 방지대책에 의해 방지를 한다.

(3) 기체, Mist 대전방지

① 청정기체는 대전이 불가능하다.

② 파이프를 통해 유동시 파이프 균열틈 등 개구부에서 분출하면 수분, 녹, 스케일 등 고체가 개구부의 마찰에 의해 정전기가 발생되므로 녹, 먼지, Mist 등 이물질을 제거한다.

③ 수증기, 액화가스 등은 기상으로 노즐 방출하면 대전하지 않으나 액상 또는 기·액 혼합상태로 분출하면 분무대전이 된다. 이를 방지하기 위한 방법은 다음과 같다.

㉠ 고압방출방지(분출유량과 분출압력을 낮게 한다)

㉡ 분출노즐 및 인근도체 접지

㉢ 방출노즐을 미립화 하기 어려운 노즐을 채택

④ 덕트 등은 단면적을 크게 하고 구부러진 곳, 이음매 등은 액적이 부착하지 않는 구조로 한다.

(4) 분말 대전방지

① 분말입자가 작을수록 정전기 발생이 크고 최소 착화에너지가 작아진다. 즉 분진농도가 높을수록 방전이 쉽고 착화도 쉽다.

② 도전재료, 가습, 속도제한, 분말입자 확대 등으로 대전을 방지시킨다.

③ 분말 등이 덕트로 수송시 충돌, 마찰 등에 의해 정전기가 발생한다. 덕트 등은 단면적을 크게 하여 용기벽과 마찰, 충돌을 억제한다.

11) 정전기 화재예방대책

(1) 주위 환경정비

① 제조공정 환기

② 정전기 차폐

③ 온도·습도 관리

(2) 접지시공

① 접지기준 확립

② 정전용량 10[pF] 이상 물체접지

(3) 인체 대전방지

① 도전성 바닥

② 대전방지 작업복, 도전화

(4) 절연물 대전방지

① 도전성 재료 사용
② 제전기 사용

12) 전하완화

대전된 전하량은 시간이 지남에 따라 점점 감소한다. 정전기가 절연물에 잘 대전되는 것은 절연물은 저항이 커서 전하가 완화되지 않기 때문이다. 초기 대전된 전하량을 Q_0라 하고 시간 t가 지난 후 남아있는 전하량을 Q라 하면

$$Q = Q_0 \exp\left(-\frac{1}{RC}t\right) = Q_0 \exp\left(-\frac{1}{\rho\varepsilon}t\right)$$

ρ : 고유저항, ε : 유전율, R : 저항, C : 정전용량

발생된 정전기는 시간이 경과되면 전하량이 저감되어 설비피해를 방지할 수 있다. 저항이 크면 완화하는데 시간에 길어지므로 물체에 저항이 작은 접지를 하면 대전된 전하가 빨리 대지로 방류하여 불꽃에 의한 재해를 방지할 수 있다. 또한 교반과 혼합을 하지 않고 시간을 두고 넓은 범위에 걸쳐 행하면 정전기를 억제할 수 있다.

13) 배관유속 제한

배관을 통해 절연성 액체인 탄화수소를 이동시키면 유기액체에 정전기가 대전된다. 이때 발생하는 정전기의 대전량은 Shun-Bustion 실험에 의해 유속의 1.75승에 비례한다. 따라서 배관 내에서의 유속을 최소한으로 억제해야 하고 특히 액위가 유입구 수준을 넘을 때까지는 유속을 최소한으로 유지시켜야 한다. 소방법에서는 주입관으로 위험물 주입시 주입속도는 액표면이 주입관 선단을 넘는 높이가 될 때까지 1[m/s] 이하로 하고 있다. 그러므로 석유화학 공장 등은 비전도성 액체를 배관을 통해 이송, 분출, 교반 등의 공정으로 정전기가 발생되어 착화·폭발가능성이 높다. 이러한 공정에서 정전기 발생원인은 다음과 같다.

① 유속이 높을 때
② 낙차가 클 때
③ 필터 등을 통과시킬 때
④ 와류가 생성될 때
⑤ 비전도성 물질이 많을 때

14) 도장작업 화재 예방대책

① 도장실 내부 체류증기를 연소범위 밖으로 유지하기 위해 가스감지기 설치
② 호스, 벽, 바닥 등의 기구는 대전방지제품
③ 방폭기구를 사용
④ 도전화, 대전방지 작업복을 착용
⑤ 정전기 전위측정기를 사용하여 정전기 대전상태를 측정
⑥ 접지설비

[문제 32] 정전기발생 방지대책으로 <u>잘못된</u> 것은?

① 상대습도를 70% 이하로 한다
② 접지시설을 한다
③ 전기의 도체를 사용한다
④ 공기를 이온화시킨다

6. 피뢰설비

직격뢰에 대한 피뢰침 보호방식은 케이지(Cage)방식, 수평도체방식, 피뢰침방식이 있다.

① Cage방식 : 피보호물 주위를 새장처럼 생긴 도체로 포위하는 완벽한 보호방식이다.
② 수평도체 방식 : 피보호물 상부에 수평도체를 가설하고 인하도선을 통해서 뇌격전류를 대지로 방출하는 방식이다. 건물의 경우는 용마루 가설도체가 사용되고 위험물 저장 시설에는 가공지선을 주로 사용한다.
③ 피뢰침 방식 : 낙뢰는 선단이 뾰족한 금속 도체부분에 잘 유인되기 때문에 건축물 근방에 접근한 뇌격을 흡인하여 선단과 대지 사이를 연결한 도체를 통하여 방류한다.

1) 보호등급

① 완전보호 : 케이징 방식이 해당되며 관측소, 산꼭대기 등에 사용된다.
② 증강보호 : 피뢰침과 수평도체식 피뢰설비를 추가하여 설치하는 방식이다.
③ 보통보호 : 피뢰침으로 보호하는 방식으로 보호각(45°, 60°)은 작을수록 좋다.
④ 간이보호 : 보통보호보다 간단한 것으로 건물을 가로질러서 가공지선 형태의 도체를 가설하는 방식이다.

2) 뇌격방전 과정

① 뇌운 선행방전이 전진과 정지를 반복하면서 대지로 진행한다.
② 대지 쪽 전계가 상승하고, 코로나 방전 이상의 전위상승으로 상향 스트리머 방전이 일어난다.
③ 선행방전과 상향 스트리머 충돌순간 주방전(Main Stroke)이 일어난다(수~300[kA]).
④ 뇌운속의 도전율은 높지 않아 1회 방전 계속 방전이 반복되는데 이를 다중뢰라 한다.
⑤ 뇌격거리 $S = K\mathrm{In}$[m] In : 뇌격전류
⑥ 50[m] 진행하면 50[μs] 정지하면서 진행한다.

3) 이온방사형 피뢰침과 낙뢰계수기

이온방사형 피뢰침과 낙뢰계수기(ESE : Early Streamer Emission Air Terminal) 대형 건축물에는 직격뢰 및 측격뢰로부터 보호하기 위하여 평상시에는 동작하지 않다가 낙뢰시 공중으로 이온을 방사하고 낙뢰를 흡수하여 대지로 방지시키는 기기이다. 동작원리는 다음과 같다.

① 뇌운이 접근하여 지상 전계강도가 5[kV/m]까지 증가하면 하부전극에 전하가 방출되면서 피뢰침 내에 있는 콘덴서에 충전된다.
② 뇌운에서 선행 스트리머가 지상에 접근하면 Streamer 접근으로 발생되는 전계강도 변화를 검출하여 콘덴서 충전에너지를 상부전극으로 전달한다.
③ 상부전극과 중앙전극 사이에 아크방전이 일어나면 이온방사형 피뢰침에는 상향 스트리머가 발생하여 뇌운에서 지상으로 접근하는 선행방전 Streamer를 흡인한다. 1[μm/s] 속도로 약 60[m] 정도 대기중으로 진행한다.

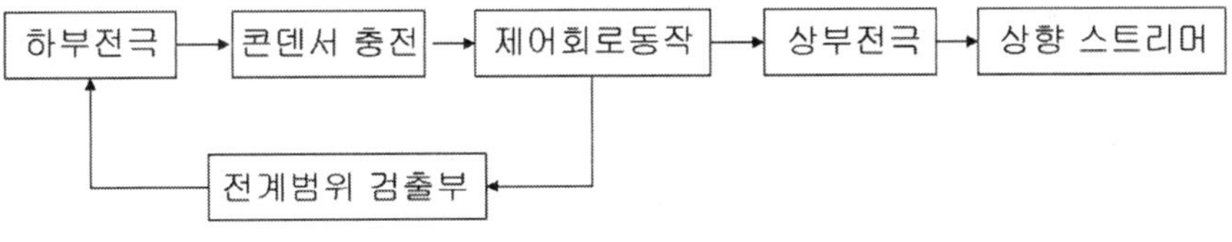

[그림 2-8] 이온방사형 피뢰침 동작

낙뢰계수기(Lightning Flash Counter)를 설치하여 수뢰횟수를 확인할 수 있는데 인하도선이 접속되는 접지단자함 마다 설치하는 것이 이상적이나 다수의 피뢰침 인하도선이 일괄 접속되는 접지단자함에 1개의 낙뢰계수기를 설치한다. 접지봉과 가장 가까이 있는 인하도선의 경로에 지상 2[m] 높이에 설치하고 낙뢰계수기 1차측은 인하도선에 2차측은 접지선에 클램프로 접속한다.

4) 낙뢰전압

송선전압이 낮은 계통은 수목, 조류 등 외부적인 요인에 의해 고장이 발생되는 반면 110[kV] 이상 초고압 송전선로는 외부적인 요인보다는 낙뢰에서 50[%] 이상 사고가 발생한다. 낙뢰는 철탑을 습격하거나 가공지선, 송전선 등을 습격한다.

(1) 직격뢰

직격뢰의 특성은 아주 짧고 높은 파형을 갖으며 직격뢰에 의해 절연이 파괴되는 것을 섬락(Flashover)이라 한다. 이러한 뇌전압, 뇌전류는 충격파형(Surge)을 가지며 극히 짧은 시간에 파고값에 달하고 짧은 시간에 소멸한다. 이와같이 아주 짧고 높은 충격파형은 전력기기에 치명적인 손상을 준다. [그림 2-9]는 뇌파형과 유사한 충격파형을 나타낸 것으로 계통기기(애자, 차단기)들은 이러한 충격파형을 인가하였을 때 견딜 수 있는 구조로 제작되어야 한다. 애자, 전선 등의 충격전압 시험을 하는 경우 파두길이 1.2[μs] 파미길이 50[μs]의 충격전압을 가지고 인가한다.

파고값의 30[%] 지점과 90[%]의 사선의 시간과 교차하는 점을 기준점이라 한다. 선로가 뇌격을 받으면 전술한 충격파가 전파속도로 진행하다 선로저항, 코로나 등에 의해 소멸하게 된다.

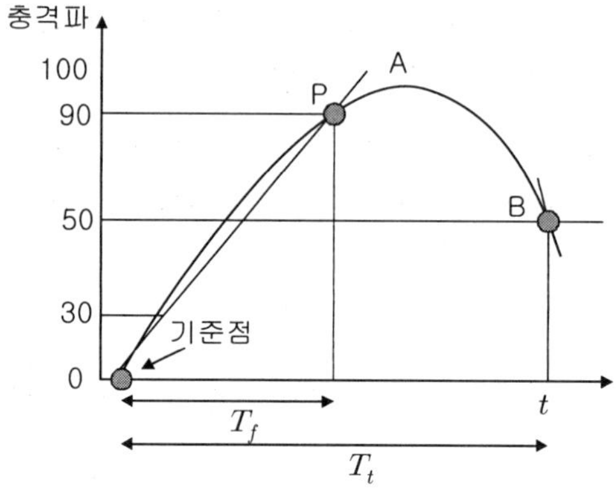

[그림 2-9] 낙뢰전압파형

(2) 유도뢰

뇌운 상호간, 뇌운과 대지사이에 방전이 일어났을 경우에 뇌운 밑에 있는 송전선로상에 이상전압이 발생하는 것을 말한다. 유도뢰 전압은 발생빈도는 많지만 선로에 미치는 위험성은 적다. 평상시에는 뇌운의 -와 송전선의 +가 평형을 이루고 있다가 낙뢰가 발생하면 송전선이 가지는 자유전하가 애자나 코로나 등에 의해 빠져나간다. 송전선에는 구속전하만 남는다. 이러한 구속전하는 자유전하가 되어 선로를 전파한다.

유도뢰는 수백[kV]의 전압으로 대전된 뇌운이 가까이 있으면 전선로에 정전유도작용에 의해 전하가 축적되어 높은 전압이 유도되었다가 뇌운이 대지 또는 다른 뇌운과 방전하는 순간 전선로에 유기되었던 전압은 선로의 양단으로 전파되어간다. 직격뢰는 피뢰침, 수평도체, 가공지선을 설치하고 유도뢰는 피뢰기, 저압은 바리스터(Varistor)를 설치한다.

뇌격거리 $S = KI^n$ [m]

K, n : 상수, I : 뇌격전류(수~수백[kA])

건물높이에 따른 보호각은 20[m] : 55°, 30[m] : 45°, 45[m] : 35°, 60[m] : 25°로 높은 건물일수록 보호각 범위는 좁아진다.

5) 피뢰설비 설치기준

건물 높이 20[m] 이상이거나 위험물 지정수량 10배 이상인 경우 피뢰설비를 설치한다.

① 돌침 또는 피뢰도체는 보호각 기준 60°(위험물 시설 45°)로 하여 설치한다.
② 돌침은 지름 12[mm] 이상인 알루미늄, 철, 강봉을 사용하고 건물정상에서 25[cm] 이상 돌출시킨다.
③ 피뢰도선 단면적은 동은 30[mm²] 이상, AL은 50[mm²] 이상을 사용한다.
④ 피뢰도선은 가연성물질과는 20[cm] 이상, 전선, 전화, 가스관과는 1.5[m] 이상 거리를 둔다. 1.5[m] 이내의 거리에 있는 금속체는 접지를 한다.
⑤ 인하도선 간격은 50[m] 이내로 하고, 인하도선당 1개 이상의 접지극을 지하 3[m] 이상에 매설한다.
⑥ 피뢰설비를 면제하는 경우는 다음과 같다.
  ㉠ 6류 위험물
  ㉡ 지정수량 10배 미만 저장시설(제조소, 옥내저장소)
  ㉢ 옥외저장소는 10배 미만 저장시설이나 옥외탱크 3.2[mm] 이상의 철판으로 되어 있고 적합한 접지시설이 설치된 경우

7. 변압기 폭발

변압기는 철심에 감은 코일을 절연유로 절연하는 A종 절연변압기를 가장 많이 사용하며 가격도 가장 싸다. 변압기유는 원유를 고도로 정제한 광유(절연유)로 광유의 최저인화점 140[℃]이고 조건은 다음과 같다.

① 절연파괴전압이 높다.
② 냉각작용이 좋다.
③ 점성이 낮다.
④ 산화작용이 없어야 한다.
⑤ 부식되지 않고 100[℃]에서 증발감량이 적다.

1) 광유구분

① 1호 : 유입콘덴서, 유입케이블
② 2호 : 유입변압기, 유입차단기
③ 3호 : 유입변압기, 유입차단기(춥지 않은 곳)
④ 4호 : 고전압, 대용량 유입변압기
⑤ 철도용 : 전기기관차 변압기

2) 화재발생 원인

① 절연유 속 산소와 높은 유온의 산화작용으로 절연유 열화
② 내부공간에서 섬락, 부분방전으로 열분해가스 발생
③ 아크 등으로 연소폭발

3) 방지대책

① 콘서베이터 사용(공기와 접촉하는 면 억제)
② 질소가스 봉입(광유 열화방지)
③ 수분흡착제(브리더에 실리카겔 주입)
④ 절연유 시험(절연파괴시험, 가스분석시험, 산가시험)
⑤ 과부하 방지장치
⑥ 피뢰기 설치
⑦ Drain Valve에 on-Line 가스분석기 설치
⑧ 초고속 물분무소화설비

8. 접지저항 측정

주로 전위강하법으로 전위보조극과 전류보조극을 10[m] 이상 띄어서 설치하고 전류와

전압을 측정하여 $R = \frac{V}{I}$로 접지저항을 계산한다.

1) 측정순서

① 접지극과 보조극 2개 10[m] 거리를 두고 결선한다.
② 접지저항계의 스위치를 눌러 놓고 Push on을 눌러 화살표 지침이 왼쪽 녹색 부분에 오는가를 확인한다. 이때 녹색부분에 오지 않으면 배터리를 교체한다.
③ × 1 스위치를 눌러 놓고 Push on 스위치를 누른 상태에서 오른쪽의 다이얼을 좌우로 서서히 회전시켜 지침이 계기판의 다이아몬드 표지점(중심점)에 오는가를 확인한다.
④ 이때 평형이 안되면 × 10, × 100을 눌러놓고 같은 방법으로 측정한다.

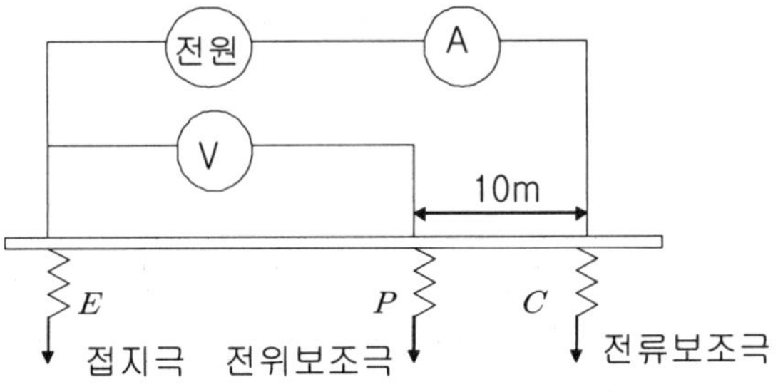

[그림 2-10] 접지저항 측정

2) 메시접지 측정

① 메시접지는 절연변압기를 사용하고 전류보조극을 통하여 30[A] 정도의 전류를 흘리면서 측정
② 정전유도가 되지 않도록 전압계를 결선하는 케이블은 쉴드케이블을 사용
③ 전류를 흘리지 않은 상대에서 메쉬의 자연전위 V_0를 측정
④ 전류를 흘리면서 전위상승 V_1 측정
⑤ 변압기 단자를 바꾸어 V_2측정

$$R(\text{mesh}) = \frac{\sqrt{V_1^2 + V_2^2}}{2} - V_0^2\,[\Omega]$$

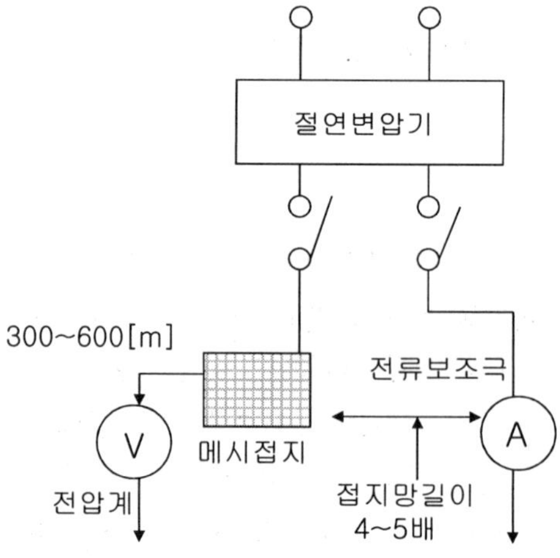

[그림 2-11] 메쉬 접지저항 측정

9. 압전효과

압전효과(피에조 효과)는 이온결정이 외력에 의해 변형되었을 때 변형력에 대응하여 전기분극을 만드는 현상으로 이를 1차 압전효과라 한다. 압전효과에 의해 발생된 전기를 압전전기라 하며 전기진동과 역학진동의 상호변환에 응용된다. 역압전효과(2차 압전효과)는 결정체에 전기장을 가하면 그 형상이 일그러지는 것을 말한다.

제 3 장

위험물 관리론

01 위험물

02 위험물 방재계획

01 위험물

1. 위험물 등급분류

NFPA에서는 위험물의 위험성을 연소위험성, 건강위험성, 반응위험성으로 구분하고 위험등급을 위험이 없는 것은 0으로 위험이 가장 큰 것을 4로 하여 5단계로 위험등급을 정한다.

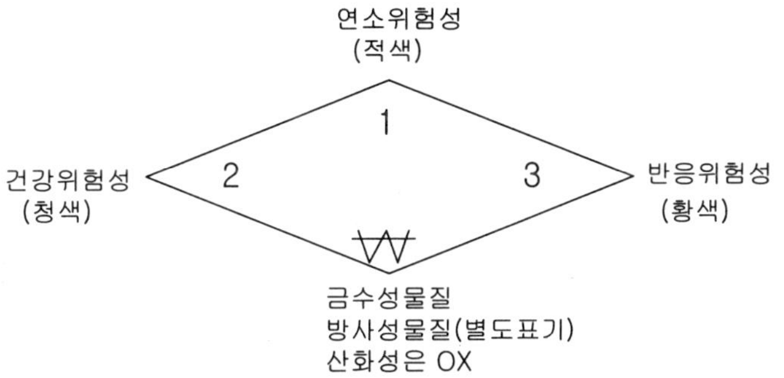

[그림 3-1] 위험물 분류

위험물의 일반적인 특성은 다음과 같다.

① 자연상태에서 존재하는 산소 또는 물과 반응한다.
② 반응속도, 반응열이 크다.
③ 화학적으로 불안정하다.
④ 가연성가스(수소)가 발생한다.

〈표 3-1〉 위험성 구분

구 분	연소위험성(적색)	건강 위험성(청색)	반응위험성(황색)
0	불연성 물질	연소해도 위험생성물 없음	노출에서도 안정된 물질
1	열이 없으면 타지 않는 물질	화재조건에만 생성물 있음	온도, 압력상승시 불안정
2	높은 온도로 가열이 없으면 타지 않는 물질	화재시 유독성 발생	온도, 압력상승시 격렬한 변화
3	상온에서 발화(액체, 고체)	치료를 해도 상해 남음	강한 기폭으로 폭발, 폭굉
4	상온에서 증발	사망 등 심한 상해	약간 충격으로 폭발, 폭굉

2. 위험물시설 분류

1) 제조소

위험물을 제조할 목적으로 지정수량 이상을 취급하는 시설이다.

2) 저장소

옥내 · 외저장소, 옥내 · 외 탱크저장소, 지하탱크저장소, 간이탱크, 암반탱크저장소, 이동탱크저장소

(1) CRT(Cone Roof Tank)

① 원뿔고정식 지붕으로 채택한 방식
② 설치비가 가장 저렴하여 일반적으로 가장 많이 사용
③ 제품의 증발손실이 크므로 증기압이 높은 제품저장은 부적합

[그림 3-2] CRT형상의 위험물 저장소

(2) FRT(Floating Roof Tank)

① 액표면과 같이 움직이는 부유지붕을 채택한 방식이다.
② 탱크내부 증기공간을 없애 제품의 증발손실 억제하고 화재예방 효과가 크며 화재시 진화가 용이하다.
③ 설치비가 고가이고 눈이 많이 내리는 지역에는 곤란하다.

(3) IFRT(Internal Floating Roof Tank : CRT + FRT)

① 증기압이 높은 경우나 빗물 등이 유입해서는 안 되는 경우의 시설이다.
② 증발손실 감소, 화재예방 상승, 빗물유입 억제의 효과가 있다.

③ 내부공간에 연소범위 내 증기농도가 존재할 우려가 커서 이로 인한 화재나 폭발가능성이 있다.

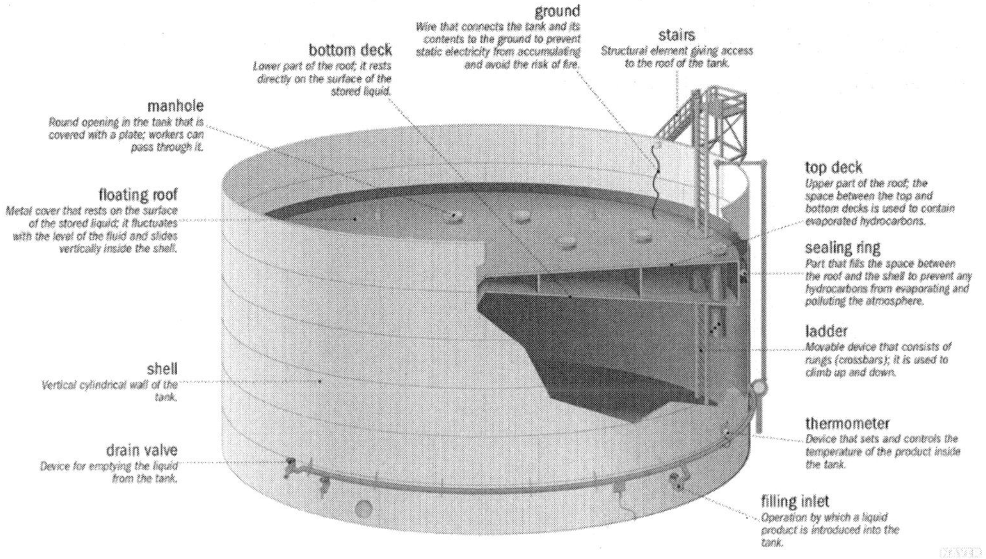

[그림 3-3] FRT형상의 위험물 저장소

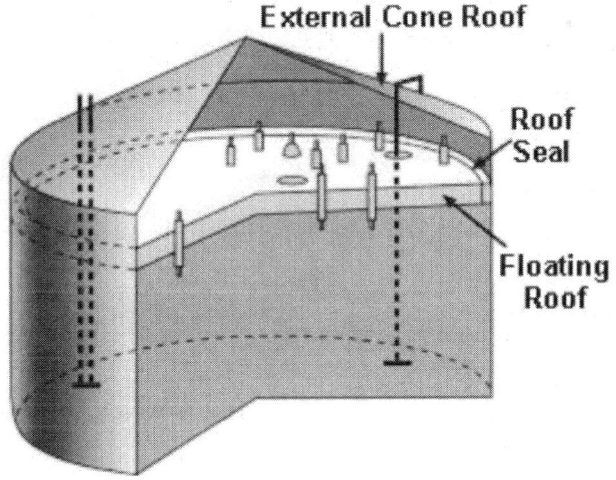

[그림 3-4] IFRT형상의 위험물 저장소

(4) VVST(Variable Vapor Space Tank)

탱크 상부공간의 부피변화가 가능한 방식으로 Lifter Roof 방식과 Flexible 다이아프램 방식이 있다. 증발손실을 줄일 수 있다.

3) 취급소

주유취급소(고정된 설비에 의해 직접 차에 주유), 판매취급소(40배 이하),이동취급소(배관으로 이송), 일반취급소(기타)로 구분되며 주유소 보유공지는 90[m^2]이고 도로에서 4[m] 이격되어야 하며 담높이는 2[m]이다.

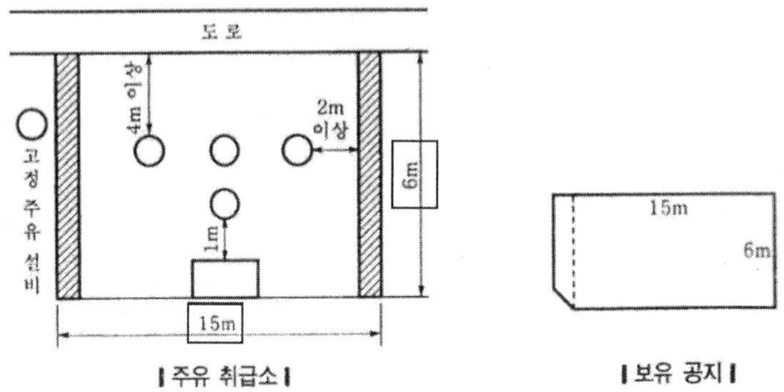

[그림 3-5] 주유취급소의 구조

3. 지하암반 저장소

① 암반을 굴착하여 형성한 시하 공동에 석유류 위험물을 저장하는 저장소
② 저장위험물의 증기압을 억제할 수 있는 지하수면 아래에 설치
③ 내벽은 암반균열에 의한 낙반을 방지하는 콘크리트로 보강
④ 지하수 흐름을 확인 통제하는 관측공과 각종 계량장치 설치
⑤ 침출수 자동배출설비(유분리장치)
⑥ 지하공동은 암반투수계수가 10^{-5}[m/s] 이하 천연암반 내 설치

[그림 3-6] 지하암반저장소 구조

4. 지하 저장탱크

1) 지하 저장탱크 설치기준

① 지하저장소 탱크는 지면 밑에 설치된 탱크전용실에 설치하여야 한다. 다만 제4류 위험물을 다음 각 호에 적합하게 설치할 경우에는 그렇지 않다.
  ㉠ 탱크를 지하철, 지하터미널, 지하가의 외벽에서 10[m] 이상 이격
  ㉡ 탱크외면에 방청 및 아스팔트 도장을 한 후 두께 2[cm] 이상 모르타르 도장
  ㉢ 지하에 매설한 탱크 위에 두께 0.3[m] 이상이고 길이, 너비가 0.6[m] 이상되는 뚜껑을 덮을 것
② 탱크실의 벽, 바닥은 두께 0.3[m] 이상의 콘크리트조와 방수조치를 해야 한다.

2) 매 설

① 탱크실 내벽과 0.1[m] 이상의 간격을 두고 건조된 모래로 채운다.
② 2개 이상의 탱크를 인접하게 설치할 경우 상호간 1[m] 이상의 간격을 두어야 한다.

3) 구 조

① 두께 3.2[mm] 이상의 강철판(기밀시험, 비파괴시험, 수압시험)
② 액체저장탱크는 위험물 양을 측정하는 계량장치 설치

4) 배 관

① 배관은 탱크 윗부분에 설치하는 것이 원칙
② 주입배관 선단은 바닥에서 0.1[m] 이하
③ 배관은 강관
④ 배관에 걸리는 압력은 최대사용압력의 1.5배 이상의 압력으로 내압시험
⑤ 지진, 풍압, 지반침하에 안전하게 설치하고 지면에 닿지 않도록 하고 배관외면에 부식방지도장
⑥ 배관접합부에는 누설여부를 점검할 수 있는 점검구를 설치

5) 누유검사관

탱크에서 위험물이 새는 것을 검사하기 위하여 탱크 1개에 4개 이상의 누유검사관을 설치한다.

① 이중관으로 할 것
② 재료는 금속관 또는 경질합성수지관으로 할 것
③ 관은 탱크실 바닥에 닿게 할 것
④ 상부는 물이 침투하지 않도록 하고 검사시 뚜껑을 쉽게 열도록 할 것
⑤ 2개 이상의 탱크를 0.5~1[m] 간격으로 설치한 경우에는 2개 탱크사이에 설치한 누유검사관 공용이 가능

주유소에 설치된 대부분의 탱크(20년 이상 된 것)는 30[%] 이상이 새고 있어 심각한 토양피해가 우려되며 누유발견이 어렵기 때문에 전용실이나 이중벽 설치가 요구된다.

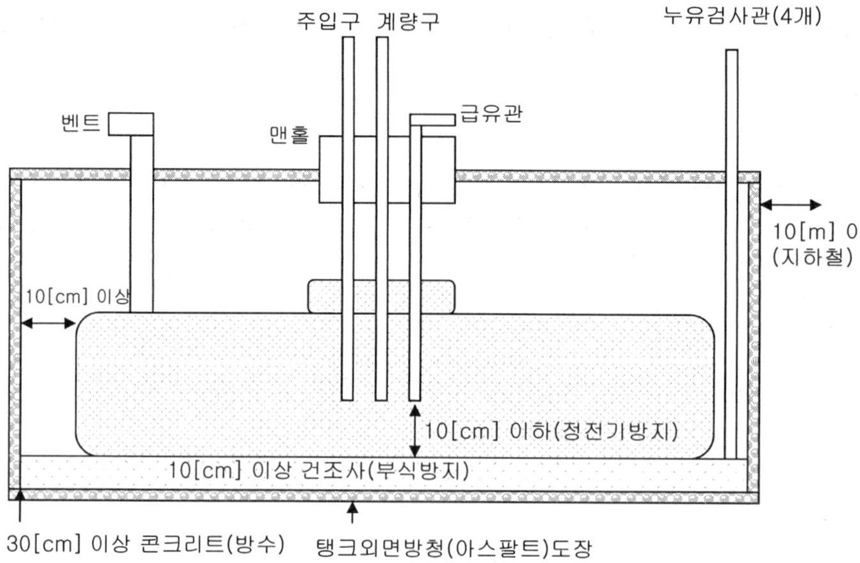

[그림 3-6] 지하저장탱크 구조

5. LNG 충전소의 화재폭발위험 및 방재대책

1) LNG 개요

① 무색, 무취액체이고 주성분은 메탄(CH_4)이다.
② 최소발화에너지와 인화점이 낮고 폭발한계범위가 넓어 폭발위험이 크다.
③ 비점이 약 -161[℃]로 비점 이하의 단열용기에 저장해야 한다.

2) 연소 메커니즘

① 액화 천연가스 누출
② Flashing 현상으로 증기운 형성
③ 처음 기화된 LNG는 UFL 농도 이상이나, 점차 공기에 희석되면서 UFL 이하로 변화되어 폭발범위 안에 들어옴
④ 착화원에 의해 폭발

3) 방재대책

① 누출방지
　㉠ 저장탱크, 배관, 밸브 등 규격품 사용
　㉡ 내압강도 유지, 부식방지 도장
② 누출경보 및 차단
　㉠ 가스검지기 설치
　㉡ 자동차단밸브
③ 착화예방
　㉠ 방폭형 전기기기
　㉡ 점화원 억제
④ 소화설비 : 포소화설비, 물분무소화설비

5) 재해확대 방지

① 2[m] 이상의 내화구조 또는 불연재료의 담 또는 벽설치
② 옥외 또는 단층건물에 설치
③ 충진소의 벽, 기둥, 지붕, 바닥 등은 내화구조 또는 불연재료
④ 충전장소, 저장장소에는 불연성 또는 난연성 지붕설치

6. LPG 개요

LPG는 프로판과 부탄으로 구성되어 상온·상압에서는 기체이나 냉각·압축으로 쉽게 액화되며 전기절연성이 높아 분무시 정전기가 발생한다. LPG의 특징은 다음과 같다.

① 기화열 흡수에 의한 냉각작용이 발생
② 피부접촉시 심한 자극
③ 밀폐장소에서 연소시 산소결핍으로 CO 중독

7. 위험물의 분류

1) 제1류 위험물(산화성 고체)

(1) 종 류

염소산염류, 아염소산염류, 과염소산염류, 질산염류, 무기과산화물 등

(2) 성 질

① 상온에서 강산화성 고체이며 백색분말로 자신은 불연성이다. 비중은 1보다 크며 대부분 수용성이다.
② 충격, 마찰, 가열로 분해되어 산소가 발생한다.
③ 열원이나 산화되기 쉬운 물질과 떨어진 곳에 저장한다.

(3) 소 화

① 마른 모래나 대량의 물로 냉각소화한다.
② 환기가 잘되는 냉소에 저장한다.
③ 알칼리금속 과산화물은 금수성으로 건조사로 소화한다.

2) 2류 위험물(가연성고체, 환원성고체)

(1) 종 류

황화린, 적린, 유황, 마그네슘, 금속분류(알루미늄, 아연분, 안티몬분), 인화성고체

(2) 성 질

① 낮은 온도에서 착화하기 쉬운 고체물질로 불티, 불꽃, 정전기, 가열, 충격을 피한다.
② 연소속도가 빠르며 유독가스 발생한다.
③ 대부분 불용성이다.
④ 산화되기 쉽다.
⑤ 금속분은 물이나 산과의 접촉을 피한다.
⑥ 인화성고체와의 구분은 다음과 같다.
㉠ 고체에 불을 붙였을 때 그 중심축을 따라 2.54[mm/s] 이상 속도로 화염을 지속하여 연소
㉡ 2류 위험물 중 상압에서 인화점이 40[℃] 미만

(3) 소화법

① 금속분류 : 마른모래로 피복소화, 금속소화용 분말소화약제(Dry Powder)
② 금속분 이외는 냉각소화

3) 3류 위험물(자연발화성 및 금수성물질)

공기 중의 습기를 흡수하거나 수분이 접촉했을 때 발화 또는 발열을 일으킬 위험이 있는 금속을 말한다.

(1) 종 류

나트륨, 칼륨, 알킬알루미늄, 알킬리튬, 황린

(2) 성 질

① K, Na는 공기 중에 쉽게 반응(석유 속에 저장), 자연발화(알킬알루미늄, 알킬리튬)
② 물과 접촉시 가연성가스(H_2) 발생

(3) 소화법

① 절대금수(소규모 마른모래로 질식소화)
② 대규모 소화는 팽창질석, 팽창진주암(알킬Ar, 알킬리튬)
③ 수분접촉 방지
④ 작은 양으로 나누어 보관한다.
⑤ 보호액 밖으로 노출주의

(4) 반응특성

① 수분과 반응하여 가연성가스 발생 : 금속나트륨, 인화칼슘, 알루미늄 분말
② 수분과 반응하여 발열하는 것 : 생석회(CaO), 염화알루미늄($AlCl_3$), 과산화나트륨(Na_2O_2), 수산화나트륨(NaOH), 삼염화인(PCl_3)
③ 금수성물질은 CO_2, CCl_4 등과는 심하게 반응하므로 CO_2, CCl_4를 소화약제로 사용해서는 안된다.

4) 4류 위험물(인화성액체)

(1) 종 류

특수인화물(50[ℓ]), 제1석유류(200[ℓ]), 알콜류(400[ℓ]), 제2석유류(1000[ℓ]), 제3석유류(2000[ℓ]), 제4석유류(6000[ℓ]), 동 · 식물류(10000[ℓ])

(2) 성 질

① 인화점이 낮아 위험하다.
② 연소하한계가 낮아 공기와 약간 혼합되어도 연소한다.
③ 액체상태에서는 물보다 가벼우나 증기는 공기보다 무겁다.
④ 산, 알코올 등을 제외하고는 물에 불용이다.

(3) 취급 및 저장방법

① 증기누출을 방지한다.
② 저장용기는 밀봉하여 냉소에 보관한다.
③ 화기접근 피하고 가열을 금지한다.
④ 방폭형과 정전기 발생을 억제해야 한다.

(4) 소화법

① 주수소화는 오히려 화재를 확대시킬 위험이 있다.
② 포, CO_2, CCl_4 ,분말소화설비 등으로 질식소화
③ 소포성 위험물의 화재에는 내알코올성 포를 사용한다.

(5) 특수인화물 특징

특수인화물은 제4류 위험물에 속하는 것으로 법적 지정수량은 50[ℓ]이다.
① 특수인화물은 1기압 20[℃]에서 액체로 되는 것으로 발화점이 100[℃] 이하인 것 또는 인화점이 -20[℃] 이하이고 비점이 40[℃] 이하인 것을 말한다.
② 이황화탄소(CS_2), 아세트알데히드, 산화프로필렌

5) 5류 위험물(자기반응성물질)

(1) 종 류

셀룰로이드류, 질산에스테르류, 유기과산화물, 니트로화합물, 디아조화합물, 유기과산화

물(니트로글리세린, 니트로셀룰로이드, TNT)

(2) 성 질

① 충격, 마찰, 가열 등으로 폭발하는 물질이다.
② 자체 산소를 보유하고 자기연소가 가능하다.
③ 연소속도가 대단히 빠르다.
④ 비중이 1보다 크고 액체 또는 고체로 되어 있다.

(3) 소화법

① 소화방법이 없다.
② 초기에 다량의 물로 냉각소화해야 한다.
③ 가열, 충격을 피하고 운반 중 화기엄금, 충격주의 표지를 한다.

(4) 유기과산화물 특징

유기과산화물은 5류위험물(자기반응성물질)로서 가연성물질인 동시에 산소함유 물질이다. 과산화수소(H_2O_2)의 수소원자가 유기물로 치환된 것을 유기과산화물, 금속으로 치환된 것을 무기과산화물이라 한다. 유기과산화물은 매우 불안정한 화합물로 쉽게 분해되고 활성산소를 방출하는데 활성산소란 일반산소에 비해 화학반응을 일으키기 쉬운 산소를 말한다. H_2O 산소는 안정하지만 H_2O_2에서 산소는 불안정하여 활성산소이다. 과산화물질은 결합에너지가 (H-O-O-H : 과산화수소 유도체) 매우 작아 열과 빛에 의해 쉽게 분해가 일어나 Radical을 생생하며 이 라디컬은 중합반응을 개시시킬 수 있고 또 다른 자유라디컬 반응을 유발시킬 수 있다. 특징을 보면 다음과 같다.

① 반응성과 연소성이 크다.
② 옥내저장장소는 다른 건축물과 안전거리를 확보하고 공지를 보유한다.
③ 액체 유기과산화물은 인화점이 낮은 가연성액체로 위험분위기가 조성되면 폭발할 수 있다.

㈎ 안전대책

① 저장용기에 물질안전보건자료(MSDS : Meterial Safety Data Steet)를 표시한다.
② 취급량, 취급방법, 오염여부 등을 엄격하게 통제하고 조절한다.
③ 점화원(불꽃, 스파크, 마찰, 충격)을 엄격하게 통제한다.
④ 정전기 대전을 억제한다.

⑤ 자동온도조절장치가 내장된 저온창고에 보관한다.
⑥ 액상물질인 경우 저장실 상·하부에 환기시설을 설치한다.
⑦ 저장실에 일제살수식 SP 소화설비를 설치한다.

〈표 3-2〉 과산화물 특징

구 분	무기과산화물	유기과산화물
구분	1류(산화성고체)	5류(자기반응성 물질)
성상	불연성, 금수성	폭발성가연물
소화	질식소화	냉각소화
안전관리	물기엄금	화기엄금

(나) 특 성

① 활성산소량 : 유기과산화물이 반응개시제일 경우 과산화결합수의 수가 그 분자량에 대한 비율이다.
② 분해온도 : 유기과산화물은 분해온도가 낮고 활성산소량이 많아 폭발적인 분해를 일으킬 수 있다. 과산화 벤조일은 무미, 무취, 백색분말로 상온에서는 안정하고 일광에 의해 분해가 촉진되어 100[℃]에서 흰연기를 내며 급격히 분해폭발한다. 과산화 메틸에틸케톤은 독특한 냄새가 나는 무색 액체로 상온에서 안정하나 40[℃] 이상에서 분해가 시작되고 110[℃]에서 발화된다.
③ 활성화에너지 : 유기과산화물은 활성화 에너지가 낮아 저온에서도 쉽게 분해되기 때문에 저장·취급이 어렵다.
④ 반감기 : 반감기란 불안정한 입자가 붕괴되어 입자수가 처음의 반으로 감소하는데 걸리는 시간이다. 온도가 높을수록 반감기는 짧아지며 과산화 벤조일 반감기는 70[℃]에서 13시간, 85[℃]에서는 2.2시간이다.

6) 6류 위험물(산화성액체)

(1) 종 류

질산, 과산화수소(H_2O_2), 과염소산(과산화물)

(2) 성 질

① 물과 접촉시 발열
② 조연성물질
③ 부식성이 강해 유독하다(내산성용기)

(3) 소화법

① 마른 모래, 분말소화약제 사용
② 소량인 경우 대량 물로 희석소화
③ 유독가스 발생

7) 위험물 표기방법

① 화기엄금, 화기주의 : 적색바탕, 백색문자
② 물기엄금, 물기주의 : 청색바탕, 백색문자
③ 주유중 엔진정지 : 황색바탕, 흑색문자
④ 제조소, 저장소 : 백색바탕, 흑색문자
⑤ 이동차량 : 흑색바탕, 황색문자(반사도료)
⑥ 4.5류(화기엄금), 2류(화기주의)
⑦ 1.3류(물기엄금), 6류(물기주의)

8. 유해위험물 처리

1) 유해위험물 정의

독성이란 생물에 대한 해로운 화학물질이다.

① 급성독성 : 어떤 물질의 단일용량을 단시간에 투여하거나 24시간 내에 여러 용량을 투여할 때 해로운 효과가 있는 물질이다.
② 아만성 독성 : 수명의 일부기간 동안(10[%] 미만) 동물에게 화학물질을 매일 반복해서 투여했을 때 발생하는 해로운 효과이다.

2) 유해물질 처리방법

(1) 물리적 처리

흡수 · 흡착(모래, 흙, 톱밥, 목탄), 덮어 씌움, 희석, 유출확산방지, 증기확산(통풍), 밀봉, 증기발생 억제

(2) 화학적 처리

태우기(산화), 분해, Gel화(교질화), 중화

(3) 제독방법

연소법, 알칼리 염소법(산화분해), 가수분해법, 매립법, 고화격리법, 중화법, 회수법, 환원법, 이온교환법

3) 위험물폐기물 작업

위험물폐기물 유해특성은 폭발성, 인화성, 반응성, 부식성, 독성, 방사성, 감염성 특성이 있으며 지정수량 이상의 위험물은 제조, 저장, 수송, 사용, 폐기시 법규제를 받는다.

① 재자원화 : 파쇄, 증류, 건조, 분해 등 중간 처리
② 소각처리 : 양감소, 독성제거, 운반비 경감, 열에너지 회수
③ 땅속매립(해양투기) : 잔사
④ 폐기물 작업시 유의사항
  ㉠ 폭발성, 반응성, 인화성 폐기물 처리시 방폭설비 사용
  ㉡ 부식성 폐기물 처리시 내 부식성 용기사용
  ㉢ 독성, 감염성 폐기물은 용기에 밀봉
  ㉣ 방사성 폐기물은 차폐

9. 방유제

옥외탱크 저장소의 탱크가 파손될 경우를 예상하여 누출된 기름을 일정장소로 제한하고자 둑을 설치한다.

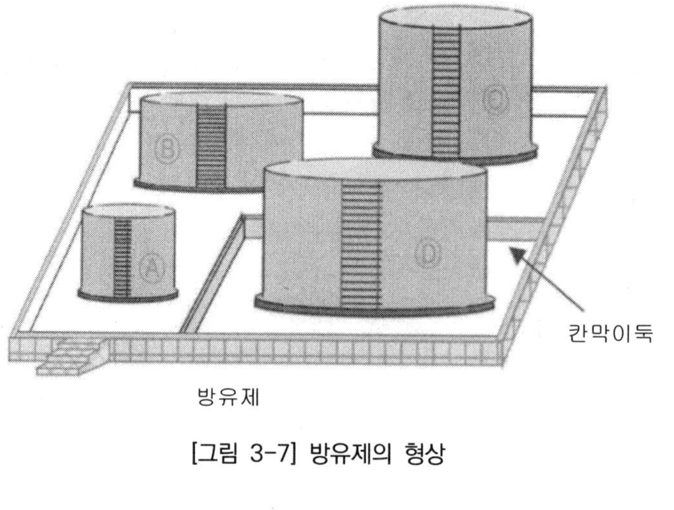

[그림 3-7] 방유제의 형상

1) 방유제 높이

0.5~3[m] 이하

2) 방유제 용량

제일 큰 탱크의 용량을 확보할 수 있는 용량으로 80,000[m^2]까지이고 하나의 방유제 내 탱크수는 10기 이하

3) 배수구 설치

내부의 물을 배수시키지 않을 경우(빗물 등) 탱크가 뜬다.

4) 탱크와 방유제와의 거리

① 탱크지름 15[m] 미만은 탱크높이의 1/3 이상 거리확보
② 탱크지름 15[m] 이상은 탱크높이의 1/2 이상 거리확보
③ 방유제 높이가 1[m] 넘으면 50[m]마다 계단을 설치하고 계단폭은 1.5[m] 이상

5) 구조(철근콘크리트, 철골철근콘크리트, 흙)

① 위험물저장소의 옥외 탱크저장소일 경우 : 방유제 용량은 방유제안에 설치 된 탱크가 하나인 때에는 그 탱크용량의 110[%] 이상, 2 이상인 때에는 그 탱크 중 용량이 최대인 것의 110[%] 이상으로 해야 한다.
② 위험물제조소의 위험물탱크일 경우(2개 이상탱크) : 방유제 용량은(용량이 최대인 것의 50[%] + 나머지 탱크용량의 합계 10[%]) 이상이 되어야 한다.
③ 방유제 2면은 3[m] 이상의 노면폭을 가진 도로와 접해야 한다.
④ 하나의 방유제 안에 2 이상의 탱크가 설치되어 있고 지름 45[m] 이상인 탱크가 있는 경우 다른 탱크와 분리될 수 있도록 칸막이 뚝을 설치해야 한다.
⑤ 용량이 10,000,000[ℓ](10,000[m^3] 이상인 옥외탱크 주위에는 칸막이 둑을 설치하며 높이 0.3[m] 이상으로 하되 방유제 높이보다 0.2[m] 이상 낮아야 한다. 국내에서 현재 제일 큰 탱크용량은 75만 배럴× 158[ℓ] = 1억[ℓ]이다.

10. 옥외탱크 저장소

1) 저장탱크 특징

(1) CRT 저장탱크

대부분 초기폭발을 동반하며 지붕이 먼저 날아간다. 폭발후에는 탱크액면은 Pool Fire로 진전되며 화재발생 10분이 지난 후에는 탱크측면이 내부로 찌그러지게 된다.

① 내부 증기압이 높은 경우 : 통기장치 등 개구부에서만 화염이 발생하며 화염은 황색을 띄고 검은 연기를 발생한다. 내부증기는 연소범위가 상한이상이기 때문에 연소가 탱크내부로 전달되지 않는다.
② 탱크내부에 연소범위 이내인 경우 화재가 내부로 전파되어 폭발우려가 매우 높다.

(2) FRT 저장탱크

FRT 화재는 탱크벽면과 증기가 대기로 방출할 수 있는 환상부에서만 발생한다. 화재가 진행되어도 큰 변화는 없으나 많은 양의 냉각수나 포액이 지붕에 쌓이면 중력에 의해 지붕이 가라앉아 지붕 배수처리가 필요하다.

2) 저장탱크 화재원인

① 정전기(20[%])
② 낙뢰(16[%])
③ 전기설비(스파크 13[%])
④ 나화
⑤ 기타(엔진, 용접 등)

3) 저장탱크 진화시설

① 탱크벽면 냉각시설(물분무 설비) : 탱크벽면의 온도를 저하하여 탱크강도 저하방지 및 인근탱크에 복사열 방지
② 탱크액면 소화설비(고정포 방출설비) : 공기포 소화설비(Ⅰ,Ⅱ, 특형, 표면하주입형)
③ 지면화재 진압시설 : 보조 포소화전 사용
④ Boil Over, Slop Over. BLEVE, Fire Ball, UVCE
⑤ 탱크 파손시 포를 살포하여 증발을 억제하고, 외부에서 물을 공급하여 유류 대신 물이 누설될 수 있도록 설치

4) 저장탱크 설치 시 고려사항

(1) 저장탱크 위치(안전거리와 보유공지 고려)

① 안전거리는 주변 건축물이나 사람에게 피해를 주지 않기 위한 거리로 탱크종류, 저장압력, 저장제품에 따라 다르다.
② 보유공지는 화재확대 방지, 소화활동이 용이하도록 한다.

(2) 누유확산 방지(방유제)

누출시 하천과 주변 건축물로 유입을 방지한다.

(3) 통기장치

외기온도 변화와 탱크 내 증기팽창으로 탱크가 파손되는 것을 방지하는 시설로 통기장치의 크기는 최소한 입출고 배관보다 커야 한다. 무변통기관 또는 대기밸브 부착통기관을 설치한다.

(4) 이상내압 방출장치

화재시 탱크압력이 급증할 때 벽면보다는 지붕이 먼저 파손될 수 있도록 지붕과 벽의 연결부분을 약하게 하며 압력증가시 지붕쪽에서 방출하도록 한다.

(5) 과충전 방출장치

송유관 급유시 과충전을 방지(액위 감지장치 + 자동입고 중단장치)한다.

(6) 표지 및 게시판 : 방화 필요사항 기재

(7) 탱크 구조 : 3.2[mm] 이상, 부식방지 도장, 수압시험, 강도시험

11. 위험물 운송기준

① 운송방법, 적재방법 등의 국내기준은 행정안전부 장관령으로 정한다.
 ㉠ 지정수량 이상 위험물을 차량으로 운반할 때는 표지, 유효한 덮개, 보안, 응급조치와 소방관서 응원 요청을 주지시킨다.
 ㉡ 위험물 안전관리자의 감독하에 상하차를 실시한다.
 ㉢ 운반용기에 수납하여 적재시킨다.

㉣ 운반용기는 수납구를 위로 향해야 한다.

㉤ 분류를 달리하여 적재해서는 안된다.

㉥ 운반용기 포장에는 위험물품명, 수량, 종류 등 주의사항 표기한다.

② 미국운수성(DOT : Departmant of Transpotation)

㉠ 연방정부 책임 : 기본사항 공시(운반, 포장, 표지, 적재)

㉡ 운수성 책임 : 항공, 철도, 차량, 선박, 파이프 라인

㉢ 주의 책임 : 주에서도 기본적 책임

③ DOT 운송기준 : 안전허가증 비치

12. 위험물제조소 배관기준

① 위험물제조소에 설치하는 배관은 다음 경우를 제외하고는 강관이나 유사한 금속관을 사용하여야 한다.

㉠ 유리섬유 강화플라스틱인 경우

㉡ 배관구조가 내관 및 외관의 이중인 경우

㉢ 공인시험기관에서 인정한 경우

② 내압시험 : 배관에 걸리는 최대사용압력의 1.5배 이상의 압력으로 내압시험을 하여 누설되지 않을 것. 이 경우 내압시험은 액체 또는 기체로 한다.

㉠ 압력탱크 : 최대사용압력 × 1.5배

㉡ 일반탱크 : 0.7[kg/cm^2] × 10분

㉢ 100만[ℓ] 이상 탱크는 비파괴시험

③ 배관을 지상에 설치하는 경우 지면에 닿지 않도록 하고 배관외면에 부식방지를 위한 도장을 하여야 한다. 지진, 풍압, 지반침하, 온도변화에 안전하도록 구조지지물을 설치한다.

④ 배관을 지하에 설치하는 경우

㉠ 배관외면에 부식방지를 위해 코팅과 전기방식조치를 한다.

㉡ 배관의 접합부분(용접부 제외)에는 위험물의 누설여부를 점검할 수 있는 점검구를 설치한다.

㉢ 지면에 미치는 중량이 배관에 미치지 않도록 한다.

⑤ 배관에 보온을 위한 설비를 설치하는 경우에는 화재예방상 안전한 구조로 한다.

⑥ 탄소강과 GRE(Glass-Fiver Rein Forced Epoxy) : 에폭시수지는 열경화성 물질로 황갈색의 액체 또는 고체이고 섬유보강 복합재로 만들기 위해 유리섬유(Glass Fiber), 탄소섬유(Carbon Fiber), 아라미드 섬유(Aramid Fiber) 등이 사용된다. FRP(Fiber Reni Forced Polymer)는 섬유복합제를 보강재로 불포화 폴리에스터 수

지를 합친 구조재로서 알루미늄보다 가볍고 철보다 강한 내식, 내열, 내 부식성이 우수한 반영구적인 소재로 매우 큰 강도를 지니고 있다(금속사용 제한 : 아세트알데히드, 산화프로필렌 → 동, 은 사용금지).

㉠ 탄소강 강관
- 비강도가 작다.
- 전식 우려가 있어 전식방지조치(Cathodic Protection)가 필요하다.
- Con's처럼 부서지지 않는다.

㉡ GRE Pipe
- 탄소강처럼 부식하지 않는다.
- Con'c처럼 부서지지 않는다.
- 나무처럼 썩지 않는다.
- 비강도가 크다(자중에 비해 강도가 크다).
- 전식이 없다.
- 시공이 용이하다.

13. 안전장치

① 안전거리
  ㉠ 주거용도 건축물 : 10[m] 이상
  ㉡ 가연성가스 : 20[m] 이상
  ㉢ 7,000~35,000[V] : 3[m] 이상
  ㉣ 35,000[V] 이상 : 5[m] 이상
  ㉤ 병원, 학교, 극장 : 30[m] 이상
  ㉥ 문화재 : 50[m] 이상
② 보유 공지(3~5[m])
③ 표지 및 게시판
④ 정전기 제거설비
⑤ 피뢰침 설비(10배 이상)
⑥ 채광설비(불연재료로 채광면적 최소화)
⑦ 조명설비(방폭등, 내화 · 내열 전선)
⑧ 환기설비(자연방식, 인화방지망)
⑨ 배출설비(옥외 높은곳)
⑩ 옥외시설 바닥(15[cm] 턱 시설)

⑪ 온도 측정장치(가열 · 냉각 설비)
⑫ 직접 불을 사용하지 않는 설비
⑬ 자동압력 제어장치(압력계, 안전밸브, 파열관, 감압밸브)

14. 특수위험물 판매취급소 작업실 확보

특수위험물 판매취급소의 작업실은 다음 기술기준에 적합하여야 한다.

① 내화구조 벽으로 구획되어야 한다.
② 액체위험물을 취급하는 작업실 바닥은 위험물이 침투되지 않고 적당한 경사와 저유설비를 하여야 한다.
③ 출입구에는 갑종방화문을 설치하여야 한다.
④ 바닥면적은 5~10[m^2]로 한다.
⑤ 출입구에는 바닥으로부터 0.1[m] 이상의 턱을 설치한다.
⑥ 내부에 체류한 증기를 지붕위로 방출할 수 있는 환기장치를 설치한다.
⑦ 지붕은 가벼운 금속관, 불연재료로 덮어야 한다.
⑧ 지하층이 없어야 한다.
⑨ 이와 같은 규정 이외에 특수위험물 판매취급소에는 다음 규정이 있다.
  ㉠ 특수위험물 판매취급소의 위치 및 시설기준
  ㉡ 특수위험물 판매취급소의 건축물 구조
  ㉢ 특수위험물 판매취급소의 위험물 저장시설 기준
  ㉣ 특수위험물 판매취급소의 표지 및 게시판 기준

02 위험물 방재계획

화학공장은 생산공정이 복잡하고 다양하여 위험이 전공정에 노출되어 화재 · 폭발위험이 상존한다. 반응성물질, 독성물질 등을 수반한 화학공정 폭발은 인명과 재산손실은 물론 환경적 피해도 심각하여 사고확률을 최소화하기 위한 대책이 매우 중요하다. 위험물공정 사고예방을 위해 우리나라에서는 '산업안전보건법' 및 '고압가스안전관리법' 등을 제정하여 관리하고 있다.

〈표 3-3〉 화학공장 폭발원인

원 인	%	원 인	%
화학공정 설비결함	28.3	정전기	1.3
전기설비 결함	19.4	반응폭주	0.6
운전조작 실수	11.3	낙뢰	0.9
제어장치 고장	6.1	원인불명	13.4
자연발화	3.2	기타	15.5

1. 위험물폭발 방지대책

1) 기본계획

건물배치, 공장입지, 설비운전 조건, 위험물특성

2) 단계별 계획

(1) 위험분위기 억제

① 누설방지
② 검출
③ 환기

(2) 착화원 억제

① 점화원 억제
② 정전기 발생 억제
③ 방폭기기 사용

(3) 이상폭주 방지

① 원료공급중지, 배출설비
② 불활성 가스주입, 냉매주입
③ 반응중지제, 반응억제제

(4) 폭발피해 방지장치

① 폭발봉쇄

② 폭발차단
③ 폭발배출
④ 폭발억제
⑤ 연소확대 방지설비(수막설비, 물분무설비)

3) 화학공장의 특징

① 보유에너지가 크다.
② 파급범위가 크다.
③ 화학공장은 구조가 복잡하고 고도의 자동제어 시스템으로 구성되어 설계 및 관리기술의 전문화가 필요하다.
④ 구성요소가 다양하여 신뢰성 확보가 어렵다.
⑤ 사고발생시 사회적 문제를 야기할 수 있다.

4) 화학공장 재해원인

재해원인은 안전관리능력 부족과 조작중 운전자의 실수 등에서 발생되고 있으며 재해예방을 위해 설계, 제작, 설치, 운전 및 유지관리에서 각 공정의 안전기준을 제시하고 이를 활용할 수 있는 시스템이 정착되어야 한다.

〈표 3-4〉 석유화학공정 재해요인

발생순위	위험원인	%
1	설비결함	46
2	사용조건에 부적합한 구조	14
3	부적절한 장치배치	12
4	조작잘못	10
5	입지조건	7
6	이송설비(배관, 펌프)	4
7	화학공정 문제	3
8	위험성 조사결여	2
9	부적합한 방재계획	2

〈표 3-5〉 화학공장 사고형태

사고형태	발생가능성	사고강도	경제적 손실
폭발	중간	중간	높음
화재	높음	낮음	중간
독성누출	낮음	높음	낮음

화학공장에서 사고의 가장 큰 원인은 기계적 고장(전기 또는 냉각수 고장, 펌프, 밸브, 제어장치 등)에 의한 것이며 그 다음으로는 저장탱크와 반응기에서 발생되고 있다. 화학공장 폭발유형을 보면 폭발, 화재, 독성물질 누출 순으로 발생되며 폭발의 종류로는 고압용기 파열에 의한 기계적 폭발을 비롯하여 화학반응에 의한 팽창폭발, 분진폭발 등이 있다.

2. 화학공정 위험성평가

화학공정의 위험요소를 도출하고 평가하여 발생빈도와 재해결과를 예측하여 잠재된 위험으로부터 안전을 확보하기 위해 위험성을 평가한다. 평가방법으로는 법규정에 의한 평가와 정성적, 정량적인 방법으로 위험성을 예측하는 평가가 있다. 또한 산업안전법 기준정립을 위한 광의적 평가와 공정의 위험성을 도출하고 평가하기 위한 미시적 평가가 있다.

① 정성적 평가(Hazid) : 위험요소 인지
② 정량적 기법(Hazan) : 위험요소 도출, 사고확률 분석

Risk는 정량적 개념이고 Hazard는 정성적 개념이다. Risk는 특정상황에서 특정결과를 가져오는 원치 않는 사건의 가능성을 말하며 빈도 또는 확률로 나타낼 수 있다.

Risk(위험부담) = 빈도 × 가혹도 = 확률 × 결과

화재위험도 지수(심도 × 빈도)는 Risk와 유사하며 화재위험을 정량적으로 나타낸다. Hazard는 위험의 근원이 되는 폭발성, 발화성, 인화성, 독성 등과 같이 물리 · 화학적 잠재적 위험성을 말하며 유류저장 탱크는 그 자체가 Hazard이고 그 저장탱크에서 기름이 유출되어 화재 · 폭발 가능성은 Risk이다.

1) 정성적 평가기법

① 체크리스트법 : 체크리스크 작성자의 경험기반을 바탕으로 체크리스트를 활용한다.
② 안전성검토법 : 운전과 유지절차가 설계목적과 기준에 부합되는지 확인하는 기법으로 전문적 지식과 책임을 가진 조직에 대해 행해진다.
③ 상대위험순위 분석법 : Penalty와 Credit를 부여하여 상대위험순위를 파악한다. Penalty는 사고를 일으킬 수 있는 조건이고 Credit는 사고의 영향을 완화시키는 조건에 부여한다.
④ 예비위험 분석법 : 위험을 초기단계부터 인식하여 다른 평가기법보다 선행한다.
⑤ 이상위험 분석법 : Failure Mode, Effect Mode, Criticality Mode를 분석하여 위험도 순위를 작성한다.

⑥ 위험과 운전성 분석법 : 설계의도에서 벗어나는 것을 찾아내어 문제를 도출한다.
⑦ 작업자실수 분석법 : 사고를 일으킬 수 있는 실수가 생기는 상황을 인지하는 방법이다.
⑧ 사고예상 질문법(What If) : 정확하게 구조화되어 있지 않지만 바람직하지 않는 결과를 조사하는 방법이다.

2) 정량적 평가법

(1) 결함수 분석법(FTA : Fault Tree Analysis)

어떤 특정사고에 대한 원인을 파악하는 연역적 기법으로 사건사고를 초래할 수 있는 이상과 문제를 다양한 조합으로 도식적으로 표시한다. 다양한 조합을 나타나는 도식적 모델인 결함수(Fault Tree)에서 사고를 일으키는 설비의 이상이나 운전자 실수의 조합(3차원인 ↔ 2차원인 ↔ 1차원인 ↔ 직접원인, 발화)을 알아낸다.

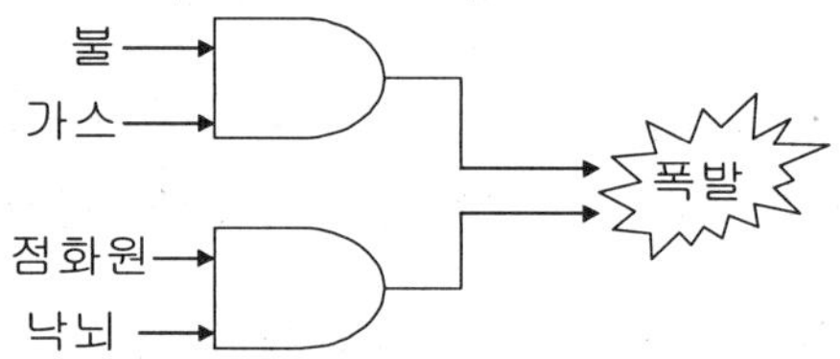

[그림 3-8] 연역적 기법

(2) 사건수 분석법(ETA : Event Tree Analysis)

초기사건으로 알려진 특정장치 이상에서 발생되는 잠재적인 사고결과를 평가하는 귀납적 기법으로 초기사고에 대한 안전시스템의 대응성공 또는 실패에 따른 후속사건을 도식적으로 표시한다. 초기사건에서 후속사건까지의 순서 및 상관관계를 파악할 수 있다.

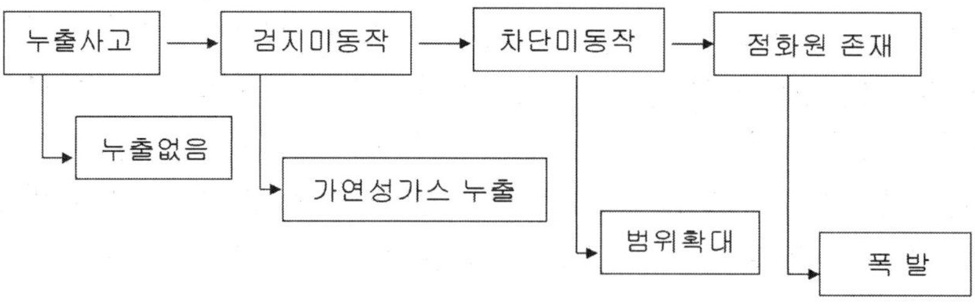

[그림 3-9] 귀납적 기법

(3) 원인결과 분석법(Cause and Consequence Analysis)

결합수 분석법과 사건수 분석법을 혼합한 기법으로 기본적인 원인과 사고결과를 보여주는 Cause-Consequence Diagram을 작성하여 사고의 근본원인과 결과가 예측되는 사고 빈도를 알아내는 방법이다.

3) 위험성 평가결과

① 위험요소 확인
② 파급효과 및 범위
③ 사고결과에 대한 정성적 추정
④ 사건사고의 상대적 위험순위
⑤ 사고발생 감소를 위한 제안

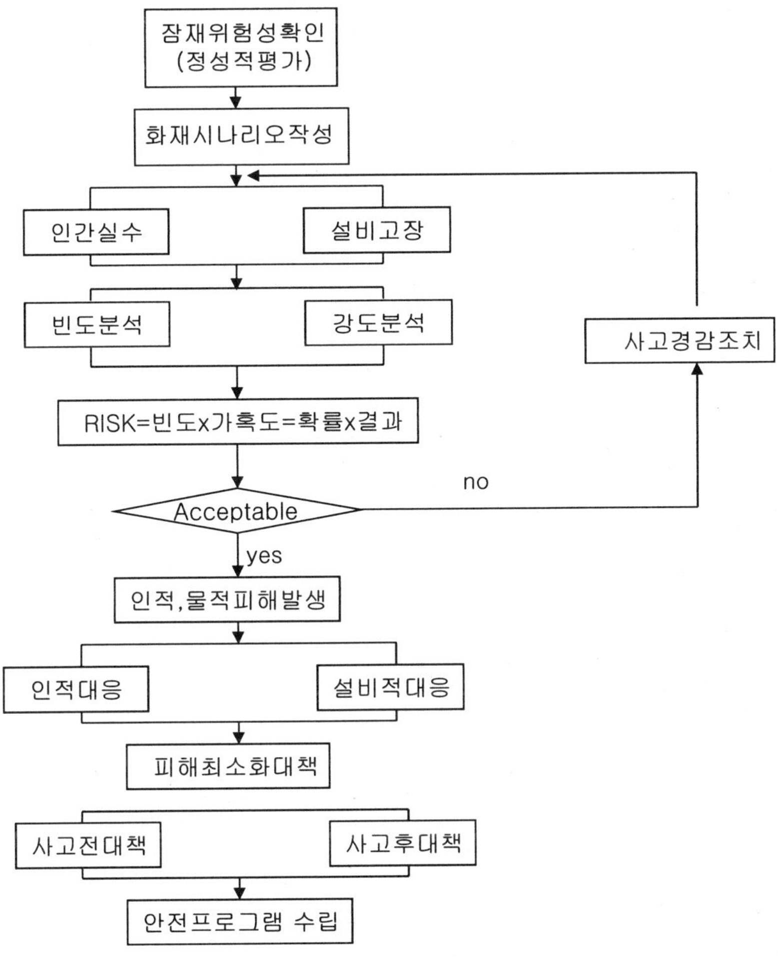

[그림 3-10] 안전평가예측 프로그램

4) 사고 감소 조치

① 장치설계변경, 제어시스템 변경
② 운전방식, 운전조건 변경
③ 사용원료 변경
④ 공정변경

3. 화학공정 정량적 위험 분석(CPQRA)

CPQRA(Chemical Process Quantitative Risk Assessment)는 미국의 화재폭발 분석가인 Thomas. E. Barry라는 사람이 제안한 정량적 위험평가 방법으로 위험성 평가순서는 다음과 같다.

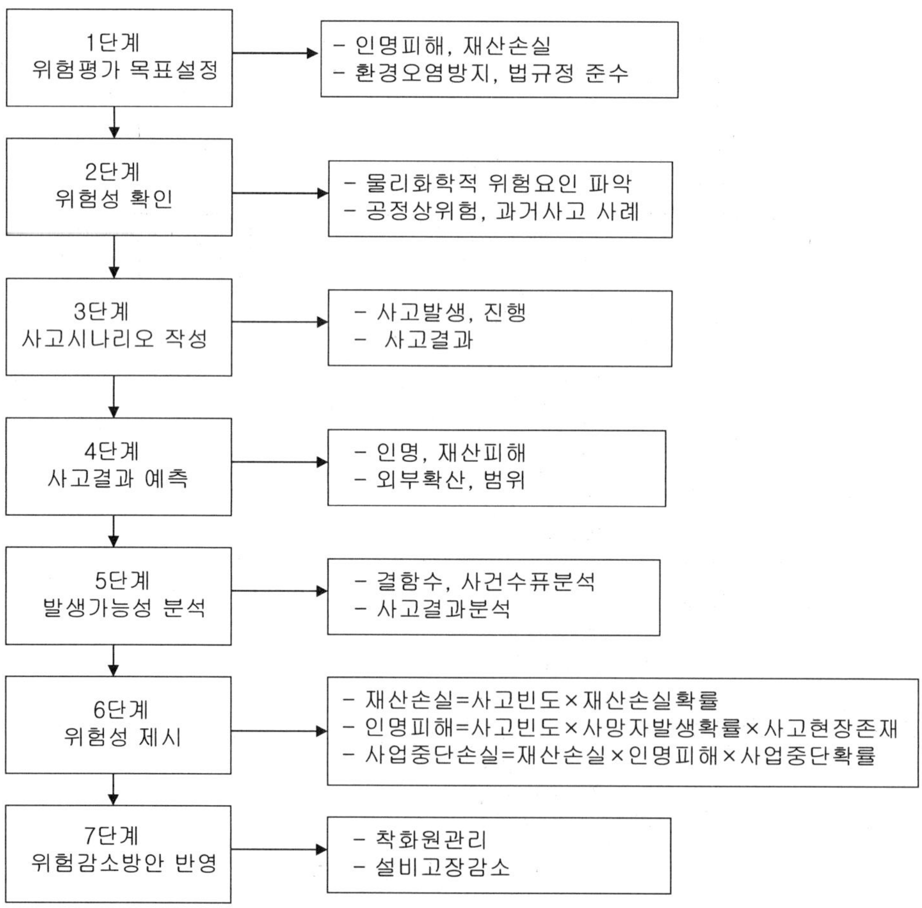

[그림 3-11] 화학공장 정량적 위험평가방법

1) 화학공정 재해

화학공정 Plant는 가연성, 독성, 반응성을 가진 위험물로 재해시 파급효과도 크다. 화학공정 Plant구조와 재해방지를 위해서는 다음 조치가 필요하다.

① 건축구조는 내화구조 또는 불연재료가 사용
② 폭발사고 확대방지 위해 Blow Pannel, Rapture Disk
③ 복잡한 자동제어 시스템으로 구성되어 관리기술의 전문화가 필요

2) 예방대책

① 불연화
② 연소범위 억제
③ 불활성물질 흡입(CO_2, N_2, 수증기)
④ 연소억제제 혼입(할로겐화탄화수소)
⑤ 주위온도 발화온도 이하 유지
⑥ 착화원 제거

4. 화재위험 분석(Hazop)

여러 분야의 경험있는 전문가로 팀을 이루어서 공정의 위험요소와 운전상의 문제점을 도출하는 Hazid 기법의 일종으로 잠재적 위험성과 운전상 문제점을 체계적으로 분석하는 기법(Hazard and Operability Study)이다.

1) 수행순서

① 위험구역 설정
② 위험요소 검토
③ 위험요인 확인
④ 기록

2) 적용장소

① 새로운 공정기술이 도입되는 경우
② 기존설비를 변경하여 위험요소가 증가될 우려가 있는 경우
③ 치명적 화학물질, 독성물질이 누출될 우려가 있는 경우

④ 대형폭발, 화재위험이 있는 경우

3) 분석방법

① Plant내 가스누설 위험성이 없는지 검토
② 기동장치, 경보장치 철거시 안전평가 후 기록
③ 진화작업에 필요한 소화용수 확보
④ 공정부분 특정부분을 선정 후 기본단어 선정(More, Less, Reverse...)
⑤ 공정변수 선정(온도, 압력, 시간)

4) Hazop 특징

① 위험요소와 운전상의 문제점을 발견할 수 있다.
② 각 분야의 전문기술자로 각 분야별 종합적인 검토가 가능하다.
③ 많은 인원(4~7명)이 필요하면 시간이 오래 걸린다.
④ 신규공정 설계완성 시점에 적용한다.

5. 공정사고 영향평가

화학공정사고 영향평가는 인간, 재산뿐만 아니라 주변환경에 피해와 손실을 주기 때문에 영향평가시 화학물질의 양뿐만 아니라 환경조건, 폭발양상 등이 고려되어야 한다.

① 누출상 모델
  ㉠ 기상유출(Jet)
  ㉡ 액상유출(Pool)
  ㉢ 2상 유출
② 분산 모델(주어진 거리에서 시간대별 농도 산출)
  ㉠ Heary Gas(가스자체 중력으로 분산) 분산
  ㉡ Light Gas(대기 이동으로 분산) 분산
  ㉢ 순간유출, 연속유출
③ 화재모델 : Flash Fire, Pool fire, Jet fire, Fire Ball
④ 폭발모델 : BLEVE, UVCE, 용기폭발
⑤ 사고영향 모델 : 복사열, 파편, 독성물질

6. 피해예측 모델링

인화성액체, 가스화재시 가장 큰 피해는 복사열이므로 복사열을 계산하여 안전거리, 비상조치계획 등 안전대책을 수립한다.

1) 복사열 계산

복사열에 의해 주변에 열속이 얼마나 전달되는지 계산하는 모델링(Modeling)이다.

① PSRM(Point Source Radiation Modeling) : 화염을 하나의 점으로 가정하고 화재로부터 일정한 거리에 있는 사람에게 주는 위험을 측정한다.
② SFRM(Solid Frame Radiation Modeling) : 화염을 실린더와 같은 원통으로 가정하여 위험물 저장탱크 및 공정설비 화재를 평가한다.

2) 폭발피해 예측

(1) TNT 당량에 의한 피해예측

① 전체 폭발물질량을 계산한다.
② TNT 당량과 폭발효율을 추정한다.
③ 최대폭발압력을 계산한다.
④ 인간과 재산의 피해를 추정한다.

(2) 증기운 피해예측

① 가연지역 현장조사를 실시한다.
② 증기운 크기를 결정한다.
③ 가스-공기 혼합물 체적을 추정한다.
④ 체적에 대한 연소에너지를 계산한다.
⑤ 폭발강도가 추정되면 거리에 따른 최대폭발압력과 지속시간을 측정한다.
⑥ 인간과 재산의 피해를 추정한다.

7. 이상반응 발생

1) 이상반응 원인

화학공정은 반응속도가 빠를수록 좋지만 이상 반응상태가 되면 발화에서 폭발로 이어지는 반응폭주가 발생한다. 이상반응의 원인은 반응물질의 특성과 반응기에 부적절한 설계에 의해 발생한다. 그러므로 공정의 운전상태를 최악의 조건에서 운전되는 것을 가정하여 설계되어야 한다. 일반적인 화학공정은 구조, 기능, 운전면에서 일정온도나 압력 등을 기준으로 제작되어 있고 압력이나 온도 등의 이상반응으로 원료나 촉매 등에 이상상태가 발생하면 고온, 고압상태가 되어 폭발재해가 발생한다.

이상반응 원인은 다음과 같다.

① 반응열제어 부적절
② 촉매농도 부적절
③ 원료주입량 및 주입속도 부적절
④ 이물질 주입
⑤ 냉각능력 부족
⑥ 불활성물질 사용방법 부적절
⑦ 계측설비 고장

〈표 3-6〉 폭발재해 형태 및 예방대책

폭발원인	폭발종류	폭발형태	예방대책
발화원 폭발	착화파괴형 폭발	탱그 내 위험물착회로 압력상승 피열	발화원 관리, 불활성가스 치환, 혼합가스 조성관리
	누설착화형 폭발	탱크 내 위험물누출로 착화폭발	누설방지, 누출방지,
반응열 축적폭발	자연발화 폭발	반응열 축적에 의한 자연발화 폭발	자연발화성 조사, 용기의 단열특성 조사, 온도측정
	반응폭주 폭발	반응개시 후 반응열에 의한 반응폭주 폭발	반응특성, 반응속도, 반응폭주시 관리
과열액체 증기폭발	열이동형 증기폭발	저비점 액체가 고열물과 접촉하여 증발폭발	물침입 저지, 고온폐기물 관리,
	평형파탄형 폭발	액체가 들어 있는 고압용기 파손으로 고압액체의 증발폭발	용기강도 내압고려, 용기가열 대책

이러한 이상반응 발생을 방지하기 위해서는 다음과 같이 하여야 한다.

① 비상시 원료 공급중지 설비
② 반응기 내용물 방출설비
③ 불활성가스 주입설비
④ 냉각설비 확보

⑤ 반응중지재, 반응억제제 주입설비
⑥ Human Error를 최소화할 수 있는 Fool Proof 공정설계

고압설비 사고 예방대책은 다음과 같다.

① 방호벽 설치
② 안전밸브의 방출배관을 개방된 장소에 설치
③ 가스검지장치와 연동하는 환기장치 설치
④ 전기설비 방폭화
⑤ 용기재료 등의 신중한 선택

2) 공기액화 분리장치 폭발

공기액화 분리장치란 저온 액화분리장치의 일종으로서 공기를 원료로 하여 액화시킨 후 액체공기로부터 질소와 산소를 분리하는 장치로서 린데식, 클로우드식, 케피자식이 있다.

(1) 폭발원인

공기액화 분리장치 폭발은 액체산소 중에 축적된 오존 또는 이산화질소가 불포화 탄화수소와 더불어 만드는 불안정한 화합물에 으해 급격한 폭발연소를 일으키는 것으로 폭발원인은 다음과 같다.

① 공기취입구로부터 아세틸렌 혼입
② 압축기용 윤활류 분해에 의한 탄화수소 생성
③ 공기 중에 있는 산화질소, 이산화질소 등의 질소산화물 혼입
④ 액체공기 중 오존 혼입

(2) 폭발방지대책

① 액화산소 중에 아세틸렌, 산화질소가 없도록 여과기를 설치하여 불순물을 제거한다.
② 공기흡입구는 아세틸렌 등을 흡입할 수 없는 높은 장소에 설치하여 깨끗한 공기원료를 채취한다.
③ 압축기의 윤활류 분해에 의한 탄화수소가 생성되어 액체산소중에 존재하면 폭발하므로 유분리기를 설치하여 윤활류를 제거한다.
④ 연 1회 이상 사염화탄소 등의 세정제를 이용하여 분리장치를 청소한다.
⑤ 액화산소 5[ℓ] 중에 아세틸렌 5[mg] 또는 탄화수소 500[mg] 초과시에는 운전을 중지하고 액화산소를 방출한다.

⑥ 공기 중의 불순물을 제거한다.

8. Fool proof와 Fail safe

1) 공정안전장치

공정안전장치는 공정상태량(온도, 압력, 투입재료)이 정상 운전범위를 큰 폭으로 초과할 때 이상상태를 감지하여 차단하는 안전시스템이다.

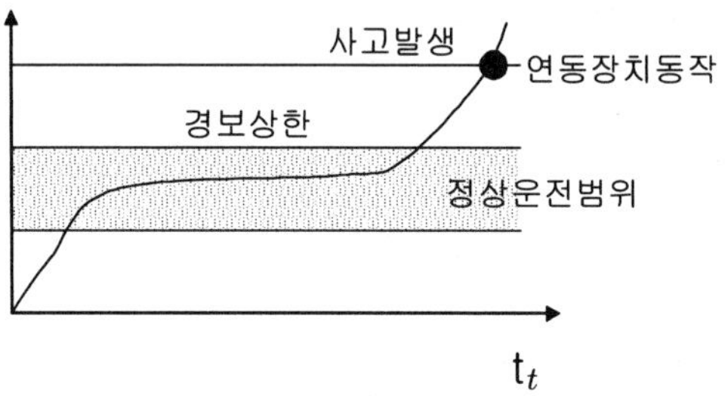

[그림 3-12] 공정안전장치 동작

2) 안전공정설계

① 위험회피 방안검토 : 발생원인 차단(원료공급라인 차단, 반응억제제 주입, 반응폭주 방지)과 위험원 확산저지(냉각재, 물분무장치)
② 운전원 대응여부, 설비 대응여부
③ 위험발생요인 목록화
③ 연동장치 구성
⑤ 안전연동장치 신뢰성 확보

3) Fail Safe(이중안전장치)

Fail Safe는 Fool proof 수단 중의 하나로 시스템에 고장이 발생해도 안전상태가 이중으로 확보될 수 있는 것으로 정의한다. Plant 시설 대부분 Man-Machine System으로 장치 오동작이나 공장에 의한 잠재적 사고위험성을 내포하고 있다. 이러한 공정장치에 고장이 발생한 경우에 안전한 상태를 확보할 수 있도록 Fail Safe를 도입한다.

Fail Safe는 운전원이 비록 잘못 조작하여도 큰 사고가 나타나지 않도록 하는 방법으로 이중전원 시스템이나 인터록 시스템이 있다.

안전연동장치는 공정시스템과는 별도로 공정에 이상이 발생했을 때 작동하는 대기시스템

(Stand-by System)으로 공정시스템과는 기능적으로 독립되어야 한다. 안전연동장치가 안전기능을 확실하게 수행하기 위하여 안전도수준(SIL) 개념을 도입하며 신뢰성 확보를 위해서는 다음 사항을 고려한다.

① 공정제어 계통에서 발생한 고장을 안전연동장치 계통으로 파급시키지 않는다.
② 공정계통 설정치 변경이 안전연동장치 기능상실로 연결되지 않도록 한다.
③ 별도의 점검보수를 한다.
④ 두 개 계통의 공통 고장요인을 최소화한다.
⑤ 하드웨어와 소프트웨어 양면에서 독립시킨다.
⑥ 센서 및 구동부의 밸브 등을 겸용하지 않는다.

9. SIL

SIL(Safety Intergrity Level)은 안전조치에 대한 위험감소 수준에 대한 수행능력을 평가하는 것이다. SIL을 결정하기 위해서는 기계장치의 고장확률이 어느 수준 이하가 되어야 하는데 고장확률은 이상위험도분석법(FMEA : Failure Mode and Effect Analysis)으로 분석한다.

위험고장 확률을 분석하여 위험고장 발생시 안전장치가 작동되도록 하여 공정의 위험수준이 낮아지도록 하여야 한다. 즉, 온도, 압력, 가연성가스 농도가 특정값보다 높아질 때 위험성 이하 수준으로 하는 것이 SIL의 설정목적이다.

1) SIL 검토

① 정성적, 정량적으로 분석
② 연속공정, 단속공정 분석
③ 인명안전, 설비안전, 환경안전 검토
④ 온도, 압력, 농도계의 센서로부터 안전장치를 작동시키는 제어장치의 동작능력 검토
⑤ 고장확률 분석
⑥ 고장가능 발생지역에 체류하는 사람이 있는가 검토하고 있다면 위험수준은 더욱 낮추어야 한다.
⑦ 파급범위 검토

2) SIL 검증

① SIL의 설계, 운영, 유지관리는 SIL 목표치 이하가 되도록 한다.

② PFD(Probability of Failure on Demand)에 따른 RRF(Risk Reduction Factor)는 다음 표에 부합되어야 한다. 위험에 크게 영향을 미치는 설비일수록 고장확률이 낮다.

〈표 3-7〉 SIL Level

SIL level	PFD	RRF
1	0.1~0.01	10~100
2	0.01~0.001	100~1000
3	0.001~0.0001	1000~10000
4	0.0001~0.00001	10000~100000

10. 폭발방호계획

1) 폭발방호계획 작성

① 제조공정 물질의 위험성 검토
② 작업원, 기계장치 방호대상 결정
③ 폭발피해 예측
④ 내부압력 방출, 폭발초기어제, 폭발방산공설치 등 안전조치
⑤ 입지조건 고려, 장치배치 고려, 작업공정 자동화와 인터록, 방호벽, 긴급배출밸브, 위험물 저장량 제한, 안전밸브 설치 등 피해확대방지

폭발방호계획 수립시 온도, 압력, 위험물의 종류, 가연물량 등 고려하여 위험성 여부를 검토하며 방호대상 결정시 작업원의 방호가 첫째이지만 작업원과 장치류를 함께 방호하는 것이 적당하다. 가연물을 처리하는 몇 개의 장치류가 상호 접속되어 있는 시스템에서는 위험도가 높은 장치에 방호대책의 중점을 둔다. 주로 위험성이 높은 장치는 다음과 같다.

① 내부에 발화원이 있는 장치
② 외부에서 발화원이 침입할 우려가 있는 장치
③ 고압 또는 대량의 가연물 내장장치
④ 제어계 고장으로 온도, 압력이 급상승 우려가 있는 장치
⑤ 주위에 항상 작업원이 필요한 장치
⑥ 많은 작업원의 작업범위 내에 설치된 장치

또한 폭발시 방호대책으로는

① 작업원 방호대책

② 기계장치 방호대책
③ 작업원 + 기계장치류 방호대책을 수립

2) 위험성 추출방법

① 공정의 운전조건파악
② 물질의 가연성과 독성을 검토
③ 정상운전시 온도, 압력상태
④ 이상운전시 피해예측
⑤ 분석결과에 따라 위험성 분석
⑥ 대책방안(예방 → 국소화 → 억제 → 진압대책)

3) 화재폭발지수 산정

사고가 발생하기 전에 위험요소를 확인하고 사고의 위험을 감소하기 위해서는 위험요소를 도출하기 위해 폭발지수를 산출한다. 폭발지수란 단위공정의 위험인자에 물질계수를 곱한 값으로 위험도를 나타낸다. 물질계수는 물질의 연소와 화학반응의 정도에 따라 화재폭발을 일으키는 잠재적인 힘을 측정하는 척도이다. 이 값은 물질고유의 특성수치로 높은 물질계수 값은 인화성 및 폭발성이 높은 물질이라 할 수 있다.

① 대상공정 선정
② 물질계수(MF : Material Factor) 결정(연소성지수, 반응성지수 5단계 구분)
③ 일반공정 위험평가(F_1)
④ 특수공정 위험평가(F_2)
⑤ 공정위험계수 결정($F_3 = F_1 \times F_2$)
⑥ 화재폭발시수 산정($MF \times F_3$)
⑦ 단위공정 위험노출범위 산출
⑧ 보정계수 적용
⑨ 안전설계 실행

(1) 일반공정 위험성과 예방조치

① 자발열반응과 흡열반응
② 누출된 증기의 확산을 막는 밀폐된 단위
③ 긴급 비상장치를 위한 출입제한
④ 가연성물질의 부적합한 배출구는 공정단위에서 멀리 이격조치

(2) 특수공정 위험성과 예방조치

① 독성물질
② 외부의 공기가 유입될 우려가 있는 경우
③ 연소범위에서 운전하는 경우
④ 먼지로 인한 폭발위험성이 있는 경우
⑤ 대기압 이상으로 운전하는 경우
⑥ 매우 낮은 온도로 운전하는 경우
⑦ 부식이 되는 단위공정
⑧ 인화성물질이 있는 경우
⑨ 뜨거운 기름의 열교환기시스템을 사용할 때 기름의 온도가 인화온도 이상일 때
⑩ 펌프나 가압기 같은 회전기기를 사용하는 경우

4) 폭발의 위험성

(1) 정적 위험성

① 가연성, 독성, 부식성에 기인하는 위험성
② 상변화, 진동, 소음, 고온, 저온 상태위험성

(2) 동적 위험성

① 화학반응의 진행, 온도와 압력상승에 따른 물질위험성
② 부하변화에 따른 위험성

5) 사고발생 가능성 억제

① 운전방식 변경
② 사용원료 변경
③ 제어시스템 변경

6) 폭발범위 억제대책

(1) 폭발봉쇄(Explosion Containment)

폭발압력에 견딜 수 있는 강도로 제작된 것으로 작은 규모의 장치나 Plant설비에 사용된다. 밀폐용기 폭발시 최대압력은 초기압력의 8배 정도가 되는데 공정장치는 이 압력에 견디

어야 한다. 폭발봉쇄는 연소물질의 혼합물이 폭연을 일으키는 경우에 한하며 폭굉을 일으키는 경우는 사용할 수 없다.

(2) 폭발차단(Explosion Isolation)

폭발이 다른 곳으로 전파할 수 없도록 차단하는 것을 말하며 폭발을 검지하여 차단밸브를 동작시킨다.

(3) 폭발억제 Explosion Suppression)

폭발압력이 되기 전에 소화약제를 고속으로 분사하는 것으로 압력이 증가되는 속도에 대응할 수 있는 검지장치를 설치한다. 폭발억제장치 동작은 폭발개시 후 1/100초 이내에 동작한다. 폭발을 방지하는 여러 방법 중 마지막으로 검토되는 방식이며 이 방식도 폭발압력 상승속도가 아주 빠른 경우 및 억제제의 적절한 확산속도를 얻기 어려운 경우에는 사용하지 않는다.

주로 유류저장탱크, 사일로, 석탄분쇄기, 화학반응기 등에 사용되며 고팽창 포소화설비와 초고속형 물분무소화설비를 사용한다.

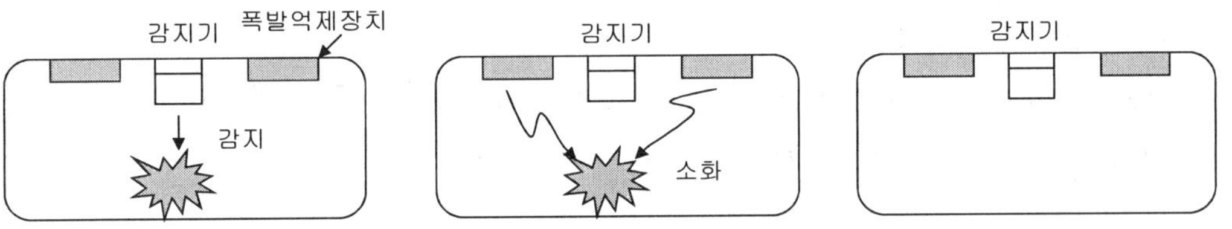

[그림 3-13] 폭발억제장치 동작

(4) 폭발배출(Explosion Venting)

밀폐된 공간에 폭발이 일어날 경우 가스팽창으로 압력이 증가하여 용기(보일러, 석유가스 탱크, 고압가스 용기)나 건물구조를 파괴할 수 있다. 압력증가는 화재열, 폭발, 반응폭주, 냉각수 부족, 열교환기 불량 등으로 발생될 수 있으며 이러한 팽창가스로 용기나 건물이 파괴되지 않도록 압력을 밖으로 배출시켜 폭발피해를 줄여야 한다. 독성물질을 취급하는 경우에는 대기중으로 그 물질을 배출시키는 것은 좋지 않으므로 봉쇄 또는 폭발억제장치를 사용하는 것이 좋다. 폭발배출에는 Blow out Pannel, Rupture Disk, 파열판, 가용합금, 안전밸브, 폭압방산공이 있다.

① Blow out Pannel이 열리는 강도는 벽체의 다른 부분보다 약하게 설계하며 가급적 최상층에 위치한다.

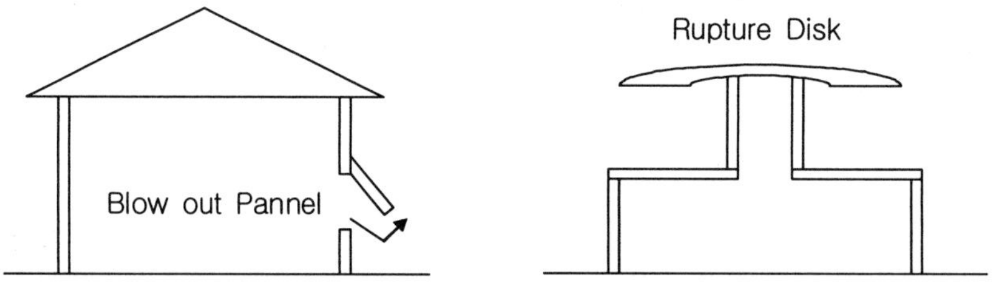

[그림 3-14] 폭발배출공

② Rupture Disk의 강도는 다른 부분보다 낮은 압력에서 파열되어야 한다. 낮은 압력은 0.1[kg/cm^2] 이하이고 높은 압력은 0.1[kg/cm^2] 이상이다.
③ 상승압을 빨리 배출할 수 있도록 배출구면적을 설계한다.
④ 배출되는 압력으로 인명이나 구조물 피해가 없도록 한다.

7) 과압방출장치 설치시 주의사항

① 연속유출 제한 : 과압원인이 제거되어 압력이 안전장치까지 강하한 때에는 차단밸브가 동작되어 연속유출을 억제한다.
② 외부확산 억제대책 : 화염과 함께 방출된 미연소물질이 장치 외부에서 폭발이 확산되므로 대책이 필요하다.
③ 방출거리 파악 : 개구부에서 대기중에 방출되는 화염은 폭발거리가 탱크크기의 수배거리이므로 그거리를 미리 파악해야 한다.

8) 폭발압력상승 방지방안

① 내압설계
② 내부압력방출(안전밸브, 파열판, 폭발방산공)
③ 화염전파방지(화염방지기, 폭굉억제기)
④ 폭발의 초기억제(폭발억제장치, 이상반응 억제시스템)
⑤ 차단(격리벽, 차단밸브)
⑥ 옥내설비를 피하고 가능한 개방상태 유지

9) 폭발억제장치

(1) 폭발검출기구

폭발검출기는 빠른 응답성과 정확한 동작이 요구되는 스위치로서 금속 다이아프램과 마이크로 S/W를 사용한다.

(2) 억제제와 살포기구

① 강도가 낮은 용기내에 폭발억제제를 채우고 폭발압력에 의해 전기뇌관을 기폭시켜 폭발억제제를 분출한다.
② 억제제를 질소 등으로 가압 충전시켜 놓고 용기 내에서 전기뇌관을 기폭시켜 파열판을 파괴하여 억제제를 분출한다. 폭발억제제는 하론 1301을 가장 많이 사용하며 폭발검출기나 전기뇌관 및 전기배선은 설치장소에 따라 방폭구조로 설계되어야 한다.

(3) 폭발방산공

내부폭발 우려 설비는 용기 중 압력강도가 가장 낮은 부분을 만들고 폭발압력을 그곳으로 방출함으로써 용기전체 파괴를 방지하기 위하여 설치한 것이 폭발방산공이다.
폭발방산공 개구부 특징은 다음과 같다.

① 개구부는 기체가 유출하기 좋은 형태로 한다.
② 개구부 면적이 클수록 방출압력은 작다.
③ 위험한 비산물이 생기지 않는 재료를 선택한다.
④ 패널 고정방법은 파열막식, 경첩패널식, 이탈식이 있다.
⑤ 방산공에 보호덕트를 접속시켜 분출물을 안전한 장소로 배출시키도록 한다.
⑥ 덕트는 지름이 크고 길이를 짧게 하여 굴곡되는 부분이 없도록 한다.
⑦ 덕트류의 강도는 방산공을 설치하는 장치의 강도와 동일한 것으로 한다.

11. 평가 모델링

1) 화재위험도평가 모델

화재위험도평가 모델(FREM : Fire Risk Evaluation Model)은 잠재된 위험에서 위험요소를 도출하기 위한 작업으로 추상적인 잠재위험에서 계량화된 실제적 위험을 도출한다. 잠재적 위험평가 모델은 논리수방식과 점수표방식이 있다. FREM은 전문가에 의한 객관적인 평가로 항목수준이 결정되는 점수표 방식으로 사용이 편리하도록 컴퓨터프로그램으로 개발되었다. 화재위험도는 잠재위험과 활성위험을 도출하고 방호대책으로 그 위험값을 상쇄시킨다.

$$\text{화재위험도} = \frac{\text{화재위험}}{\text{방호 대책}} = \frac{\text{잠재위험}(13) \times \text{활성위험}(5)}{\text{기본대책}(6) \times \text{특별대책}(7) \times \text{내화대책}(6)}$$

〈표 3-8〉 화재위험도의 등급

위험등급	위험등급 점수표
낮은 위험	R 〉 1.2
보통 위험	1.2 ≤ R ≤ 1.4
약간 높은 위험	1.4 〈 R ≤ 3
높은 위험	3 〈 R ≤5
매우 높은 위험	5 〈 R

화재위험도평가는 위험성확인(Hazid) → 위험성분석(Hazan) → 위험도평가 → 대책수립으로 진행된다.

① Hazid : 잠재적 위험성을 정성적 확인(안전점검, 위험성확인)
② Hazan : 잠재적 위험성을 정량적 분적(위험발생빈도, 심도)
③ 위험도평가 : 위험성(Hazard)에서 위험도(Risk)로 변환된다. 수치화된 위험도(상, 중, 하)로 결정
④ 대책수립 : 안전확보 대책수립

2) FMEA

(1) Failure Mode

고장모드는 공정이 고장날 가능성이 있는 형태로 기능상실, 허용 오차범위 이상상태, 누출 등에서 발생한다.

(2) Failure Mode Effect Analysis

고장모드 영향분석으로 고장원인을 분석하고 그 원인에 의해 발생되는 결과를 예측하며 원인 · 결과에 대한 대책을 분석하는 위험관리기법이다.

(3) Failure Mode Effect and Criticality Analysis

고장원인을 분석하고 그 원인에 의해 발생하는 결과를 예측하며 그 결과가 얼마나 치명적인가를 분석하여 위험도 순위를 만들어 고장의 영향을 파악하는 방법이다.

3) 화학공정 안전관리

석유화학공장을 비롯한 위험물을 보유하는 시설에 대해 화재, 폭발, 독성가스 유출 등으로부터 인간, 설비, 환경 등 안전을 보호하기 위해 종합적인 화학공정 안전관리(PSM :

Process Safety Management) 체계가 필요하다. PSM의 기대효과는 종업원과 인근 주민의 안전성이 확보되며 재산손실감소와 생산성향상과 기업이미지제고 등이 있다.

(1) PSM 수행절차

① 화재발견 및 분석 : 잠재된 위험 도출
② 분석 및 평가 : FTA, ETA, Hazop, Fire Modeling
③ 대책제시 : 예산, 보험가입

(2) PSM 요구자

① 보험사
② ILO(유엔노동자)

(3) 성공조건

① 기술력 확보
② 경영자 이해
③ 종업원의 협조

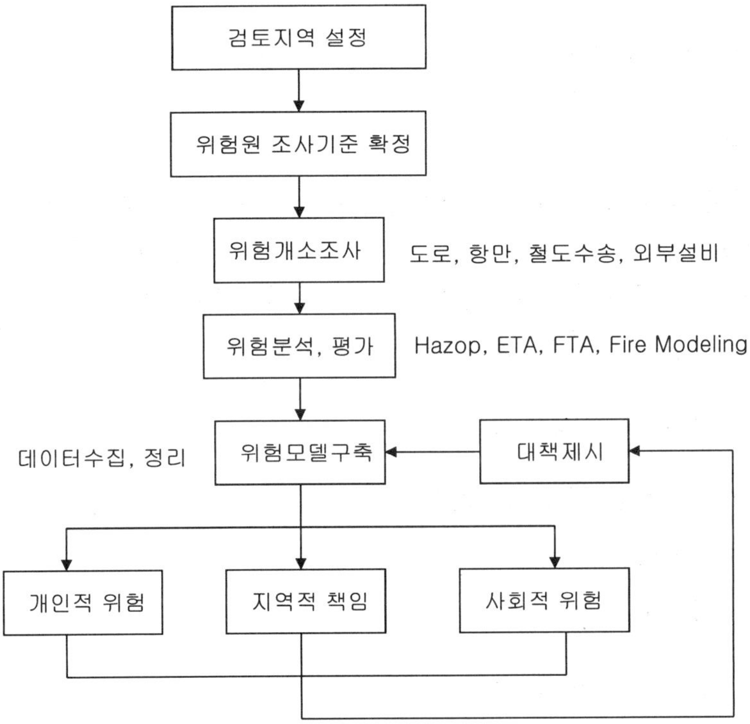

[그림 3-15] 화학공정 안전관리평가 모델

12. 폭발영향평가

1) TNT

TNT(Tri Nitro Toluene)는 폭발압력과 폭발에너지 등 정확한 폭발 데이터를 가지고 있어 어떤 물질이 폭발할 때 발생하는 에너지를 TNT 양으로 나타내면 편리하다.

$$\text{TNT 당량} = \frac{\Delta H_c \times W}{1,120[\mathrm{kcal/kg}]}[\mathrm{kg}]$$

ΔH_c : 폭발물질 발생열량[kcal/kg], W : 폭발물질 양[kg]
1,120 : TNT 폭발시 발생하는 당량 에너지

2) 삼승근 법칙(Scaling 법칙)

종류가 같은 폭발물을 크기를 달리하여 폭발시킬 때 환산거리(Scaled Distance)가 같으면 폭발물의 양과 관계없이 폭발특성(폭발위력, 충격파)값이 같다(Hopkinson 법칙).

$$\text{환산거리}(\lambda) = \frac{R}{\sqrt[3]{W}}$$

R : 폭심으로부터의 거리, $\sqrt[3]{W}$: 폭발물의 질량

3) 폭발효율

증기운 폭발시 발생되는 폭풍파 에너지는 증기운이 가지는 총에너지의 일부분이다. 증기운이 갖는 폭발에너지는 증기운 속의 가연물 총량에 연소열을 곱한 값이다. 그러므로 증기운이 갖는 총에너지 중 실제 방출된 에너지의 비를 폭발효율이라 한다. 일반적으로 정유공장, 화학공장에서 증기운 폭발효율은 2[%] 정도이다.

4) MCOPE(폭발위험 대처방안)

(1) M(Management : 관리적인 측면)

① 안전관리 규정준수
② 기본적인 방재대책

(2) C(Construction : 건축구조)

① 내장재, 불연재료

② 내화구조
③ 건물구조 상황(방화구획, 피난로)

(3) O(Occupancy : 공정운영)

① 위험물저장 및 취급상황
② 용도 · 공정상 안전장치(Fool Proof, Fail Safety)

(4) P(Protection : 소화설비)

① 소화설비 유무
② 소화설비 유지 · 관리
③ 소화활동 신속성및 장해요인

(5) E(Exposure : 연소확대)

① 다른 건물과의 공지거리
② 내부구획

5) 화재안전관리(Fire Safety Management)

요구되는 안전관리 수준을 정성적, 정량적으로 토출하고 그에 대한 대책으로 적정 안전수단을 개발하고 수행하는 과정이다. Feed Back System으로 재검토, 수정할 수 있도록 위험성 평가과정이 반복 수행되어야 한다.

13. 화학물질 분류 세계조화시스템

GHS(Globally Harmonized System)은 세계적으로 동일한 위험물질 분류 및 정보전달 방법이다. 세계 각국에서 사용되는 화학제품은 MSDS를 규정하여 시행하지만 어떤 물질은 나라마다 분류방법과 경고체계가 다르다. 그러므로 국제적으로 합의된 분류방법과 경고표지 사용이 요구되어 분류방법과 경고체계가 같은 GHS을 제정하였고 국내에도 2008년 도입하게 되었다.

① 유해물질 분류 : 물리적 위험성, 건강위험성, 환경위험성
② 정보표시 : 경고표시, MSDS(물질안전보건자료), 교육훈련
③ GHS 평가효과
　㉠ 통일된 분류 및 평가

㉡ 중복제거
㉢ 관리비용 감소
㉣ 정보일치로 위험성 제거

4) 예상효과

(1) 국가적 측면

① 국민건강, 환경보호
② 국제무역 용이, 분쟁감소
③ 비용감소(실험, 평가양 감소)

(2) 기업적 측면

① 안정된 작업환경
② 비용감소
③ 기업 이미지, 신뢰도 향상

(3) 개인적 측면

① 작업자 안전증대
② 안전한 사용

14. 유해물질 허용한계치(TLV)

하루 8시간, 1주 40시간 폭로되어도 작업장 환경에서 존재하는 가스, 분진, 증기로부터 피해가 없이 허용될 수 있는 한계치를 발한다. 허용한계치(TLV : Threshold Limit Valve)는 3종류가 있다.

1) 시간가중 평균농도(Time Weighted Average)

1일 8시간 작업기준으로 유해요인 측정농도에 발생시간을 곱하여 8시간으로 나는 허용농도이다.

$$\mathrm{TWA} = \frac{C_1 T_1 + C_2 T_2 + C_3 T_3}{8} \cdots$$

C : 유해요인 측정농도, T : 발생시간

2) 단시간 폭로한계(Short Term Exposure Limit)

한 번에 15분씩 폭로되고 폭로시간 간격이 1시간 이상이며 1일 발생횟수가 4회 이하인 경우 허용할 수 있는 농도를 말한다.

3) 천장치(Ceiling Valve)

잠시도 폭로되어서는 안 되는 한계농도를 말한다.

제 4 장

건축방재론

01 건축물 화재

1. 화재지배 요인

건축물 내부에서 연소속도를 지배하는 것은 환기량과 연료량이다. 이 요소들은 화재구획 성상에 따라 어떤 화재가 환기지배형 화재인지 연료지배형 화재인지 정의하기가 곤란하다.

1) 환기지배형 화재

지하가 등 밀폐공간에서 산소농도가 한계산소량(LOI) 연소범위 이하로 되면 불은 중간에 꺼지는 환기지배형 화재(Ventilation Control Fire)로 되며 연소속도는 환기량에 지배받는다. 환기지배형 화재에서는 가연물이 완전 연소되지 못하고 일부는 불완전연소로 창이나 개구부로 불출화염을 발생한다.

2) 연료지배형 화재

큰 개구부가 있는 공간에서는 외부에서 충분한 공기가 공급되기 때문에 연소속도가 빠르며 연소속도는 연료량에 지배를 받기 때문에 연료지배형 화재(Fuel Control Fire)라 한다.

2. 화재성상

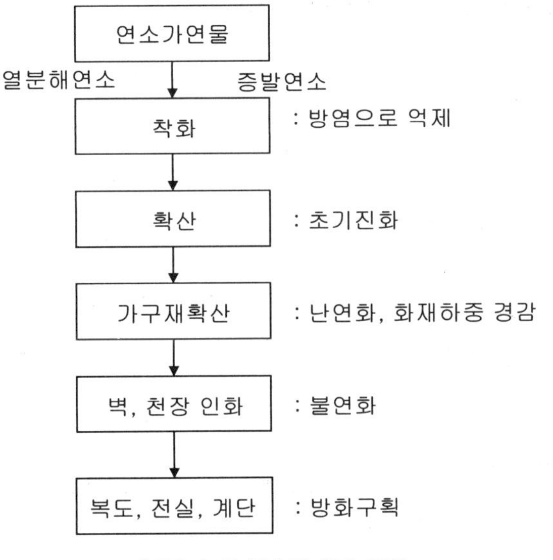

[그림 4-1] 건축물 화재 진행

1) 화재성장

(1) 성장기(Groth Period)

① 착화(Ignition) : 부재에 따라 다르지만 목재는 170[℃]에서 40분간 가열하면 가연성가스를 발생하며 점화된다. 이때는 개구부에서 흰색연기가 분출하면서 연소가 시작되지만 연소확대 위험은 적다.

② 발화 : 가열시간, 주위온도에 따라 발화여부는 다르지만 화재실의 온도가 538[℃]에 달하면 모든 가연물은 쉽게 발화한다. 화재가 발생된 후 연료와 산소가 충분하다면 화재는 계속 성장하면서 온도가 상승하여 Flash Over에 이른다. 개구부에서 검은색 연기가 분출되며 연기농도가 강하고 화재범위가 넓어지며 건물전체로 확대된다.

③ Flash Over : 성장기에서 최성기로 접근하면 실내 전체공간은 연기와 화염으로 가득하며 산소는 5[%] 이하로 떨어진다. 성장기 진행시간이나 FO에 이르는 시간은 실내 내장재료에 따라 달라지며 화재실내의 공기성분은 FO 전에는 거의 변화하지 않고 FO 후 급격히 변화하여 CO 농도는 5%에 달하고 O_2 농도는 수 [%]까지 감소한다.

(2) 최성기(Full Developed Fire)

FO 이후 나타나며 최성기 화재강도에 따라 건물의 구조적 강도가 좌우된다. 최성기 시간요소는 가연물량, 개구부크기, 내장면적 등에 좌우되며 최성기에서 화재온도는 가장 높다. 열방출량은 산소량에 좌우되며 구획 내에 개구부가 있다면 미연소연료는 개구부 밖으로 확산된다.

① 연기발생량은 약간 감소하지만 화염분출은 많다.

② 연소가 가장 왕성한 상태로 화재실 창유리가 파괴되어 많은 공기가 공급되어 화염분출이 증가된다.

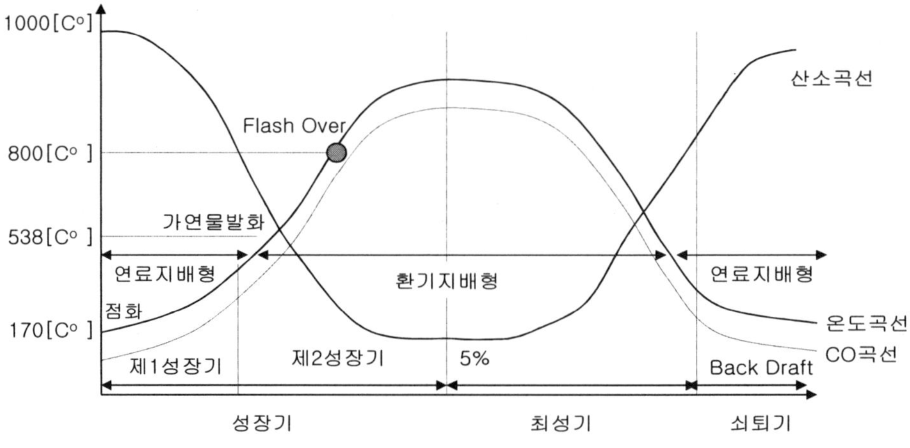

[그림 4-2] 화재성상곡선

③ 강한 복사열 발생으로 이웃한 건물도 화재위험이 있다.

(3) 쇠퇴기(Decay Period)

발열량과 화재실 온도가 감소되며 연료량에 따라 열방출량이 좌우되는 연료지배형 화재이다. Back Draft가 일어난다.

① 대들보나 기둥이 허물어지고 연기색이 흑색에서 백색으로 된다.
② 화세가 약하다.
③ 다른 곳으로 연소확대 위험이 없다.

2) Flash Over

초기화재시에는 열량부족으로 화재확산이 안되지만 시간경과에 따라 주위가연물을 증발·분해 촉진하면서 연소가 확대된다. 상부공간에 고온가스가 모이고 천장·벽면 온도상승으로 열복사가 공간내의 가연물을 가열하면 순간적으로 화재가 확산되는데 이를 전실화재 또는 플래시오버(FO : Flash Over)라 한다. FO패턴은 다음과 같다.

① 연소에 의해 증발된 가스가 천장에 모이고 어느 순간 갑자기 연소된다(가연성가스 누적 패턴).
② 천장, 벽면에 화염이 확대되고 이들이 가지는 복사열이 실내가연물에 방사되어 급속한 열분해로 전면화재가 발생한다(벽, 천장 복사열에 의한 패턴).

구획된 장소에 FO가 일어나기 위해서는 천장부근의 실온이 500[℃]까지 상승해야 한다. 대체로 화재에 의해 발생된 열은 3가지 방법으로 방사된다.

① 실내가스 및 공기온도를 높인다.
② 실내의 바닥, 벽, 천장에 흡수된다.
③ 개구부를 통해 밖으로 배출된다.

이 중 FO에 직접적인 영향은 ①, ②이다.

FO 지연요소를 보면 실내의 벽, 천장의 표면적이 넓을수록 열을 많이 흡수하여 FO를 지연하며 개구부의 환기파라미터($A\sqrt{H}$)가 클수록 열이 밖으로 많이 배출되어 실내 기온상승을 지연시킨다. 피난시간은 FO에 좌우되며 FO가 시작되기 전에 신속히 대피해야 한다. FO시기에 산소공급이 충분하지 못하면 탄소입자가 다량 포함된 농도 짙은 검은연기가 분출된다.

FO 발생시간은 가연성재료는 3~4분, 난연성재료 5~6분, 준불연재료 7~8분이고 FO를 억제하기 위해서는 다음 대책이 필요하다.

① 내장재를 불연화시킨다.
② 가연물량을 제한한다.
③ 개구부를 작게 한다.

또한 FO현상에 영향을 미치는 요인은 다음과 같다.

① 실내공간의 크기 : 큰 공간은 FO기간이 길고 작은 공간은 짧아진다. 만일 천장이 높은 경우에는 열의 Feedback이 약해 FO가 잘 일어나지 않는다.
② 화재실의 개구부 : 개구부가 크면 냉각효과로 F. O가 늦어지고 개구부가 너무 작아도 지연된다. 세로방향으로 주벽면적에 대해 개구부의 크기는 1/2~1/3일 때 FO가 가장 빠르게 일어난다. 개구부가 주벽면적의 1/16 이하이면 FO가 발생하지 않는다.
③ 실내온도, 압력, 발열량 : 이 값들이 클수록 FO가 빠르다.
④ 연소생성물의 종류(내장재) : 연소생성물 중 가연성증기, 가스가 많이 발생되면 실내에 가스가 충만되어 FO가 촉진된다.
⑤ 화재하중 : 화재하중이 클수록 FO가 빠르다.
⑥ 열분해특성 : 가연물이 쉽게 열분해가 되는 물질이면 FO가 촉진된다.
⑦ 내장재의 종류 : 천장, 벽면 등의 난연재, 불연재인 경우 FO가 지연된다.
⑧ 가연물 체적, 높이, 밀도, 화원의 크기

FO시 실내 환경조건은 다음과 같다.

① 평균온도 500[℃]
② 바닥면 복사수열량 : 2~4[W/cm^2]
③ 산소농도 : 5[%]
④ CO_2/CO : 150

롤 오버(Roll-Over)란 화재가 발생하여 가연성물질에서 발생된 가연성증기가 천장부근에 축적되고 이 축적된 가연성증기가 인화점에 도달하여 불덩어리가 천장을 따라 굴러다니는 것처럼 연소하는 현상이다.

Flash Over와 Roll Over의 차이점은 다음과 같다.

① Roll Over 현상시 발생하는 복사열은 FO현상에 비해 약하다.
② 확대범위를 보면 Roll-over는 화염이 주변공간으로 확대되는 반면 FO는 순간적으로 공간전체로 확대된다.
③ Roll Over는 실의 상부에 있는 아주 높은 온도의 가연성증기에서 발화하지만 FO는 공간내 전체가연물에서 동시에 발화한다.

3) 연기층 하강

불꽃화염이 성장함에 따라 연소생성물과 공기의 혼합기체는 연기층으로 계속 공급되어 연기층은 점점 두께가 증가한다. 초기상태에서는 외부공기가 대량으로 유입되기 때문에 연기층 강하속도가 빠르고 공기희석으로 인해 연기온도나 농도는 낮다. 연기층이 강하함에 따라 유입되는 공기량이 감소되고 연기희석이 느려져 연기층 온도는 점점 상승한다. 연기층이 개구부 위치까지 강하하면 연기는 인접구획으로 유출되기 시작하여 연기유출량과 유입량이 같아질 때 연기층 높이는 거의 일정하다.

개구부가 존재하지 않거나 작을 경우 산소농도는 심하게 저하되고 연소가 불완전하게 되어 CO가 발생하고 열분해가스가 미연소되어 실내에 축적된다.

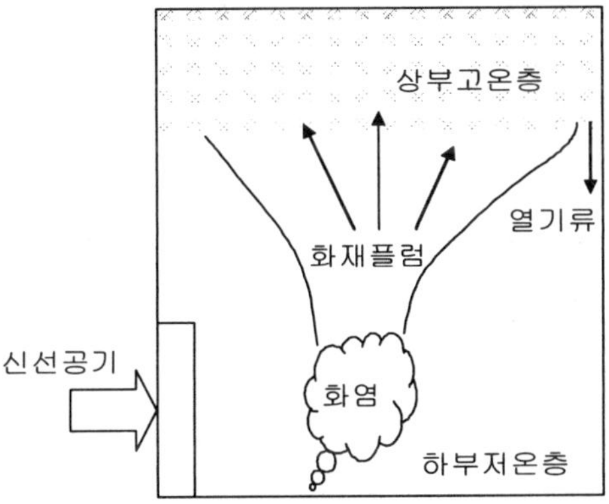

[그림 4-3] 연기층 형성

4) 화재성장 3요소

화재성장은 발화 → 연소속도 → 화염확산 단계로 발전되는데 발화는 언제 화재성장이 시작되는지를 나타내며 연소속도는 화재경계 내에서 연료의 소모를 결정하며 화염확산은 화재 경계범위를 정의한다.

(1) 점 화

① 연소하한계에서 착화원에 의해 발화된다.
② 액체는 인화점에서 발생되며 고체는 자연발화점에서 점화된다.

(2) 연소속도

① 연료의 질량유속[g/m^2 · s]으로 연료소모량을 알 수 있다.
② 연료 질량유속이 5[g/m^2 · s] 이하이면 소화된다.

③ 연소속도는 연료의 특성, 연소공간, 배치 등과 관계있다.

연소속도는 화염속으로 들어가는 연료 중 휘발물의 질량유속 또는 열방출속도에 의존한다. 화염높이에 의해 결정되는 화재크기는 직경뿐만 아니라 연료의 연소속도에도 영향을 받는다.

$$열방출속도(Q) = m \times \eta \times \Delta H_c [kW],\ [kJ/s]$$

m : 휘발분 질량유속[g/s], η : 연소효율, ΔH_c : 휘발분 연소열[kJ/s]

(3) 화염확산

① 화염확산은 바람, 연료 등에 영향을 받는다.
② 화염확산은 화재경계의 확장이며 폭연, 폭굉이 발생된다.

3. 백드래프트

개구부가 작은 지하층, 무창층 등은 시간 흐름에 따라 실내공기는 최소산소농도 이하로 되어 소화되거나 훈소하는 환기지배형 화재이다. 실내공간은 산소농도가 낮아 연소가 진행되지 않지만 목재 등은 내부에 셀룰로오스 등이 낮은 산소농도로 인해 불꽃은 없지만 높은 온도의 심부하재로 훈소를 지속한다. 훈소시 산소농도는 15[%] 이하이며 CO, 타르, 미연소가스는 증가하게 된다. 훈소상태에서는 실외로 열방출이 없어 실내온도는 상당히 높고 많은 가연성가스가 존재한다.

이때 갑자기 문을 열어 산소가 공급되면 갑자기 불이 확 붙어서 맹렬한 연소를 하거나 가연성가스가 단시간에 연소·폭발함으로써 화재가 폭풍으로 진행되어 실외로 분출하게 되는데 이 현상을 백드레프트(Back Draft)라 한다. 백드레프트는 주로 감쇠기에 일어나며 발생 시 온도는 약 600[℃]이며 농연분출, Fire Ball, 건물벽체 도괴 등을 동반한다.

〈표 4-1〉 Flash Over와 Back Draft 비교

구 분	Flash Over	Back Draft
발생기	화재 성장기	화재 쇠퇴기
연소특성	급격한 화염분출	폭풍, 충격파 발생
발생원인	열공급	산소 공급
발생계기	초기 소화가 되지 않으면 항상 발생	갑자기 산소가 공급되지 않으면 발생안함
방지대책	• 천장 벽체 불연화 • 개구부 제한 • 가연물량 제한	미세공기 주입, 환기

Back Draft 대책은 다음과 같다.

① 미세 공기주입
② 고온가스 방출(환기)
③ 적극적 방수(소화)
④ 후퇴 후 전진

Flash Back이 Back Draft와 다른 점은 Back Draft가 밀폐된 공간에서 발생하는데 비해 Flash Draft는 환기가 잘되지 않는 곳에 발생한다.

4. 목재건축물 화재

유기물의 열반응으로 생성된 열분해생성물은 산소와 연소반응으로 연소생성물을 만든다. 완전연소시에는 CO_2, H_2O 등 산화물을 만들고 불완전 연소시에는 CO, 탄화수소류(메탄, 아세틸렌, 벤젠), 케톤류(아크롤레인, 아세트알데히드, 포름알데히드)를 생성한다.

1) 목재화재 진행

목재화재는 고온단기형 화재로 최성기에는 1,300[℃]까지 상승하지만 최성기 이후에는 온도가 급속히 감소한다.

2) 연소확대

하나의 건물에서 다른 건물로 연소하는 것을 유소(飛散火, Spotting Fire)라 하며 진행과정은 다음과 같다.

① 접염 : 화염이나 열섭촉에 의해 발생한나.
② 복사열 : 화염에서 발생하는 복사열로 점화되며 복사열은 화염면 크기와 지속시간에 따라 100[m]까지 가능하다.
③ 비화 : 화점에서 먼거리에 있는 곳까지 불꽃이 날아가 발화한다. 풍향의 30°범위로 분포하나 10°~15° 범위가 가장 위험하다. 비화는 4[km]까지도 가능하나 800[m] 범위에서 흔히 발생한다. 비화의 경계범위는 풍속 4[m/sec] 이내는 발화장소 근처, 풍속 5[m/sec] 이내는 약 500[m] 이내, 풍속 10[m/sec] 이내는 약 1200[m] 이내이다.

> [문제 1] 다음 중 목재 건축물화재의 연소확대 요인으로 가장 거리가 먼 것은?
> ① 접염 ② 복사열 ③ 비화 ④ 산화열

건축물에서 연소하기 쉬운 부분은 목조외벽, 처마, 가연성 지붕, 창, 문 등의 개구부이며 건물유소에 의한 대책은 다음과 같다.

① 건축물 외벽구조부를 불연성재료로 시공한다.
② 외벽 개구부를 작게 하거나 폐쇄한다.

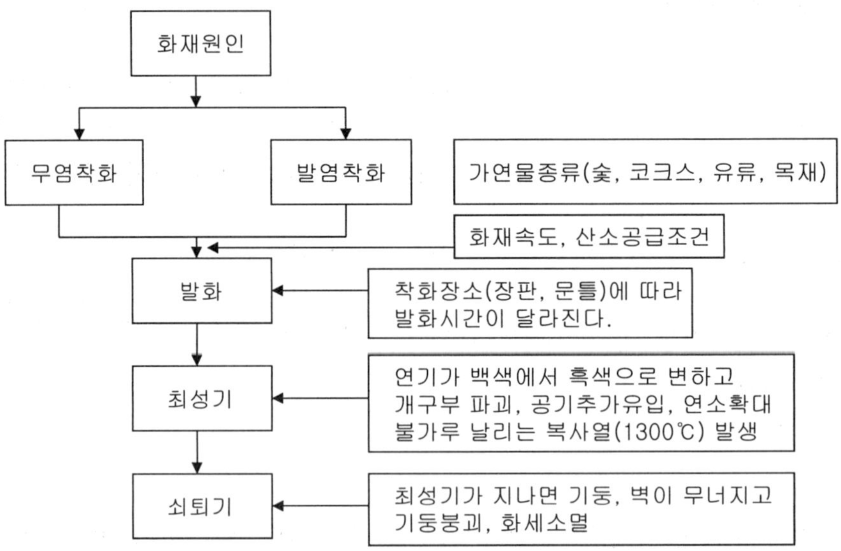

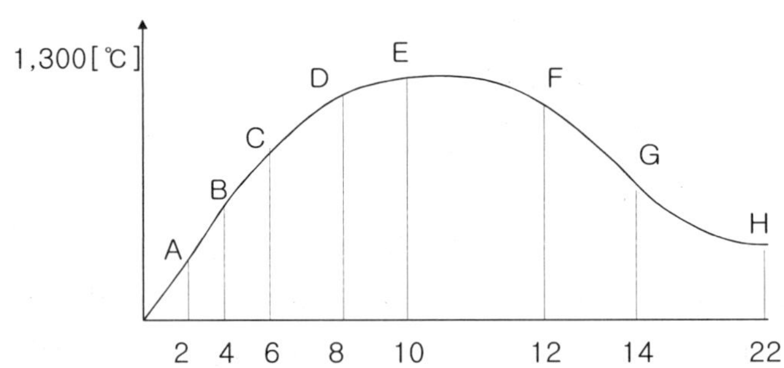

[그림 4-4] 목재화재 진행

A : 흰 연기 후 검은 검기　E : 최고온도　B : 창에서 화염
F : 벽, 판자 소실　C : 벽에서 화염　G : 목골조만 남음
D : 벽, 판자 연소　H : 쓰러짐

③ 트렌처설비, 물분무설비를 한다.
④ 자립식 방화벽을 설치한다.
⑤ 유리창 대신 유리 블럭벽을 설치한다.

3) 목재발화 형태

나무의 종류, 형태, 크기 및 함수율에 따라 연소속도는 다르다. 소나무 같은 저밀도나무는 감나무, 단풍나무와 같이 고밀도보다 더 낮은 온도에서 인화한다. 침엽수가 활엽수보다 인화온도가 낮아 침엽수쪽이 더 쉽게 인화된다. 가열속도, 가열시간 및 나무에 가해지는 열원의 성질도 인화점에 영향을 준다.

〈표 4-2〉 목재의 발화형태

목재형태	연소가 빠르다	연소가 느리다
건조상태	수분이 적은 것(15[%] 이하)	수분이 많은 것
내화성, 방화성	없는 것	있는 것
외형(두께, 크기)	얇고 가는 것	두껍고 큰 것
형상	사각인 것	둥근 것
표면	거친 것	매끄러운 것
기름, 페인트	페인트칠한 것	칠하지 않은 것
색	검정색	백색

첫째, 목재가 수분을 함유하는 형태는 목재의 세포와 세포 사이이고, 둘째는 수분이 세포 속에 들어있는 형태이고 셋째는 수분이 결정수에 함유된 형태이다. 목재에 열을 주면 목재 온도는 높아지고 세포와 세포 사이 끼어 있던 수분이 증발하면서 건조된다. 100[℃]로 가열이 지속되면 두 번째 함유 형태인 세포 속에 들어 있는 수분과 결정수까지 증발된다. 증발이 계속되는 한 온도는 100[℃]를 유지한다. 수분이 모두 증발하면 목재온도가 상승하기 시작한다. 목재의 발화온도는 470[℃] 정도인데 이는 목재를 가열했을 경우 혼합기체인 분해가스의 발화온도를 의미한다. 목재건물의 구조강도는 동일한 응력의 철골에 비하여 화재시 더 긴 시간동안 강도를 유지한다. 금속은 열전도율이 더 크기 때문에 열이 내부로 급속히 침투하여 빨리 강도를 잃는다.

목재열분해 과정을 보면 1단계는 열분해를 하며 2단계는 열분해가스가 불꽃연소를 하며 3단계에서는 목재표면에 촉매작용이 일어나 작열연소를 한다. 100[℃] 이상으로 목재온도가 상승되어 목재성분 중 휘발성분이 증발되고 170℃가 되면 열분해가 시작하고 200~350[℃] 정도로 온도가 높아지면 공기 중에 분해가스의 농도가 증가되어 가연성 혼합기체가 된다. 목재의 열분해로 분해가스 농도가 증가하면 혼합기체는 인화성(260[℃] 정도)을 가지게 된다. 인화온도는 목재가 스스로 연소를 시작하는 온도가 아니고 연소가 시작되려면 발화온도에 달하여야 한다. 화재시 인화온도는 발화온도보다 훨씬 낮다는 것에 유의하여야 한다.

① 목재가열 : 수분감소, 분해시작
② 수분증발(100[℃]) : 수증기 발생이 감소, 세포 속 결정수까지 증발
③ 열분해 연소(170[℃]) : 가연성가스(탄소, 수소) 발생, CO, CO_2 (160~360[℃]), 수소, 아세틸렌(360~432[℃])
④ 혼합가스 인화(240~270[℃])로 유염연소 시작
⑤ 목재발화(420~470[℃])

4) 목재연소의 특징

① 가연물의 표면적이 얇고 작은 것은 공기 접촉면적이 넓어 연소가 용이하다.
② 열전도가 낮아 잘 연소한다. 철과 알루미늄은 열전도가 350, 1000배이다.
③ 수분함량(15[%]) : 목재 수분함량이 15[%] 이상이면 고온을 장기간 접촉해도 착화가 안된다. 그러므로 추운 겨울에는 습도가 낮아 습도가 높은 여름보다 착화가 용이하고 빠르다. 목재, 종이 등 쉽게 흡습하는 물질은 습도에 의해 착화성을 좌우한다. 실효습도란 1주일 이전의 습도를 고려한 습도를 말한다.
④ 가열속도(가열온도와 시간) : 순간적인 고열은 착화가 어렵지만 낮은 온도이더라도 장시간 가연물에 열이 공급되면 착화된다.
⑤ 화염전파속도 : 화염전파속도는 상대습도가 낮아 가연물의 수분함량이 낮아지는 겨울철에 빠르다. 가연성액체나 기체에 비해 고체의 화염전파속도는 매우 늦다.
⑥ 가연물의 양 : 가연물 양이 많을수록 착화 가능성은 크고 일단 착화되면 화재하중이 크고 연소시간 증가에 따라 실내온도 상승도 높아지게 되므로 화재강도는 커지게 된다.
⑦ 목재밀도 : 저밀도 목재(소나무와 참나무)는 고밀도 목재에 비해서 열전도가 낮고 내부에서 공기를 많이 포함하고 있어서 고밀도 목재보다 낮은 온도에서 착화한다.

5) 목재건축물의 특징

① 건물규모가 클수록 화세가 강하다.
② 화염의 분출면적이 크고 복사열이 커서 접근하기가 어렵다.
③ 건조도가 좋을수록 화세가 강하다.
④ 풍속이 강할수록 풍하측 연소확대가 빠르다(1[m/s]에서 최대 1~2.2[m/s]).
⑤ 최성기에는 최고온도에 달하며 고온단기형이다.

〈표 4-3〉 낙엽의 함수량과 연소성

낙엽의 함수량[%]	연소성	비 고
2~7	매우 큼	모든 화기
8~10	큼	성냥불
11~13	중간	작은 불
14~18	적음	모닥불
19~25	매우적음	
26 이상	연소불가능	

⑥ 횡방향보다 종방향 화재성장이 빠르다.
⑦ 최성기 이후 비화에 의해 화재확대 위험이 크다.

6) 화재의 출화

① 옥내출화 : 천장 속, 벽 속, 불연천장 후면에서 발생
② 옥외출화 : 창, 출입문, 외부 벽, 추녀 끝에서 발생

5. 내화건축물 화재

내화구조란 철근콘크리트, 연와조, 석조로 구성된 건축물로 화재가 발생해도 건물의 강도와 그 성능을 유지할 수 있는 구조를 말한다. 내화건축물은 목재에 비해 기밀성구조로 연소시 산소부족으로 연소가 늦어지며 불완전연소로 다량의 연기가 발생한다.

1) 표준온도 - 시간곡선

목재건축물 화재는 출화후 7~8분이면 최성기에 1,300[℃]까지 상승하며 최성기 이후 화세는 급속히 약해져서 쇠퇴기에는 200~300[℃]까지 온도가 저하한다. 내화구조 건물화재는 출화하고 일정시간 경과 후 실내온도가 상승하기 시작하여 800~1,000[℃]에 이르고 일정시간 동안 지속한 후 서서히 쇠퇴한다.

ISO기준에서 화재시 실내온도는 다음과 같이 구할 수 있다.

$$\theta = \theta_0 + 345\log(8t + 1)[℃]$$

θ_0 : 화재 전의 실내온도[℃], t : 화재 경과시간[min]

표준온도 - 시간곡선은 건축구조의 내력을 알아보기 위해 실물크기의 모형 화재실험을 여러번 행하여 얻은 시간경과에 따른 온도변화 관계를 표준화한 곡선이다.

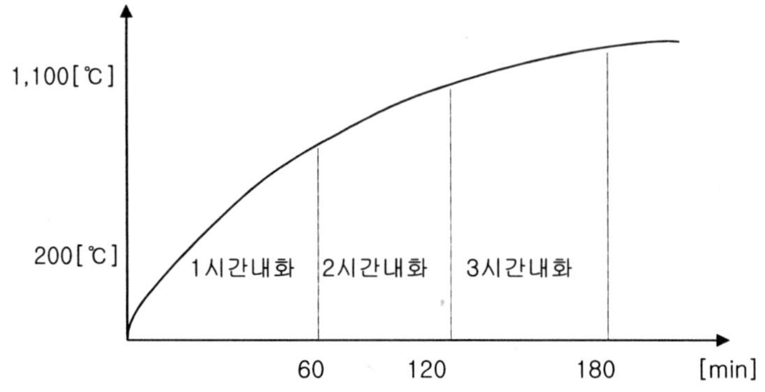

[그림 4-5] 표준온도 - 시간곡선

2) 내화건축물 화재진행

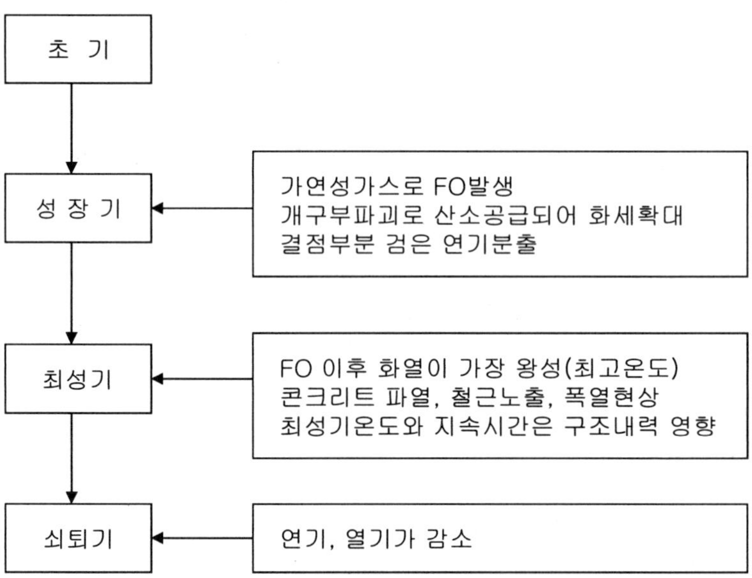

[그림 4-6] 내화 건축물 화재진행 특성

3) 연소확대 경로

출화 → 초기확대 → 내부연소확대 → 외부연소확대 → 인접건물확대 → 도시확대 순으로 진행된다. 창문으로의 확대방지는 스팬드럴, 캔트레바, 트렌처, 망입유리, 발코니 확보, 개구부 종횡비 조정 등으로 확대를 방지할 수 있으며 내부개구부에는 방화문을 설치하여 연소확대를 방지한다. 단계별 화재확대를 방지하기 위해 다음과 같은 계획이 필요하다.

(1) 출화방지

화기 취급주의, 가연물관리

(2) 초기확대방지

난연재, 화재하중 감소, 초기진압

(3) 내부확대 방지

방화구획, 불연재료

(4) 외부연소 출화방지

① 창문출화 : 출화실 창으로 분출한 화염이 상층의 창을 파괴하고 창 내부로 침입한다. 개구부는 400[℃]에서 균열되고 500[℃]에서 분출되므로 종횡비를 고려한다.
② 출입문(문, 창문) 출화 : 방화구획 출입문의 방호가 불충분하면 돌파되기 때문에 피난상 지장이 없으면 가능한 개구부를 작게 한다.
③ 덕트출화 : 분출된 화염이 급배기 덕트를 통해 인근공간으로 확대되므로 댐퍼를 설치한다.
④ 벽, 바닥 접점부분의 틈으로 상층연소(메탄커튼월, 유리커튼월의 바닥슬라브 사이틈새) : 고층건물의 커튼월 공법은 커튼월과 층간 슬라브가 맞닿게 시공할 수 없기 때문에 틈새가 생기게 되며 이 부분은 반자 속에 가려져 취약점이 노출되지 않는다. 그러므로 슬라브를 커튼월까지 접근시키고 슬라브와 외벽간의 틈새는 충전재료로 시공이 되어야 한다.

(5) 인접건물 확대방지

수열면적, 복사열 강도, 인접거리 확보, 1층인 경우 상호경계선은 5[m] 이내일 경우 하나의 건축물로 간주하고 안전성을 증가시킨다.

(6) 도시확대 방지

방화벽을 설치한다.

4) 분출화염 성상

분출화염은 초기화재시 수평방향으로 나오지만 화염자체의 부력으로 위쪽으로 향한다. 분출화염 궤도는 개구부 형상, 위쪽벽의 상태(스팬드럴, 캔디리버), 화재규모에 따라 다르다. 세로 긴창에 비해 가로 긴창에서 분출화염이 벽에 밀착해서 상승한다.

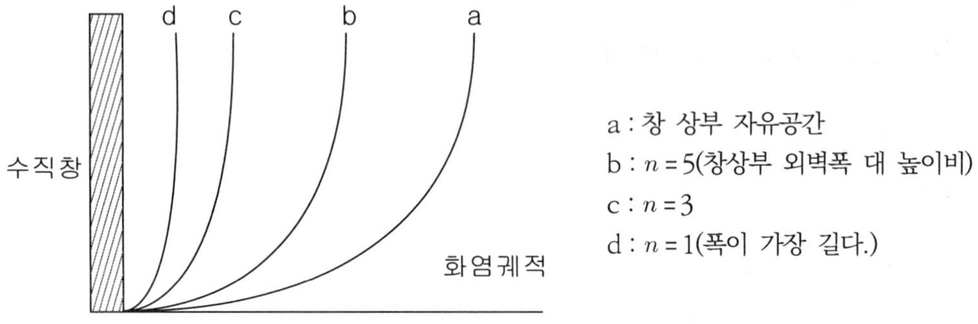

[그림 4-7] 분출화염성상

① 창문높이가 긴 창문은 포물선 체적을 그리는 반면 폭이 큰 창은 벽에서 떨어진 후 다시 벽으로 빨아들이는 포물선궤적이 작게 상승한다. 자유공간에 비해 벽면에 공기보급이 자고 압력이 낮아 기류벽 측으로 휘어진다.

② 중성대 위쪽 창문에서만 화염이 분출되며 분출속도도 중성대와의 거리에 따라 다르며 중성대 아랫방향에서는 기류가 유입된다.

③ 창문 기류형상은 창의 종횡비에 결정되며 창의 크기와는 관계없다.

수직면 분출화염을 억제하기 위해서는 다음과 같이 한다.

① 스팬드럴, 캔디레버를 설치하여 궤도상 거리를 길게 한다.

② 창문에 수막을 형성하는 드렌처를 설치한다.

③ 창유리에 금속망을 입한다.

④ 창내측에 가연물을 근접시키지 않는다(화재하중 감소).

⑤ 창문과 개구부크기를 최소화한다.

5) 내화건축물 특징

① 목조화재에 비해 저온 · 장기형이다(실내 최고온도 1,100[℃]).

② 쇠퇴기에 훈소가 발생한다.

③ 공기유입이 적어 불꽃연소가 부족하다.

④ 외부로 열방출이 억제되어 화재초기 발열량이 많다.
⑤ 연기 등 연소생성물이 신속히 상부로 이동하기 때문에 인명피해 발생이 크다.
⑥ 목조화재는 구조와 내부가연물이 동시에 연소되지만 내화구조 화재는 방화구획으로 화재확산이 제한된다.

④ 고층 내화건축물 방재 문제점
㉠ 11층 이상은 피난기구 사용제한
㉡ 창문 고정으로 소화 · 구조 활동제한
㉢ 창문파편 낙하

〈표 4-4〉 목조건축과 내화건축물 화재비교

구 분	진행시간	최고온도[℃]	특 징
목조건축물	30~40분	1,300	단기 고온
내화건축물	2~3시간	1,100	장기 고온

[문제 2] 내화건축물의 화재특성에 관한 설명 중 <u>옳지 않은</u> 것은?
① 일반적으로 목재건축물에 비해, 저온 장기형 화재특성을 나타내는 경우가 많다
② 일반적으로 초기-성장기-최성기-종기의 화재진행 과정을 나타낸다
③ 최성기에서 종기로 넘어가는 시기에 플래시오버가 뱉생된다
④ 화재하중이 높을수록 화재가혹도가 크다

[문제 3] 내화건축물의 최성기에 대한 현상으로 <u>옳지 않은</u> 것은?
① 개구부로부터 검은색 연기가 분출하고 연기의 농도가 진하다
② 연기의 농도는 감소하지만 화염의 분출은 많아진다
③ 연소가 가장 왕성한 상태로 유리창이 파괴되어 화염의 분출이 증가한다
④ 강힌 복사열의 발생으로 이웃한 건물로의 연소위험이 많아진다.

[문제 4] 플래시오버와 백드래프트의 현상에 대하여 옳은 설명은?
① 플래시오버는 종기(감쇠기)에 발생하고 백 드래프트는 중기(성장기)에 발생한다.
② 플래시오버의 원인은 산소공급이고 백 드래프트의 원인은 복사열이다
③ 플래시오버는 충격파를 수반하지 않고 백드래프트는 충격파가 있다.
④ 플래시오버는 환기가 잘 안되는 상태의 현상이고 백 드래프트는 환기가 잘되는 현상이다.

[문제 5] 실내화재에 있어서 플래시오버 시점에서의 실내온도는 일반적으로 몇℃인가?
① 500~600 ② 800~1000 ③ 1500~1600 ④ 2000~2100

6. 화재의 성상

1) 연소속도

연소속도는 가연물이 열분해에 의해 화재하중이 감소되는 속도 [kg/min]를 의미하며 환기량에 좌우된다.

$$연소속도(V) = 5.5\sim6A\sqrt{H} \quad [kg/min]$$

$A\sqrt{H}$: 환기 파라미터, A : 개구부 면적 H : 개구부 높이

환기지배형화재 연소속도는 $A\sqrt{H}$에 비례하지만, 연료지배형화재 연소속도는 $A\sqrt{H}$와 관계없다.

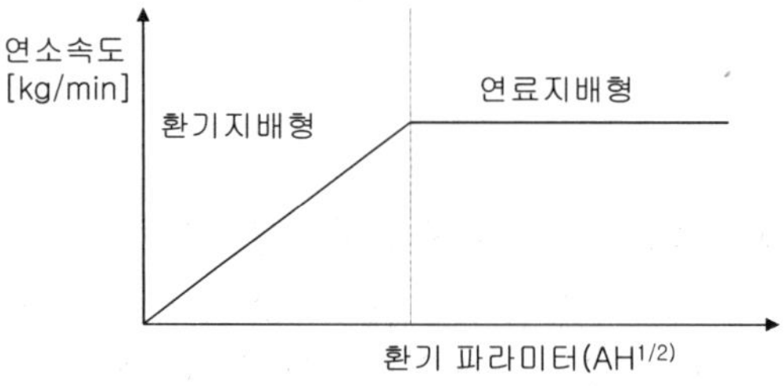

[그림 4-8] 환기 파라미터와 연소속도

화재시 화재구획 공기유입속도는 $0.5A\sqrt{H}$ [kg/s]이며 단위중량 목재연소에 필요한 공기량은 대략 5.7[kg]이다.

연소속도가 정해지면 화재 지속시간은 다음과 같이 구할 수 있다. 화재 지속시간과 화재 최고온도는 소방설계시 건축물의 내화도를 결정하는 요소이다.

$$화재지속시간(T) = \frac{W[Kg]}{V[kg/min]} = \frac{w \times Af}{5.5A\sqrt{H}} [min]$$

W : 실내 전 가연물량[kg] ($W = w \times Af$), w : 단위면적당 가연물량[kg]
Af : 바닥면적[m^2], V : 연소속도

2) 온도인자

온도의 상승곡선을 정하는 요소를 온도인자 또는 개구인자라고 하며 온도인자가 같으면 개구부 면적에 관계없이 온도상승 곡선이 같다.

$$\text{온도인자(개구인자)} = \frac{A\sqrt{H}}{Af}$$

Af : 실내의 전 표면적(바닥+벽+천장), $A\sqrt{H}$: 환기 파라미터

화재실 온도에 영향을 주는 요소는 다음과 같다.

① 건물의 단열성, 밀폐성
② 화재실 내의 산소분압
③ 가연물의 종류
④ 화재실 압력

3) 화재성장시간

화재성장시간은 발열량이 1[MW]에 이르는데 걸리는 시간으로 4가지로 구분하며 화재성장시간은 산소공급량, 연소속도, 발열량, 연소공간의 크기에 따라 결정된다.

① Slow : 600초
② Medium : 300초
③ Fast : 150초
④ Utra Fast : 75초

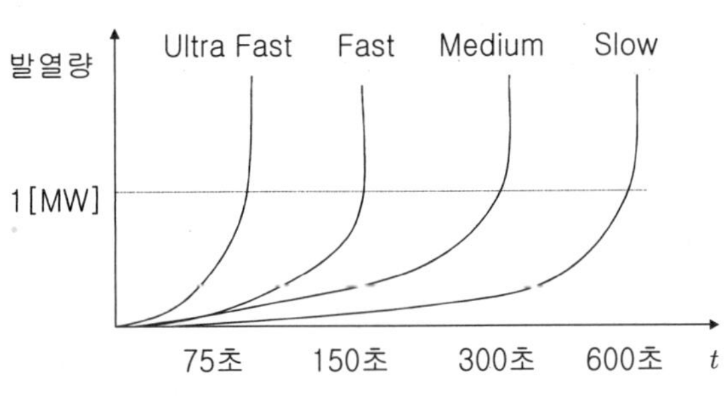

[그림 4-9] 화재성장시간

Fast T^2 Fire는 발열량이 시간의 제곱에 비례하여 증가하고 발열량이 1[MW]=1,000[kW]=1,000[kJ/s]=240[kcal/s]에 도달하는 시간이 150초가 됨을 의미한다. 그러므로 시간에 따른 화재성장속도의 변화식은 다음과 같다.

$$\text{화재성장속도}(Q) = \left(\frac{t}{k}\right)^2$$

k : 화재형태에 따른 상수

4) 화재하중

연소가연물을 목재발열량으로 환산한 값을 등가가연물이라 하며 등가가연물을 단위면적당 나타낸 것을 화재하중(Fire Load)이라 한다. 화재하중으로 화재크기를 예측하여 방화구역 설계시 내화도의 단계를 결정한다.

$$\text{화재하중} = \frac{\Sigma G_t H_t}{H_0 A} = \frac{\Sigma Q_t}{4500A}\,[\text{kg/m}^2]$$

G_t : 가연물량[kg], H_t : 가연물 단위발열량[kcal/kg], Q_t : 화재실 전 발열량[kcal]
H_0 : 목재 단위발열량(4,500[kcal/kg]), A : 화재실 바닥면적[m^2]

화재하중과 개구조건($A\sqrt{H}$)으로 화재 지속시간과 최고온도를 파악하여 화재온도-시간 표준곡선으로 부재의 열응력과 주요 부재 내화도를 결정하고 강재를 피복한다. 화재저항이란 화재공간에서 방화능력을 의미하는 것으로 내화구조, 불연재료는 화재저항이 크고 목재, 플라스틱 등은 화재저항이 약하다.

[문제 6] 가로 1m, 세로 1m, 높이 2m인 공간에 저장되어 있는 발열량이 13,500kcal인 가연물 2kg이 완전연소하였을 때 화재하중(kg/㎡)은?

① 1 ② 3 ③ 6 ④ 8

[문제 7] 바닥면적이 $10m^2$인 창고에 고무 5kg이 저자되어 있다. 이때 화재하중은 얼마인가?(단 목재의 단위발열량은 4500kcal/kg이고, 고무의 발열량은 9,000kcal/kg이다)

① $1kg/m^2$ ② $2kg/m^2$ ③ $3kg/m^2$ ④ $4kg/m^2$

5) 화재성능지수

화재위험도를 나타내기 위한 화재성능지수(FPI : Fire Performance Index)를 Peak 열방출률(HRR : Heat Release Rate)과 발화시간(Time to Ignition)으로 나타낼 수 있다.

$$\text{FPI} = \frac{\text{Tign}}{\text{HRR}}, \quad \text{Tign} = \text{FPI} \times \text{HRR}$$

발화시간에 영향을 주는 인자를 살펴보면 다음과 같다.

① 열전도도(Thermal Conductivity)
② 밀도(Density)

③ 주위온도(Ambient Temperature)
④ 복사율(Emissivity)
⑤ 방사율(Irradiance)
⑥ 표면온도(Surpace Temperature)

6) 총 화재하중

완전 폐쇄된 가연물이나 6면 중 5면이 폐쇄된 가연물은 화재하중이 감소한다.

$$\text{총 화재하중}(W_T) = W_C + W_E + W_F$$

W_C : 철제함으로 밀폐된 가연물 하중
W_E : 6면 중 5면이 철제함으로 밀폐된 가연물 하중
W_F : 자유롭게 연소되는 가연물 하중

〈표 4-5〉 화재하중 감소계수

(W_C/W_T)의 비율	감소계수(K)
0.5 미만	0.4
0.5 ~0.8	0.2
0.8 초과	0.1

철제함 내의 가연물도 열분해에 의해 가연성증기를 발생하므로 구획내 총 화재하중에 포함된다. 밀폐된 가연물의 감소계수(K)로 나타내면 〈표 4-5〉와 같다.

또한 6면 중 5면이 밀폐된 가연물은 75[%]를 적용한다.

$$W_T = K \times W_C + 0.75 \times W_E + W_F$$

7) 화재강도

화재로 인해 건축물을 파괴하거나 손상을 입히는 화재의 세기를 화재강도(Fire Severity : 화재가혹도)라 하며 단위시간당 열방출률([kcal/hr], [MW])을 의미한다.

수동식소화기로 소화할 수 있는 화재강도는 1[MW] 이하이며 5[MW] 이상이면 강도가 높은 화재이다. 만일 불꽃크기가 1[m^3]이면 1[MW] 화재로 보아도 된다. 표준온도-시간곡선상의 화재 지속시간과 온도의 관계로 화재강도를 예측평가하여 화재규모를 판단하고 주요 구조부의 내력을 평가할 수 있다.

Base Line은 가연물의 화재 저항온도이며 Base-Line과 표준온도-시간곡선 사이의 면적

(시간×온도)이 화재강도를 나타낸다. 표준온도-시간곡선에서 두 가지 화재가 곡선 이하의 면적이 같으면 화재가혹도가 같다고 말할 수 있다. 표준온도-시간 곡선 상향기울기는 발생열량이 방사열량보다 크다는 것을 의미하며 소화수는 커브의 경사도에 좌우되며 주수율[ℓ/m^2min]을 결정한다. 화재하중와 비례하지는 않지만 다른 요인이 같을 때 화재하중이 크면 연소시간이 길어지므로 시간 × 온도로 표시되는 화재강도는 커지게 된다.

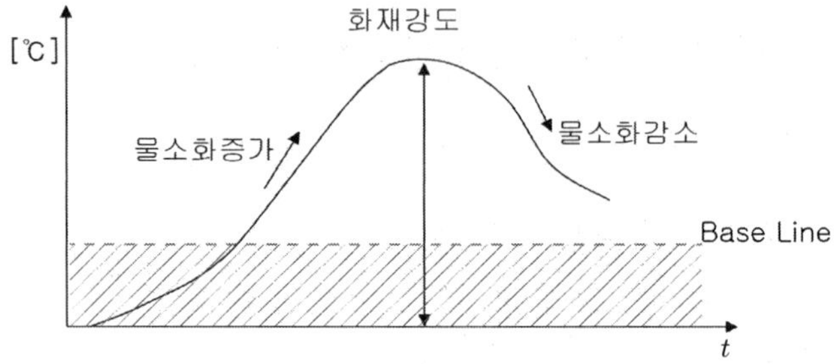

[그림 4-10] 화재저항과 화재강도

(1) 화재강도 영향인자

① 발열량(연소열)
② 화재하중
③ 연소속도(연소시간)
④ 산소비표면적(가연물 비표면적)
⑤ 건축구조적 특징(건축물이 갖는 단열효과가 클수록 열이 외부노출에 쉽지 않고 화재실 내에 축적상태로 유지)
⑥ 가연물 종류
⑦ 환기상태
⑧ 화재실 산소분압

〈표 4-6〉 실내 가연물량

장 소	물량[kg/m²]
아파트	30~60
사무실	60~100
도서실	100~200
상점	200~100

〈표 4-7〉 가연물량 연소시간

가연물량[kg/m²]	연소시간[h]
50	1~1.5
100	1.5~3.0
200	3~4

(2) 화재강도와 화재하중

① 화재강도가 커도 화재하중이 작으면 연소시간이 짧아 주수시간도 짧아진다.
② 화재강도가 크면 축적열량이 크므로 주수율도 커야 한다.
③ 화재강도는 화재의 크기를 판단하여 주수율에 영향을 미치며 화재하중은 화재가혹도를 의미하며 주수시간을 좌우하는 요소가 된다.

(3) 화재하중 감소대책

① 건축물 구조재 및 내장재는 불연화한다.
② 불연화율이 불가능한 서류, 의류는 불연성 밀폐용기에 저장한다.
㉠ 고정가연물 : 벽, 천장, 칸막이
㉡ 적재가연물 : 서적, 의류 ,서류

(4) 주수량 결정요인

소화작업은 발열과 방열의 균형이 깨지면서 시작되며 주수량의 결정요인은 다음과 같다.

① 단위시간당 흡수열량[kcal/s]
② 물방울의 크기
③ k. Factor
④ 분사면적

7. 연소열

1) 산소소비량당 발열량

가연물 중 단위중량당 발열량에는 많은 차이가 있으나 모든 종류의 가연물은 단위 산소소비량당 발열량은 거의 일정하다. 실내공간 내에 가연물은 여러 재료로 구성되어 있어도 연소에 소비된 산소량으로 발열량을 알 수 있다. 모든 가연물의 산소 단위중량당 발열량은 평균 13[kJ/g] 전후의 값으로 큰 차이가 없다.

〈표 4-8〉 산소소비량 당 연소열

연 료	[kJ/g]	산소[kJ/g]	공기[kJ/g]
셀룰로오스	16.09	13.59	3.17
목면	15.55	13.61	3.17

연 료	[kJ/g]	산소[kJ/g]	공기[kJ/g]
신문지	18.04	13.40	3.12
나뭇잎	19.30	12.28	3.19
목재	17.76	12.51	2.86
갈탄	24.78	13.12	3.06
석탄	35.17	13.51	3.08
평균		13.21	3.08

2) 연소열

연소열은 가연물이 완전연소될 때 발생되는 열량[kcal/kg]으로 연소열은 화재하중을 계산하는데 사용된다. 연소강도는 발생된 연소열에 항상 비례하는 것은 아니며 연소속도에 의해서도 결정된다. 또한 실제화재시 단위 연소열이 큰 물질이 작은 물질보다 열방출이 반드시 크다고 할 수도 없다.

〈표 4-9〉 가연물별 연소열

재 료	연소열[kcal/kg]	재 료	연소열[kcal/kg]
목재, 프로판, 부탄	4,600	석유	10,500
종이	4,400	PVC	4,100
고무	9,000	벤젠	10,500
가솔린	10,700	폴리에틸렌	10,400
아스팔트	9,500	면화	3,900

3) 총발열량

총발열량은 연소가스 중에 수증기가 모두 응축되어 H_2O로 되었다고 했을 때 방출된 열량으로 이를 고위발열량이라고 한다. 그러나 실제 연소시 수증기는 증기로 방출되기 때문에 실제 발열량은 총발열량에서 수증기의 응축열을 빼야 한다.

이와같이 총발열량에서 수증기의 응축열을 뺀 것을 저위발열량이라 하며 실제 우리가 사용하는 발열량은 저위발열량이다.

$$\text{총발열량} = \text{저위발열량} + \text{수증기응축열}$$

예를 들어 수소와 산소가 반응하는 경우 발열량을 구해본다.

$$H_2 + \frac{1}{2}O_2 \rightarrow H_2O + 68{,}300[\mathrm{Kcal/kmol}]$$

H_2O의 분자량은 18[kg/kmol]이므로 수증기응축열은 18[kg/kmol] × 583[kcal/kg] = 10,494[kcal/kmol]이다.

그러므로 수소의 저위발열량은 다음과 같다.

$$68{,}300 - 10{,}494 = 57{,}806[\text{kcal/kmol}]$$

4) 연기분출

Flash Over가 발생되면 발생된 가연성가스는 급격히 연소하지만 산소가 불충분하게 되면 미연소의 유리탄소(그을음)가 함유된 짙은 연기가 분출된다. 최성기인 경우 연기분출량은 개구조건(산소)에 관계되는데 연소면적에 비해 개구부 면적이 작을 때는 연기량이 많고 반대인 경우에는 연기량이 적게 발생한다. 목재 1[kg] 완전연소시 발생되는 연기체적은 5.8[m^3/min]이다.

화재실 용적을 $V[m^3]$, FO시간(t), 화재실의 온도가 θ_1에서 θ_2로 상승한다면 이때 화재실로부터 분출되는 연기량 $Q[m^3/min]$는 다음과 같다.

$$\text{연기분출량}(Q) = \frac{V(\theta_2 - \theta_1)}{t(273 + \theta_1)}\ [\ m^3/min]$$

$$\text{연기층 하단 강하속도}(V_S) = \frac{V_P}{A} \cdot \frac{\rho_P}{\rho_S}$$

V_P : 연기층으로 Plume 기체체적 유입속도, A : 천장면적

ρ_P: Plume 기체밀도, ρ_s : 연기층 기체밀도

8. 합성섬유 연소

1) 섬유류 연소

섬유류는 C, H, O 등으로 구성되어 있으며 작은 점화에너지로 쉽게 인화된다.

(1) 천연섬유

식물성 섬유의 연소생성물은 탄산가스, 물, 일산화탄소이다.

① 주성분은 C, H, O 등으로 구성된 연소성이 좋은 셀룰로오스로 구성되었다.

② 면, 마(황마, 대마, 아마) 등이 있으며 착화가 용이하다(400[℃]).

(2) 동물성섬유

① C, H, O와 복합성 단백질(질소, 유황) 등으로 구성되어 있다.
② 모(Wool)의 발화점 600[℃]로 착화가 어렵다.
③ 연소속도가 느리고 면에 비해 소화가 쉽다.
④ HCN을 발생한다.

(3) 합성섬유

① 물에 접촉했을 때 줄어들며 용융하여 망울이 되는 성질이 있다.
② 레이온과 아세테이트는 화학적으로 식물성 섬유와 비슷하다.

2) 합성 고분자 물질(플라스틱)

열과 압력을 가해서 성형할 수 있는 고분자 물질을 플라스틱이라 한다. 합성수지는 화학구조 결합에 따라 열경화성 수지(Thermo-Setting Plastic)와 열가소성 수지(Thermo Plastic)로 분류된다.

(1) 열가소성 플라스틱

열가소성 수지는 중합반응(더해지는 것)에 의해 생산되는 것으로 열을 가했을 때 용융하고 다시 냉각시키면 원래 모양을 유지하는데 이 과정에서 성질의 변화가 거의 없으므로 여러번 재가열하여 새로운 모양의 성형이 가능하다. 열가소성 수지에 열이 가해지면 흡열 → 용해 → 증발과정을 거쳐서 증발된 가연성가스가 불꽃연소를 한다. 액체증발에 필요한 에너지는 고체 열분해에 필요한 에너지에 비해 작다. 열가소성 수지의 연소는 액체연료가 연소하는 것과 비슷하므로 열경화성 수지에 비하여 화재위험성이 크다. 종류로는 폴리염화비닐(PVC),아크릴수지, 폴리에틸렌, 폴리스틸렌, ABC수지 등이 있으며 열을 가하면 말랑말랑해진다.

(2) 열경화성 플라스틱

열경화성 수지는 축합반응(빠져 나가는것)에 의해 생산되는 것으로 열을 가하면 용융하지 않고 그대로 열분해되어 재생이 불가능하다. 열경화성 수지를 가열하면 Plastic이 열분해되어 가연성가스를 방출하며 연소한다. 열분해에 필요한 에너지는 액체증발에 필요한 에너지에 비하여 현저히 크므로 열가소성 수지보다 화재위험성이 작다고 할 수 있다. 종류로는 페놀수지(베이크라이트), 멜리민수지(냉장고), 에폭시수지(방수제), 실리콘수지(절연니스, 접합제) 등이 있으며 열에도 끄덕없이 굳어있는 합성 고분자물질이다.

〈표 4-10〉 가연물 발생가스

가연물의 종류	발생가스
모든 플라스틱	CO_2, CO
질소함유 플라스틱(폴리우레탄, 나일론) 황함유 플라스틱 폴리아세틸 플라스틱	HCN, NO_X, NH_3 SO_2, H_2S, CS_2 포름알데히드

(3) 합성 고분자물질 연소특성

① 자극성, 부식성, 유독성이 강한 가스를 발생시킨다.
② 열과 연기의 발생량이 많다.
③ 연소속도가 빠르다.
④ 연소중에 변화용융을 일으킨다.
⑤ 난연성 플라스틱은 불완전연소 중에 연기와 유독성가스를 많이 발생시킨다.
⑥ 열전도가 낮다.
⑦ 화염 전파예측이 어렵다.

(4) 고분자물질의 화재위험성

고분자물질은 종이, 목재와 같은 천연 고분자물질과 화학섬유, 플라스틱 등 합성 고분자물질이 있다. 합성 고분자물질은 천연 고분자물질보다 화재 위험성이 훨씬 크다. 왜냐하면 비닐, PVC, 폴리에틸렌 등의 합성물질은 목재 등의 천연 고분자물질에 비해서 연소시 발열량과 발연계수가 훨씬 높다. 고분자물질의 특성은 다음과 같다.

① 천연 고분자물질은 열전도도가 낮아서 열을 가하면 가열된 열이 다른 부분으로 전도되지 못하고 가연물질 자체의 온도를 상승시켜 연소가 확대된다.
② 고체가연물의 열분해로 발생된 연소가스 성분이 다양하다.
③ 건축물 내장재에는 천연 고분자와 합성 고분자물질이 다량 함유되어 화재하중이 크다.
④ 천연 고분자물질의 화염전파속도는 재료의 두께, 형상, 건축구조에 따라 전파속도가 다르다.

(5) 고분자물질의 연소진행

건축물은 내장재가 고분자로 구성되어 있어 복잡한 연소 메커니즘을 갖는다.

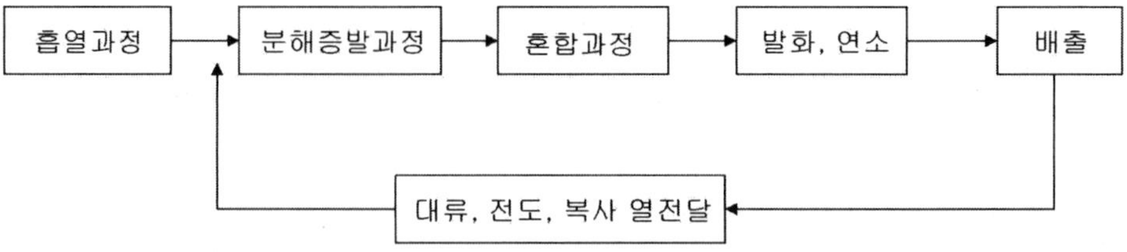

[그림 4-11] 고분자물질의 연소진행

9. 건축법과 방화구획의 연관성

1) 평면 방화구획

10층 이하의 층은 바닥면적 1,000[m^2] 이하(스프링클러 설치시에는 3000[m^2])마다 구획하는데 사용자 입장에서는 영업장을 구획하는 경우 불편하다.

2) 수직방화구획 상이성

건축법에는 파이프덕트, 케이블덕트 등 수직관통부에 대한 구체적인 방화구획 규정이 없으나 소방법에는 모든 수직관통부를 구획하도록 되어 있고 수직관통부에 점검구를 설치하라는 규정은 없으나 건축법상으로는 설치하여야 한다.

3) 방화셔터 설치

소방법에는 방화셔터를 설치할 때는 셔터가 닫힌 후에도 인명탈출을 위해서 비상문을 설치하도록 되어 있으나 건축법에는 방화셔터를 설치하는 규정만 있다.

4) 과압방출댐퍼

가스계 소화설비 중 소화농도가 낮은 하론소화설비는 문제가 없으나 소화농도를 34[%] 정도로 하는 CO_2, Inergen 소화설비는 소화약제 분사시 생기는 압력이 너무 높아 창문, 문 등이 파괴될 수 있는데 이를 방지하기 위해 벽에 댐퍼를 설치해야 하는데 건축법에는 이런 규정이 없다.

5) 배연창과 가스계소화설비

배연창은 화재시 자동으로 개방되는데 여기에 가스계 소화약제를 분사하면 모두 외부로 배출되어 소화가 어렵다.

6) 급기 가압시 과압방지 Damper

제연설비를 가압하는 경우 가압공간과 비가압공간의 압력차가 60pa 이상이 되면 과압방지 댐퍼가 열리도록 해야 하는데 건축법에는 규정이 없다.

7) 용도변경시 설비추가

일반사무실로 사용되던 공간이 용도변경되는 경우 변경된 용도에 맞는 소방설비가 설치되어야 하는데 건축법에는 이런 규정이 없다.

10. 배관관통부 Seal 해결방안

대형건축물(호텔, 백화점, 화학공장 등)은 화재발생 초기에는 미미하지만 곧 대형화재로 번져 막대한 피해를 가져온다. 왜냐하면 파이프덕트 등의 관통부가 화재시 연통역할을 하게 되어 화재를 급속히 확대하고 유해가스의 통로역할을 하게 된다. 그러므로 급수관, 배전관 등이 방화구획을 관통하는 경우에는 관과 방화구획 틈을 시멘트 모르타르나 기타 불연재료로 Sealing하여야 한다.

1) 시멘트 모르타르 충진

시멘트 모르타르은 양생과정에서 수축성이 있어 공사시 미리 관통시킨다.

2) 불연재충진

벽 양면에 철판을 대고 그 안에 석면, Glass Wool을 채운다. 그러나 석면, Glass Wool은 폐암의 원인이 되기 때문에 별로 사용하지 않는다.

3) 불연성 재료 Wrapping

배관이 합성수지관인 경우 틈 뿐만 아니라 배관을 불연재로 감아(Wrapping) 관통부를 메운다.

4) 난연도료 도포

Cable Tray에서 케이블이 직접 관통하는 경우 케이블에 난연도료를 도포하거나 불연성 단열재로 감고(Wrapping) 관통부를 Sealing한다.

5) Fire Stop

규소수지로 된 Fire Stop은 실리콘고무와 유사한 탄성특성으로 진동을 흡수하고 내열성이 우수하여 화염차단과 열전도를 억제한다. Fire Stop은 열을 받게 되면 Cell 내부의 공기가 팽창되는 발포제 Form으로 Form의 밀폐력이 더욱 증가되면서 경화되어 완벽한 차폐력을 형성해서 화재확산을 방지한다.

관통부 충진재료는 코크, 실리콘폼, 시멘트슬러리, 필로우(Pillow), 매스틱(Mastics) 등이 있으며 이러한 물질들은 연소하면서 다음 작용을 한다.

① 숯(Char)을 생성하여 열차단
② 열을 흡수하면서 수증기 방출
③ 높은온도에서 팽창하여 2~10배로 부피증가

11. 배연설비

화재시 온도가 상승하면 체적이 팽창되어 화재실내의 압력이 높아져 외부로 배출되지 않으면 복도나 다른지역으로 확산된다. 그러므로 6층 이상의 건축물로 문화집회, 판매 · 영업시설, 의료교육시설, 숙박, 위락시설 등에는 배연창을 설치하여야 한다.

1) 배연창 크기 및 위치

① 배연구는 흡입풍속이 10[m/sec] 이하가 되도록 하고, 개구부 면적은 400[m^2] 이상되어야 한다.
② 배연구는 배연구획 모든 부분에서 40[m] 이내이어야 한다.
③ 배연구는 천장에서 80[cm] 이내거리 단, 천장높이가 3[m] 이상의 건축물에 설치된 배연구는 바닥면에서 높이 2.1[m] 이상, 천장 높이 1/2이상의 벽에 설치할 수 있다.
④ 배연구는 가능한 중성대 높이 이상 위치에 설치한다.

2) 배연량

개구부 면적과 풍속, 온도에 따른 배연량은 다음과 같이 구한다.

$$Q = A\,V \times 60(293/(273 + t[℃])\,)$$

A : 개구부 단면적[m^2], V : 평균풍속[m/s], t : 실내온도[℃]

20[℃]의 표준상태에서 배연량을 구한 값이며 온도가 높을수록 배연량은 감소한다.

① 거실배연량은 개방한 배연구에서 당해 방연구획 [m^3]당 1[m^3/min] 이상
② 2개 이상 방연구획을 1대의 배연기로 제연하는 경우는 최대방연구획과 그 전후 방연구획 배연구 풍량합계가 최대방연구획 풍량 2배 이상 확보
③ 특별피난계단과 비상용승강기 승강장은 각각 4[m^3/min]이고 부속실과 승강장 겸용시에는 6[m^3/min] 이상의 배연량 확보
④ 배연구 배연량의 합계가 120[m^3/min] 미만일 때는 120[m^3/min] 이상이고 1,000[m^3/min]을 초과하는 경우 1,000[m^3/min] 이상으로 할 것

3) 배연설비 설치기준

(1) 배연구

① 수동 또는 자동으로 개폐될 것(열감지기, 연기감지기)
② 평상시 폐쇄상태를 유지하고 개방시에는 기류에 의해 폐쇄되지 않을 것
③ 직접 외기와 접하지 않을 때에는 배연기 설치

(2) 배연기

① 배연구가 열리면 자동 동작하고 충분한 연기를 배출할 수 있을 것
② 예비전원 설치(30분)

(3) 풍 도

① 불연재료일 것
② 외기 또는 굴뚝에 연결할 것

12. 안전구획 구성

발화 후 2분 후에 화재실로부터 분출한 연기는 약 30[m] 떨어진 계단실로 유입되고 3분 후에는 각층의 복도로 진입을 시작한다. 5~9분 후에는 상층의 복도부분은 위험한 상태에 놓이게 된다.

1) 1차 안전구획(복도)

복도는 거실에 비해 불연화되어 있어 거실이 FO가 되어도 복도는 일시적 안전이 확보된다. 거실을 배연할 때 복도방향으로 연기가 유출되지 않도록 한다.

2) 2차 안전구획(전실)

전실을 불연·방염처리하고 외기와 접하도록 하면 피난시 대기할 수 있어 안전공간을 증가시킬 수 있다.

3) 3차 안전구획(피난계단)

피난을 위해 가장 안전한 공간으로 내화구조와 불연재료로 구성되어야 한다.

13. 계 단

계단은 거실에서 피난층까지 피난할 수 있는 통로로 건물용도, 규모에 따라 직통계단, 피난계단, 특별피난계단으로 구분된다.

1) 직통계단

직통계단은 어떤 층에서 피난층까지 계단만을 통하여 내려갈 수 있는 구조이어야 하며 Up과 Down이 다른 곳은 직통계단이 아니고 거실에서 직통계단까지 보행거리는 내화구조, 불연재료는 50[m](16층 공동주택은 40[m]) 기타 구조는 30[m] 보행거리 이내이어야 한다. 직통계단 출입구는 일정한 간격(10[m])으로 설치하고 각 직통계단 상호간은 복도 등으로 연결한다.

(1) 직통계단 2개소 설치장소

① 관람집회, 종교집회, 유흥음식, 장례식 : 200[m^2]
② 학원, 판매, 숙박, 의료노유자시설로 3층 이상인 경우 : 200 [m^2]
③ 공동주택, 기숙사, 오피스텔 : 300[m^2] 이상
④ 그 외 3층 이상층 : 400[m^2]
⑤ 지하층 : 200[m^2] 이상

(2) 지하층 직통계단 설치

① 바닥면적이 50[m^2]를 넘는 층에는 직통계단 외에 피난층으로 통하는 비상탈출구 및 환기통을 설치한다. 다만 직통계단이 2 이상 설치되어 있는 경우에는 비상탈출구를 따로 설치하지 않아도 된다.
② 바닥면적이 1,000[m^2]를 넘는 층에는 피난층(지상층)으로 통하는 직통계단을 방화구

획마다 설치한다(피난계단, 특별피난계단 구조).

③ 거실 바닥면적 합계가 1,000[m^2] 이상인 층에는 환기설비를 설치한다.

2) 피난계단

피난계단은 직통계단에 방화·방연설비를 보강한 것이다. 피난계단을 옥외에 설치하면 더 유리할 수 있으나 완전한 구조가 아닐 경우 방화·방연시설이 완비된 옥내피난계단이 더 안전하다.

(1) 피난계단 설치기준

① 지상 5층 이상(10층 이하), 지하 2층 이하의 층에서 피난층으로 통하는 계단은 피난계단 또는 특별피난계단으로 설치한다. 다만 내화구조, 불연재료로 바닥면적 합계가 200[m^2] 이하이거나 200[m^2]마다 방화구획이 되어 있는 경우에는 피난계단(또는 특별 피난계단)을 설치하지 않을 수 있다.

② 위락, 운동, 다중이용시설 5층 이상인 경우 바닥면적 2,000[m^2]넘는 경우 2,000[m^2]마다 1개소의 피난계단 또는 특별피난계단을 설치한다.

③ 옥상광장을 설치해야 하는 건축물(5층 이상 문화집회시설, 도매시장, 소매시장, 장례식장, 주점 등)에는 피난계단(또는 특별피난계단)을 옥상광장과 서로 통해야 한다.

(2) 옥내피난계단

① 계단은 내화구조, 불연재료이고 피난층까지 직접 연결되도록 할 것

② 갑·을종 방화문을 사용하고 너비는 0.9[m] 이상이고 피난방향으로 열리게 할 것

③ 계단실의 옥내와 면하는 개구부는 망입유리 붙박이창으로 1[m^2] 이하

④ 계단실의 옥외에 면하는 개구부는 다른 부분 개구부에서 2[m] 이상 이격

⑤ 계단실에는 채광상 유효한 개구부 또는 비상조명장치 설치

(3) 옥외피난계단

피난층을 제외한 3층 이상의 층으로 다음 장소는 직통계단 외에 옥외피난계단을 설치하여야 한다.

① 공연장, 무도장, 유흥음식점 : 300[m^2] 이상

② 집회장 : 1000[m^2] 이상

옥외피난계단의 설치기준은 다음과 같다.

① 계단은 내화구조이고 지상까지 직접 연결되도록 할 것
② 갑 · 을종 방화문으로 피난방향으로 열리게 할 것
③ 계단의 유효폭은 0.9[m] 이상
④ 계단은 출입구 이외의 개구부로부터 2[m] 이상 이격
⑤ 계단실이 없음

3) 특별피난계단

피난계단에 비하여 전실 등을 설치하여 방화, 피난성능 이외에 제연설비를 더욱 보강한 것을 특별피난계단이라 하며 설치장소는 다음과 같다.

① 11층 이상 건축물(공동주택은 16층 이상)
② 3층 이하 건축물 (지하층)

설치 면제장소는 갓복도식 공동주택이나 지하 3층 이하인 층의 바닥면적 400[m^2] 미만인 경우이다.
특별피난계단 설치기준은 다음과 같다.

① 거실과 계단실은 배연설비가 있는 부속실, 노대, 외부를 향하여 열 수 있는 1[m^2] 이상의 창을 통하여 연결
② 부속실, 노대, 계단실은 내화구조 벽으로 구획
③ 내장재는 불연재료
④ 계단실에는 노대, 부속실 이외에 옥내와 면하는 개구부를 설치하지 않을 것(노대, 부속실도 마찬가지)
⑤ 계단실이 노대와 부속실에 접하는 창문은 망입유리 붙박이창으로 1[m^2] 이하
⑥ 부속실, 노대, 계단실에는 갑 · 을종 방화문을 설치하여 피난방향으로 열 수 있도록 할 것
⑦ 내부에서 부속실은 갑종, 부속실에서 계단은 갑 · 을종 방화문
⑧ 계단실의 옥외에 면하는 개구부는 다른 개구부와 2[m] 이상 거리이격
⑨ 돌음계단으로 해서는 안되고 출입구 유효폭은 0.9[m] 이상

4) 대형매장의 피난의 문제점

(1) 사용실태

① 피난계단을 인식하기 어렵다.
② 피난동선 배치계획이 없다.

(2) 개선방안

① 국내법에는 면적당 수용인원 제한규정이 없다(외국자료에 의한 수용인원 산정).
② 피난로폭, 직통계단수, 보행거리가 바닥면적으로만 되어있는 것을 수용인원으로 개선해야 한다.
③ 직통계단까지 보행거리가 30[m]이고 내화구조인 경우 50[m]까지 완화되지만 NFC에서는 SP 여부에 따라 45[m]에서 61[m]로 완화한다.
④ NFC에서는 용도와 수용인원에 따라 인명 안전성평가를 하도록 규정한다. 즉, 한정된 건축공간에 많은 수용인원이 있다는 것 자체가 위험이다.

14. 피난계단 차압

거실에서 발생한 연기가 피난로로 침투하지 못하도록 전실 또는 피난계단에 신선한 공기를 공급하여 거실과의 차압을 50±10[pa]을 유지하여 연기유입을 막아 피난로와 소방활동 공간을 확보한다. 제연구역과 옥내와의 차압이 기준차압보다 70[%] 미만이 되어서는 안된다.

1) 양압선도

전실 및 승강장은 안전구획 중 가장 높은 양압선도를 가지기 때문에 다른 구역보다 높은 양압을 확보해야 한다. 특별피난계단은 전실을 통하여 복도와 구획되며 전실을 통하여 신선한 공기도 공급받는다. 계단실과 부속실을 동시에 제연하는 경우 부속실의 기압은 계단실과 같게 하거나 계단실 기압보다 5[pa] 이상 작지 않도록 한다.

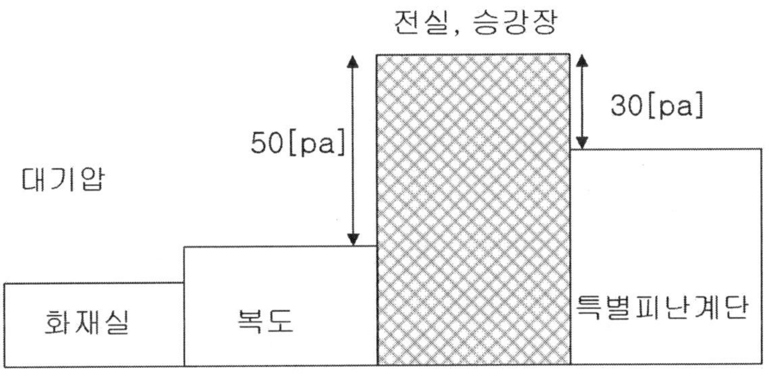

[그림 4-12] 양압선도

2) 차 압

(1) 최대차압

전실 또는 승강장방화문을 사람이 여는데 지장이 없는 압력을 뜻한다.

(2) 최소차압

화재실에서 전실, 승강장에 연기유입이 억제되는 압력으로 국내에는 차압을 50±10[pa]로 규정하는데 비하여 미국은 12.5[pa]까지 허용하고 있고 영국, 호주, 캐나다 등 국가는 국내와 비슷하다. 그러므로 차압을 일률적으로 50±10[pa]로 규정하기 보다는 건물특성에 따라 적용하여야 한다.

3) Flap Valve

제연설비로 가압하는 경우 실내 · 외 압력차가 과도하면 보통사람의 힘으로는 문열기가 곤란하다. 그러므로 최대차압을 60[Pa], 최소차압을 40[Pa]로 규정하고 있다. 그런데 가압시 허용압력차를 초과하는 경우가 많으므로 허용치 이상으로 가압된 실내의 압력을 허용치까지 줄여주기 위한 장치가 필요한데 이것을 Flap Valve라 한다.

(1) 구 조

날개, 압력조정용 추, 지지금구로 구성되어 있어서 차압이 60[Pa] 이상이 되면 열리게 되어 있다.

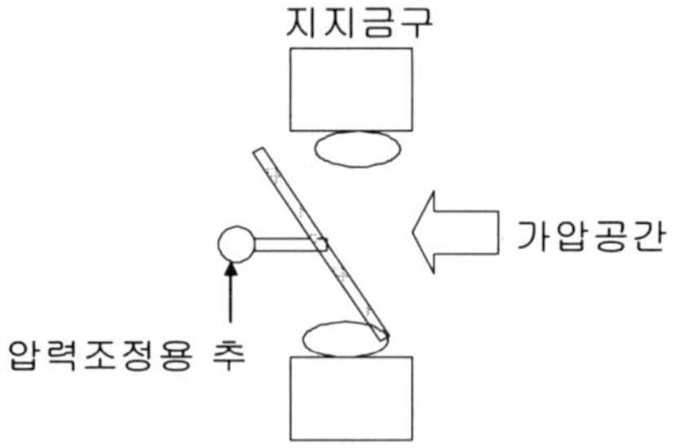

[그림 4-13] Flap Valve

차압유지와 공기누설량을 보충하기 위한 급기보충량은 같다.

$$Q = 0.827A\sqrt{P}\ [\mathrm{m^3/sec}] = KA\sqrt{P}$$

A : Flap Valve 날개면적[m^2], P : 압력차(50[Pa])

(2) Flap Valve 크기

$$\text{밸브면적}(A) = Q/0.827A\sqrt{P}$$

① Flap Valve 날개크기에 따라 개구부 크기가 결정된다.
② 날개크기는 급기량과 누설면적에 좌우된다.

문을 열 때문에 가해지는 힘은 도어체크 및 힌지 등의 마찰힘과 실내외 압력차에 의해 문에 가해지는 힘의 합이 된다. 힌지 및 도어체크 마찰손실이 20[N]이고 문손잡이에서 문 끝까지 거리가 0.1[m]이며 문 크기는 1 × 2[m]라면 실내의 압력차는 $F = PA + B$이다. 문에 가해지는 힘은 문의 기하학적 중심에서 집중 작용한다. 문의 중심에 작용하는 힘이 F 라고 하면 중앙에서 문을 열 때 $F = PA$의 힘이 필요하다. 문의 손잡이가 끝에서 10[cm] 거리에 있고 100[N]이 필요한 경우 중앙에 필요한 힘은 다음과 같다.

$$50 \times F = 90 \times 100(\text{지렛대 역할})$$

$$F = 180[\text{N}],\ 180 = P \times 1 \times 2 + 20,\ P = 80[\text{Pa}]$$

문 개방에 요구되는 최대힘은 15[kg]이며 그 이상의 힘이 문에 걸려 있는 경우에는 피난시 장해가 된다. 거실에서 피난계단에 이르는 안전구획의 차수가 높아질수록 압력이 높아진다. 이런 압력유지를 위해 화재실 측에서 배연을 하여 압력을 낮추거나 계단실 또는 부속실에서 급기를 하여 압력을 높인다. 문 개방에 필요한 힘은 다음과 같다.

$$F = A \times \frac{\Delta P}{2} + B$$

A : 문의면적[m^2], ΔP : 문의 내·외 압력차 [kg/cm^2], B : 도어체크의 회전력

문 개방에 필요한 힘이 15[kg], 도어체크의 회전력 5[kg], 문이 1× 2[m]라면 문이 지장없이 열리는 압력차(ΔP)는 10[kg/cm^2]이 된다. 문 개폐를 위한 대책은 다음과 같다.

① 통기용 개구부를 설치한다.
② 문에 개방장치를 부착한다.
③ 급·배기 기계시스템을 조정한다.

4) 과압 공기배출기(Flap Damper, Relief Damper)

전실기압이 60[pa] 이상이면 열리고 40[pa] 이하이면 닫힌다.

5) 유입 공기배출

가압공간에 공급되는 공기는 건물내의 비가압 공간으로 흘러 들어가면 가압공간과 비가압공간과의 차압이 없어져 전실 제연기능이 없어지게 되므로 실외로 유입 공기배출을 위한 조치가 강구되어야 한다.

① 수직풍도에 의한 배출
② 배출구에 의한 기계배출
③ 제연설비에 의한 배출

6) 댐퍼 공기주입방식

① 전층댐퍼 주입방식 : 전층 또는 화재층 상부 여러층 제연댐퍼를 열어 가압하면 전층댐퍼가 동작한다. 소방법에는 이 설비만 인정한다.
② 단일댐퍼 주입방식 : 화재층의 전실 제연댐퍼만 열어 가압한다. 한 개층의 누설량 과 급기량의 풍량조절을 실패할 수 있다.
③ 일반차압용 급기댐퍼 : 차압을 40~60[pa] 범위를 유지하고 부속실의 출입문이 닫힌 시점부터 차압이 60[pa]로 떨어질 때까지 시간이 5초 이내이어야 한다.
④ 저차압용 급기댐퍼 : 차압을 12.5~60[pa] 범위로 유지하고 부속실의 출입문이 닫힌 시점부터 차압이 60[pa]로 떨어질 때까지 시간이 5초 이내이어야 한다. 최소차압이 12.5pa 이상으로 옥내에 SP가 설치된 경우 설치할 수 있다.

7) 제연설비 TAB

(1) 공기나 유체를 다루는 설비에 사용되는 용어

① Test : 장비의 양적인 성능을 시험하는 작업
② Adjusting : 덕트, 관로에 설치된 기구의 풍량, 수량조정
③ Balancing : 설계치에 따른 분배계통의 풍량, 수량배분

(2) 적용대상

① 공조설비 : 급, 배기 균형 배분
② 제연설비 : 차압유지
③ 소화설비 : 수계소화설비의 배관압력과 유량분배

(3) TAB 절차

① 계통검토 : 설계도면, 계산서, 자료
② 현장점검 : 계통이 시공되면, 사양과 일치성, 시방서, 설치기준 적합여부
③ 전원점검 : 전기계통
④ 공기 분배계통 시험조정(피토관법), 풍량의 Balancing(메인 Duct → 말단 Duct 조정)
⑤ 자동제어 계통점검 : 차압점검(외부환경-내부환경)
⑥ 온습도 조정

8) 방연풍속

① 제연구역과 면하는 옥내가 복도 또는 전실인 경우 그 구획이 방화구조인 경우 0.5[m/s], 그 외 구조는 0.7[m/s] 이상
② 제연구역과 면하는 옥내가 거실인 경우 0.7[m/s] 이상일 것

9) 출입문의 틈새면적

$$A = \left(\frac{L}{\ell}\right) \cdot A_d [\mathrm{m}^2]$$

L : 틈새 길이[m], ℓ : 문의 형태(여닫이 : 5.6, 쌍여닫이 : 9.2, 승강기 : 8.0)
A_d : 여닫이 방향(실내쪽 개방 : 0.01, 실외쪽 개방 : 0.02, 쌍여닫이 : 0.03, 승강기 : 0.06)

제연구역으로부터 누설되어 공기가 승강로를 경유하여 외부로 유출하는 경우, 승강로 상부의 환기구 면적으로 해야 한다.

15. 비상용 승강기

화재시 소방관의 소화활동을 위한 것으로 피난층에서 쉽게 조작할 수 있는 구조를 갖추어야 한다.

1) 설치대상

① 높이 41[m]를 초과하는 건축물에 설치한다.
② 1500[m^2] 초과는 (바닥면적-1,500)÷ 3,000 + 1대 이상 설치한다.
③ 비상용 승강기 설치 제외 대상은 다음과 같다.

㉠ 거실이 없는 건축물(타워, 굴뚝)
㉡ 각층 바닥면적 500[m^2] 이하
㉢ 층수가 4층 이하로 각층이 200[m^2] 마다 방화구획 구성장소

2) 승강장 구조

① 제연설비, 외부창문, 전실(노대)설치
② 내부와 연결된 출입구에는 갑종 방화문설치(피난층 제외)
③ 바닥, 벽은 내화구조이고 불연재료로 마감
④ 채광이 있는 창문이나 비상조명 설치
⑤ 옥내승강장 바닥면적은 1대에 6[m^2] 이상
⑥ 피난층 승강장출입구로부터 도로, 공지까지 30[m] 이하
⑦ 전화장치
⑧ 속도 60[m/분] 이상
⑨ 승강로는 전층을 단일구조로 연결시켜 설치하고 내화구조
⑩ 비상전원은 60초 이내에 정격용량을 낼 수 있는 자동전환방식으로 2시간 이상 작동가능토록 해야 함
⑪ 배선은 내화배선
⑫ 비상용 승강기의 SW, 전자브레이크는 방수형으로 소화시에도 동작
⑬ 소방전용으로 사용되는 소방스위치 구성
㉠ 비상시 소방활동 전용으로 전환하는 1차 소방스위치
㉡ 승강기 및 승강장문이 열려 있어도 승강기를 승강시킬 수 있는 2차 소방스위치

3) 피난용 승강기

피난수단은 원시적 방법이 원칙이다. 그러므로 비상용 Elev는 주로 소방관의 소화활동에 국한하는 것이 원칙이고 피난목적으로는 보조적 역할만 해야 한다.

그러나 최근 최근 초고층 빌딩, 심층건물 개발에 따른 피난상의 문제점 특히 노약자, 환자 등에 대한 피난수단으로 피난용 승강기설치가 요구된다. 영국과 미국에서는 이미 피난용 승강기를 설치하고 있고 일본에서도 이의 적용을 검토하고 있다. 따라서 국내에도 초고층 건물에서는 환자, 장애자를 위한 피난용 승강기의 검토가 필요하리라 생각한다. 설치방법 기준은 다음과 같다.

① 화재구역을 나누고 그 구역 사이에 방화벽, 방화문을 설치한다.
② A구역에서 화재가 발생한 경우 B구역으로 대피하여 B구역에 설치된 Elev로 피난한다.

③ 피난용 Elev는 화재시에도 운전기능이 정지되지 않도록 한다.
④ 양쪽전원은 서로 독립시킨다.
⑤ 화물용 승강기와 승강용 승강기는 동일한 구획장소에 설치 않는다.
⑥ 승강장에 연기감지기를 설치하여 연기로 오염된 층의 승강장에 승강기 정지를 금지시킨다.

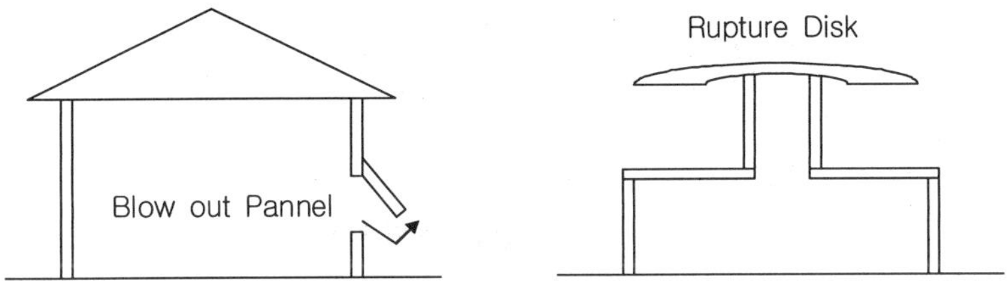

[그림 4-14] 방화구획 구분

4) 화재시 승강기 운행

화재발생시 승강기에 들어가서 버튼을 누르면 Elev는 사람을 화재층으로 유인할 수 있다. 또한 Elev는 정전이나 기계고장 등으로 Elev Shaft 내에 승객을 가둘 수 있다. 따라서 화재시에는 모든 Elev는 운전을 정지하고 1층에 집결시켜 소방대의 관리하에 둔다.

(1) Elev 운송능력

Elev로 건물거주자 전부를 피난시키려면 오피스에서는 20~45분, Apt에서는 1.25~1.75시간, 호텔의 경우 0.75~1.25시간이 소요된다.

㈎ 계단실에 Elev 설치된 경우

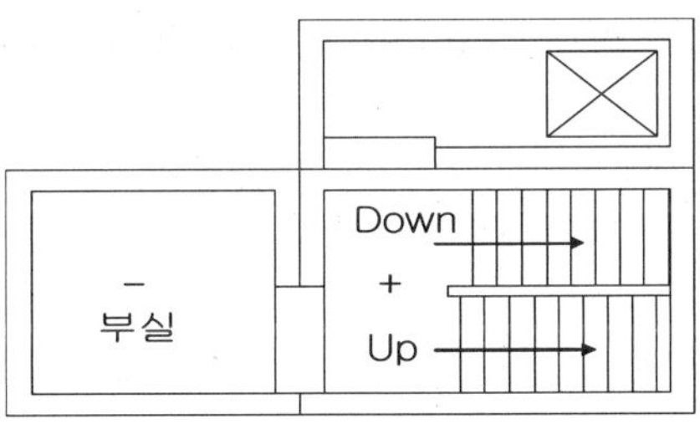

[그림 4-15] 계단실 가압

(나) 압력 조정된 부실

부실 가압으로 정압을 유지한다. 부실을 격리시키려면 [그림 4-16]처럼 자동으로 닫히는 문을 설치하면 된다.

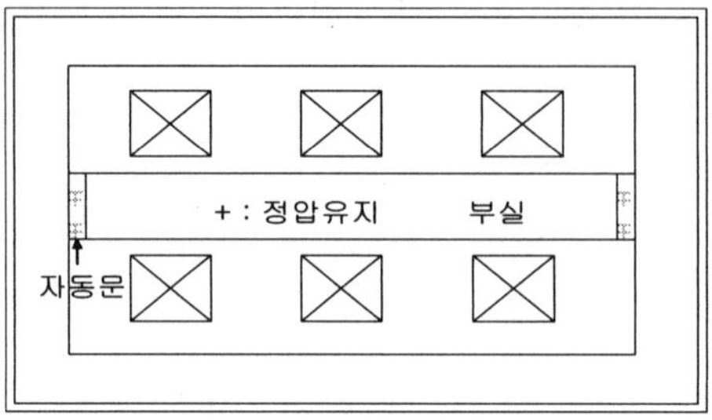

[그림 4-16] 압력 조정된 부실

(2) 비상용 승강기 운행지침

① 화재층 대피가 우선이고 화재층 상부는 화재층에 이어 대피한다.
② 화재층 운행 승강기가 우선이다.
③ 각 층마다 모든 대피자를 3분 이내 피난시키도록 승강기를 확보한다.
④ 승강기군이 15층으로 제한된 경우 45분 이내에 전체피난을 완료하도록 한다.
⑤ 승강기 호출장치, 내부운행자 선택을 작동할 수 없도록 한다.
⑥ 모든 층에서 모든 승강기의 감시가 가능한 모니터를 설치한다.

5) Elev 피스톤효과

화재시 Elev가 하강하면 Car Box는 피스톤이 되면서 Elev 샤프트 내의 공기를 하부로 밀어내기 때문에 Elev 상부공간은 감압되어 부압이 되고 하부공간은 가압되어 정압이 되는데 이를 피스톤 효과라 한다. 부압이 걸린 상부공간은 화재실로부터 연기를 유입하여 Elev 로비와 샤프트를 오염시킨다. 피스톤 효과의 저감대책은 다음과 같다.

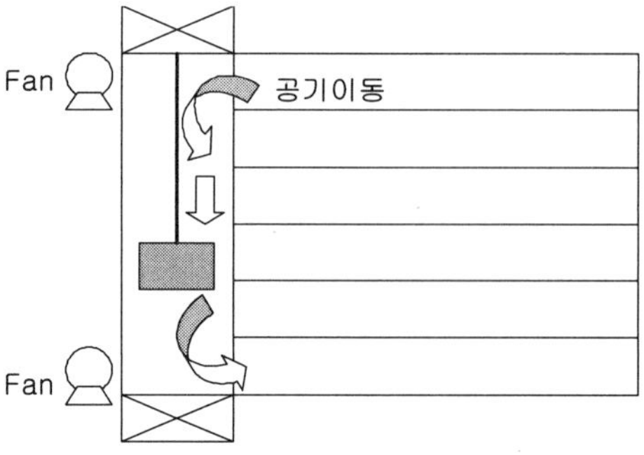

[그림 4-17] 피스톤 효과

① Elev 샤프트 상부 및 하부에 Fan을 설치하여 Elev 하강시 상부Fan이 동작하고 상승시에는 하부Fan이 동작하여 Elev 샤프트 내부가 항상 양압을 유지하는 것이 가장 이상적인 방법이다.
② Elev 카와 샤프트 사이 공간을 크게 하여 벽과 카사이에 공기가 쉽게 이동하여 피스톤효과를 감소시킨다.
③ 화재실로부터 Elev로비로 연기가 침투하지 못하게 Elev로비를 급기가압한다.
④ Elev 샤프트 최상부와 최하부에 큰 개구부를 두어 샤프트 내부가 부압이 되는 것을 감소시킨다.
⑤ 피스톤 효과는 Elev 속도가 빠를수록 커지므로 Elev를 저속 운전한다.

6) Elev 안전장치

① 출입문 잠금장치(Door Lock Switch) : Hall Door 열림을 방지하는 장치로 Car가 목적층에 도착하여 Car가 열리는 경우 외에는 Hall Door가 열리지 않도록 잠그는 장치
② 출입문 걸쇠(Outside Door Latch) : 정전이나 비상시에 Car안에 있는 승객을 구출하기 위해 밖에서 출입문을 열 수 있는 장치
③ 리미트스위치 : Car가 최상층 또는 최하층에서 정상 운행위치를 벗어나는 것을 방지하기 위한 안전장치
④ 끼임방지 스위치 : Elev 출입문이 닫히고 있을 때에 사람이 문사이에 끼게 되면 이를 검출하여 문이 다시 열리도록 하는 장치로 기계식과 광전식이 있음
⑤ 과적방지장치 : 허용중량 이상의 승객이 탑승하는 것을 방지하는 장치로 Car의 바닥에 설치한다. 과적이 감지되면 부져가 울리고 Car가 출발하지 않음
⑥ 완충기(Buffer) : Car나 Counter Weighter가 최하층 바닥으로 추락할 때 이들의 운동에너지를 흡수하여 안전하게 하기 위한 장치로 스프링식과 유압식이 있음
⑦ 과전류 차단기 : Elev전동기, 제어반 등에 과전류가 흐르는 것을 방지함
⑧ 역상, 격상계전기 : 공급전원에 역상 또는 격상이 발생하면 이를 감지하여 Elev를 자동으로 정지시키는 계전기

7) 비상시 승강기 사용 문제점

(1) 화재시 집중되는 피난자

① Panic 현상, 대기시간, 피난시간 증가
② 과도한 하중

(2) 기능이상 유발

① 전원공급 중단
② 샤프트 내 열, 연기이동(피스톤 효과)
③ 열로 인한 오동작(문작동, 버튼 오동작)
④ 샤프트내 소화수 유입으로 기기장치 오동작

8) 피난용 승강기 설계

① SP 설치 : 승강기기계실, 샤프트 하부
② 샤프트 가압 : 고층건물의 연돌효과로 승강기 샤프트는 바닥에서는 압력이 낮다. 그러므로 화재가 발생하면 연기는 샤프트를 따라 상승한다. 승강기 샤프트를 12[Pa] 정도 가압하면 열과 연기의 침입을 방지할 수 있다. 승강기 샤프트와 주변 부분은 반드시 기밀성을 확보해야만 연기유입을 차단하는 차압이 유지
③ 승강장 방화구획 : 모든 층의 승강장을 2시간 이상 방화성능의 내화구조로 하고 방화문은 1.5시간 내화시간을 확보
④ 비상전원 확보(2시간)
⑤ 전원차단시 승강기 1층 복귀(1층에 개방하여 정지)
⑥ 급기가압용 공기유입구 위치 유의(연기역류 방지)
⑦ 모든 승강장에서의 비상계단 진입가능토록 할 것
⑧ 쌍방향 통신(Elev, 승강장)

9) 비상시 승강기 사용 유의사항

① 소방대를 위한 요구사항 : 제연설비, 통신설비, 비상전원
② 장애자를 위한 요구사항 : 접근성 용이, 카 크기
③ 거주자 대피를 위한 요구사항 : 발화층과 피난층 운행, 정상인은 피난계단 이용, 노약자 장애자는 엘리베이터를 이용
④ 비상용 승강기의 요구사항 : 호출기 미작동
⑤ 수손방지를 위한 문제 : 승강장 바닥경사, 배수구, 내수성 확보
⑥ 비상대응 계획수립 및 교육훈련 시행 : 단계별 피난, 일부는 피난계단으로 분산

10) 피난용 승강기 운행계획

① 발화층 우선, 노약자 우선으로 승강기 운행

② 피난 시나리오 작성
  ㉠ 피난인원, 피난개시시간, 피난경로 예측
  ㉡ 피난행동에 따른 복도, 계단, 승강기를 이용한 출구 통과시간 산출
③ 피난계단과 역할분담, 피난자수와 승강기수로 피난수송 능력평가
④ 승강기 안전확보 조건 : 비상전원, 내열, 내화성능, 방수, 과하중, 피스톤 효과, 통신시설 승강기별 운행군(고, 중, 저층) 통제 모드, 정지시 구출방법

02 건축물 방화

1. 내화구조

내화구조란 화재발생시 건물의 강도와 성능을 유지할 수 있는 구조를 말하며 철근콘크리트, 연와조, 석조 등이 있으며 1,580℃에서 구조적 물성변화 없어야 한다. 이러한 내화구조는 연소가 쉽지 않고 재료의 두께 및 구성요소에 따라 견디는 시간이 다르다. 내화구조물의 기본적인 속성은 다음과 같다.

① 건축물 하중유지로 붕괴방지
② 충격과 소방주수 강도유지
③ 화염 및 열확대 방지
④ 화재 후 재사용
⑤ 불연성
⑥ 피난시간 확보 및 재산상 피해 최소화

1) 내화구조 대상물

일정규모 이상 건축물에 대해서는 내력벽, 기둥, 바닥, 보, 지붕틀, 주계단 등 주요 구조부를 내화구조로 할 것을 의무화하고 있다.

① 위험물시설
② 지하층, 3층 이상 건축물(백화점, 시장, 학교 …) 주택은 제외
③ 관람집회, 주점영업, 장례식장, 무도장(200[m^2] 이상)

④ 숙박시설, 의료시설, 노유자 시설, 다중이용업소(400[m^2] 이상)
⑤ 체육관, 위탁, 판매, 창고 (500[m^2] 이상)
⑥ 공장(2000[m^2] 이상)

[예외] ① 연면적 50[m^2] 이하인 단층 부속 건물로 외벽, 처마를 방화구조로 한 건물
② 무대바닥

〈표 4-11〉 내화구조

구 분	철골철근콘크리트	철골조	벽돌조, 석조, 콘블록조
벽	두께 10[cm] 이상	철망 모르타르 : 양쪽 4[cm] 이상 벽돌, 석재 : 양쪽 5[cm] 이상	19[cm] 이상
기둥	두께 25[cm] 이상	철망 모르타르 : 양쪽 6[cm] 이상 벽돌, 석재 : 양쪽 7[cm] 이상	인정 안함
바닥	두께 10[cm] 이상		인정 안함

내화구조의 구조별 기준은 다음과 같다.

① 철근콘크리트, 철골철근콘크리트 두께 10[cm] 이상
② 벽돌조 두께 19[cm] 이상
③ 5[cm] 이상 철재보강 콘크리트 블록
④ 골구를 철골조로 하고 양면에 4[cm] 철망모르타르 또는 5[cm] 블록 또는 벽돌을 붙인 것

외벽의 변형을 초래하는 주요인은 다음과 같다.

① 내 · 외벽 온도차
② 벽의 높이와 층고
③ 벽두께
④ 벽재질의 열팽창계수

내화구조(건축법 시행령, 시행규칙) 다음 각 호의 어느 하나에 해당하는 것을 말한다.
1. 벽의 경우에는 다음 각 목의 어느 하나에 해당하는 것
  가. 철근콘크리트조 또는 철골철근콘크리트조로서 두께가 10[cm] 이상인 것
  나. 골구를 철골조로 하고 그 양면을 두께 4[cm] 이상의 철망모르타르(그 바름바탕을 불연재료로 한 것으로 한정한다) 또는 두께 5[cm] 이상의 콘크리트블록 · 벽돌 또는 석재로 덮은 것
  다. 철재로 보강된 콘크리트블록조 · 벽돌조 또는 석조로서 철재에 덮은 콘크리트블록 등의 두께가 5[cm] 이상인 것

라. 벽돌조로서 두께가 19[cm] 이상인 것
마. 고온·고압의 증기로 양생된 경량기포 콘크리트패널 또는 경량기포 콘크리트블록조로서 두께가 10[cm] 이상인 것

2. 외벽 중 비내력벽인 경우에는 제1호에도 불구하고 다음 각 목의 어느 하나에 해당하는 것
가. 철근콘크리트조 또는 철골철근콘크리트조로서 두께가 7[cm] 이상인 것
나. 골구를 철골조로 하고 그 양면을 두께 3[cm] 이상의 철망모르타르 또는 두께 4[cm] 이상의 콘크리트블록·벽돌 또는 석재로 덮은 것
다. 철재로 보강된 콘크리트블록조·벽돌조 또는 석조로서 철재에 덮은 콘크리트블록등의 두께가 4[cm] 이상인 것
라. 무근콘크리트조·콘크리트블록조·벽돌조 또는 석조로서 그 두께가 7[cm] 이상인 것

3. 기둥의 경우에는 그 작은 지름이 25[cm] 이상인 것으로서 다음 각 목의 어느 하나에 해당하는 것.
가. 철근콘크리트조 또는 철골철근콘크리트조
나. 철골을 두께 6[cm](경량골재를 사용하는 경우에는 5[cm])이상의 철망모르타르 또는 두께 7[cm] 이상의 콘크리트블록·벽돌 또는 석재로 덮은 것
다. 철골을 두께 5[cm] 이상의 콘크리트로 덮은 것

4. 바닥의 경우에는 다음 각 목의 어느 하나에 해당하는 것
가. 철근콘크리트조 또는 철골철근콘크리트조로서 두께가 10[cm] 이상인 것
나. 철재로 보강된 콘크리트블록조·벽돌조 또는 석조로서 철재에 덮은 콘크리트블록등의 두께가 5[cm] 이상인 것
다. 철재의 양면을 두께 5[cm] 이상의 철망모르타르 또는 콘크리트로 덮은 것

5. 보(지붕틀을 포함한다)의 경우에는 다음 각 목의 어느 하나에 해당하는 것. 다만, 고강도 콘크리트를 사용하는 경우에는 국토교통부장관이 정하여 고시하는 고강도 콘크리트내화성능 관리기준에 적합해야 한다.
가. 철근콘크리트조 또는 철골철근콘크리트조
나. 철골을 두께 6[cm](경량골재를 사용하는 경우에는 5[cm])이상의 철망모르타르 또는 두께 5[cm] 이상의 콘크리트로 덮은 것
다. 철골조의 지붕틀(바닥으로부터 그 아랫부분까지의 높이가 4미터 이상인 것에 한한다)로서 바로 아래에 반자가 없거나 불연재료로 된 반자가 있는 것

6. 지붕의 경우에는 다음 각 목의 어느 하나에 해당하는 것
가. 철근콘크리트조 또는 철골철근콘크리트조
나. 철재로 보강된 콘크리트블록조·벽돌조 또는 석조
다. 철재로 보강된 유리블록 또는 망입유리로 된 것

7. 계단의 경우에는 다음 각 목의 어느 하나에 해당하는 것
가. 철근콘크리트조 또는 철골철근콘크리트조
나. 무근콘크리트조·콘크리트블록조·벽돌조 또는 석조
다. 철재로 보강된 콘크리트블록조·벽돌조 또는 석조
라. 철골조

8. 「과학기술분야 정부출연연구기관 등의 설립·운영 및 육성에 관한 법률」제8조에 따라 설립된 한국건설기술연구원의 장(이하 "한국건설기술연구원장"이라 한다)이 해당 내화구조에 대하여 다음 각 목의 사항을 모두 인정하는 것. 다만, 「산업표준화법」에 따른 한국산업표준으로 내화성능이 인정된 구조로 된 것은 나목에 따른 품질시험을 생략할 수 있다.
가. 생산공장의 품질 관리 상태를 확인한 결과 국토교통부장관이 정하여 고시하는 기준에 적합할 것
나. 가목에 따라 적합성이 인정된 제품에 대하여 품질시험을 실시한 결과 별표 1에 따른 성능기준에 적합할 것

[문제 8] 내화구조의 철근콘크리트조 기둥은 그 작은 지름을 최소 몇 [㎝] 이상으로 하는가?
① 10 ② 15 ③ 20 ④ 25

[문제 9] 건축물의 주요구조부가 아닌 것은?
① 내력벽 ② 지붕틀 ③ 보 ④ 옥외계단

2) 내화구조시험

건축재료 내화시험에는 화재에 대한 차염성과 단열성을 시험하는 화재시험과 각 구조별 표준온도-시간곡선에 따라 구조안전성의 문제점을 시험하는 내화시험이 있다. 가능한 실제 화재시 발생되는 조건에 맞도록 하며 각 국이 정한 표준온도-시간곡선에 따라 가열시험, 충격시험, 주수시험 등을 병행하여 실시하기도 한다.

① 가열시험 : 표준온도-시간곡선에 따른 구부러짐, 늘어짐 측정(재하가열시험)
② 충격시험 : 구조체의 내충격성 시험
③ 주수시험 : 소방주수시 파손, 결함측정

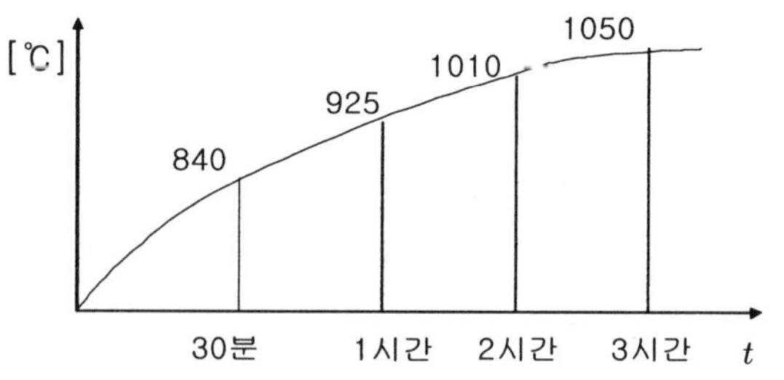

[그림 4-18] 표준가열 온도곡선

3) 내화성능 기준

건축물은 층별로 구조체가 받는 하중 및 내력이 다르므로 구조체 별 층수에 따라 내화성능 시간도 다르다.

① 방화지구 내 건축물은 주요 구조부 및 외벽을 내화구조로 한다.
② 지붕이 내화구조가 아닌 것은 불연재료로 한다.
③ 외벽개구부에 연소우려 부분은 방화문 등 방화설비를 갖춘다.

〈표 4-12〉 내화성능 기준시간

구 분	기둥, 보	바닥, 벽(내력벽)	비내력 외벽(연소우려)	비내력 외벽(우려없음)
최상층~5층	1	1	1	1/2
6층~14층	2	2	1	1/2
15층 이하	3	2	1	1/2

4) 가열시험 기준

① 가열시험 중 내화상 또는 구조상 변형이나 파괴 등 변화가 없을 것

〈표 4-13〉 가열시험 온도

구 분	기둥, 보[℃]	바닥, 벽[℃]
철근콘크리트, 철근콘크리트 패널	최고온도 500	550
프리스트레스 콘크리트조	최고온도 400	450
강 구조	최고온도 450	500
	평균온도 350	400

② 벽, 바닥은 가열중 화염이 통하는 틈이 생기지 않을 것
③ 강재의 최고온도 또는 평균온도가 건축물의 부재별 시험온도를 넘지 않을 것
④ 벽, 바닥슬라브에서 비가열측 온도가 260[℃]를 넘지 않을 것
⑤ 불연재료가 아닌 것은 가열종료 후 10분 이상 화열이 남지 않을 것

5) 재하가열시험 기준

시험체 단면에 장기허용응력도의 1.2배에 상당하는 응력도가 생기도록 재하하면서 가열하는 것으로 다음과 같다.

① 바닥 및 지붕은 시험체의 최대처짐(S)이 다음 조건을 만족시킨다.
바닥 슬라브 $S \le L^2/10{,}000$(L : 시험체 길이)
지붕 슬라브 $S \le L^2/8{,}000$(L : 시험체 길이)
② 재하 없이 온도로만 판정하는 것은 문제가 있기 대문에 가열시험보다는 재하가열시험이 합리적이다. 그러나 재하가열 시험도 단순 지지이기 때문에 실제현장과는 다소 차이가 있다.

2. 내화특성

1) 콘크리트

콘크리트는 500[℃] 전후에는 큰 문제가 없으나 700[℃]에 이르면 구성재(골재, 시멘트 풀)간의 열팽창계수 차이로 콘크리트 내부응력이 발생하여 균열이 생기면서 강도가 감소한다. 콘크리트 내부 온도상승은 표면의 대류현상 콘크리트 열전도율, 함수율에 따라 달라진다. 화재시 열전달률을 60~150(kcal/m^2℃]이다.

2) 철골(Steel Structure)

350[℃]에서는 철골의 강도가 1/3 정도 저하되고 500[℃]에서 강도가 50[%], 650[℃]에서는 2/3가 저하된다.

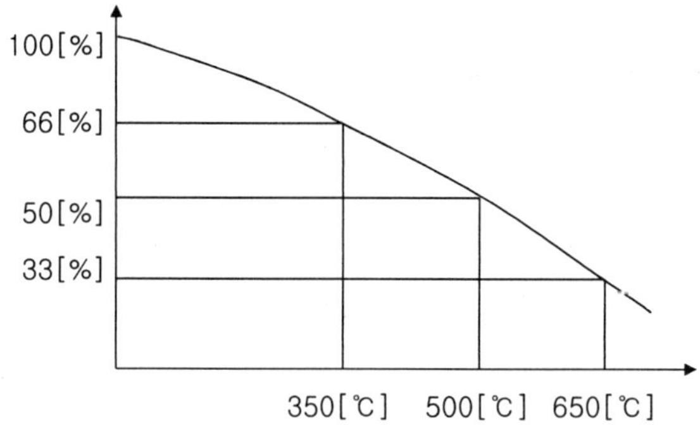

[그림 4-19] 철골 인장강도

그러므로 화재최성기인 800[℃]에서는 내화구조 강도는 현저히 저하된다(변태점 723[℃], 자기변태점(자성상실 758[℃], 용융점 1539[℃]).

(1) 탄성계수

변형되었던 재료가 외력이 없어지면 원래 상태로 되돌아가는 것을 탄성계수라 하고 외력을 제거해도 그대로 남아 있는 성질을 소성이라 한다. 콘크리트의 경우 500[℃] 이상에서 탄성을 상실한다. 탄성계수는 재료에 가해지는 힘과 변형율의 비율이다.

$$R = \frac{응력도}{변형률} = \frac{P/A}{\Delta l/l} (\Delta l : 변형크기,\ l : 길이)$$

(2) 인장강도

인장력[kg]/단면적[mm^2]

(3) 철골 내화피복

철은 온도상승에 따라 강도가 저하되므로 I-Beam 등 철구조물은 적절한 내화성능을 유지할 수 있도록 일정두께 이상의 Fire Proofing해야 한다.

내화피복은 콘크리트, 석고, 석고보드, 섬유물질 분사로 시행되며 철골 내화피복을 위한 도료는 하도(광명단 방청도료), 중도(내화도료), 상도(일반도료 우레탄)가 있다.

① 유기 내화도료 : 가스, 포를 방출시켜 피막을 수십배 탄화두께를 형성하는 발포제, 발포제 주성분을 제공하는 탄화제, 가스 방출과 수지막 형성을 촉진하는 촉매제가 있다.
② 무기 내화도료 : 흡열반응을 일으켜 외부의 열을 흡수하여 철골을 보호할 수 있는 도료 및 촉매 등이 있다.

3) 철근콘크리트

350[℃]까지는 초기강도를 유지하지만 600[℃]에서는 초기강도의 1/2이고, 800[℃]에서는 폭열현상으로 균열·파괴된다.

① 철근과 콘크리트 열팽창 차이로 철근 부착력이 감소(철근 : 인장력, 콘크리트 : 압축응력)
② 온도상승에 의한 내부증기압이 상승하여 콘크리트 폭열로 수증기 발생
③ 시멘트의 결합수 상실로 콘크리트 강도 감소
④ 콘크리트는 500[℃] 이하로 가열된 것이 냉각되면 약 1년 후 90[%] 회복되지만, 500[℃] 이상으로 가열된 것은 냉각 후 잔존강도비가 50[%] 이하로 내려 감
⑤ 콘크리트 열팽창 요소 : 철근신장, 시멘트신장, 골재신장, 콘크리트 잔류신장

4) 특수공법

철골구조 내화방법은 팽창재를 사용한 피복재료와 수냉강관 방법이 있다. 경량 콘크리트나 팽창질석도 단열성이 있는 좋은 피복재료이다. 화재시 석고모드는 결정수를 방출하여 철골에 열류가 닿는 것을 지연시킨다. 수냉강관 시스템은 기둥이나 경사진 구조부재만이 냉각부재로 설계가 가능하다. 왜냐하면 수평부재는 가열중 발생하는 증기를 외부로 방출하기가 곤란하다.

5) 내화체 구성요건

① 콘크리트 조합시 내화성이 우수한 골재를 사용하고 석영질 골재사용을 억제한다.
② 철근보호를 위해 피복두께는 충분히 한다.

3. 방화구획

방화구획구조란 내화구조처럼 구조적인 내력은 없으나 화재시 잘 타지 않는 재질의 것으로 일정구획 내에서 일정시간 동안 화재에 대하여 견딜 수 있는 구조를 말한다.

방화구조
1. 철망모르타르로서 그 바름두께가 2[cm] 이상인 것
2. 석고판 위에 시멘트모르타르 또는 회반죽을 바른 것으로서 그 두께의 합계가 2.5[cm] 이상인 것
3. 시멘트모르타르 위에 타일을 붙인 것으로서 그 두께의 합계가 2.5[cm] 이상인 것
6. 심벽에 흙으로 맞벽치기한 것
7. 「산업표준화법」에 따른 한국산업표준이 정하는 바에 따라 시험한 결과 방화 2급 이상에 해당하는 것

[문제 10] 방화구조에 대한 기준으로 틀린 것은?
① 철망모르타르로서 그 바름두께가 2[cm]이상인 것
② 두께 1.2[cm] 이상의 석고판 위에 석면 시멘트판을 붙인 것
③ 두께 2[cm] 이상의 암면보온판 위에 석면 시멘트판을 붙인 것
④ 심벽에 흙으로 맞벽치기 한 것

1) 방화구획

내화구조 또는 불연재료로 된 건축물로써 연면적이 1,000[m^2]를 넘는 것은 〈표 4-14〉 기준에 의하여 내화구조로 된 바닥, 벽, 갑종방화문으로 구축하여야 한다.

방화구획 구조물은 내화구조보다 방화성능이 적은 철망 모르타르, 회반죽, 석고판 등이 있다. 철망 모르타르는 바름두께가 2.0[cm] 이상, 시멘트 모르타르 + 타일은 바름두께 2.5[cm] 이상이어야 한다.

〈표 4-14〉 방화구획 종류

방화구획 종류	구획 종류	방화구획 구조(구획방법)
면적별 구획 (수평구획)	주요 구조부가 내화구조 또는 불연재료로 된 건축물로 연면적이 1,000[m^2] 이상은 내화구조로 된 벽, 바닥과 갑종방화문으로 구획하여야 한다. • 1,000[m^2] 이내마다 구획(10층 이하) • 11층 이상은 200[m^2]마다 구획 (내장재는 500[m^2]마다 구획) ※ SP설치시 면적 3배 증가	• 바닥, 벽은 내화구조(구조) • 경계벽, 매달린벽, 칸막이벽(구조) • 문은 갑종방화문(개구부) • 자동방화 셔터(개구부) • 방화댐퍼(구획관통부) • 관통부는 불연재로 충진
층별구획 (수직구획)	• 3층 이상은 층마다 구획 • 지하층은 층마다 구획	계단, Elev, 덕트 등 건축물 수직 관통 부분
용도별 구획	위험물저장 취급과 기타 부분 구획	무대와 객석, 창고와 작업부분, 공조 덕트구분
목조물 구획	연면적 1,000[m^2] 이내마다	• 방화벽 • 갑종방화문

방화구획구조 대상은 다음과 같다.

① 동일대지 내 다른 건축물과 인접한 경우(외벽 상호간 중심선이 1층은 5[m] 이내, 10[m] 이내)
② 연면적 1,000[m^2] 이상의 목조건물로 연소우려 있는 외벽과 처마
③ 방화지구내 건축물의 연소우려 개구부에는 방화문 기타의 방화설비설치
④ 기타 망입유리, Spandrel, Canfilerer, 방화판도 방화구획 용도의 한 종류

2) 방화구조물 설치기준

① 갑종방화문 : 언제나 닫힌 상태를 유지하거나 또는 화재발생시 자동으로 닫히는 구조로 할 것
② 방화구획 관통시 급수관, 배전관 틈새를 불연재로 충전
③ 풍도가 방화구획을 관통하는 경우 관통부분에 댐퍼를 설치(반도체 공장건축물로서 방화구획을 관통하는 풍도 주위에 SP헤드를 설치하는 경우에는 예외)

3) 방화구획 완화규정

① 관람집회, 종교시설, 운동시설
② 물품제조에 필요한 대형기기 설치(켄베이어)
③ 계단, 복도, 승강로(다른 부분과 방화구획)
④ 최상층, 피난층의 대규모 회의장

⑤ 복층형 공동주택은 세대간 층간 바닥부분
⑥ 내화구조, 불연재료로 된 주차장
⑦ 군사시설, 식물원, 축사, 단독주택

4) 방화구획 선정 장 · 단점

① 피난상의 불편
② 소화활동상의 불편(옥내 소화전 사용상 불편)
③ Flash Over, 훈소, Back Draft 발생 용이
④ 화재확산 억제
⑤ 제연의 용이성

5) 특수장소 방화대책

(1) 일반건물 방화대책

① 방화벽, 방화구획으로 확대방지
② 불연재, 난연재 사용 등 내장재로 방염처리
③ 화재하중 경감대책
④ 상층 연소확대 방지를 위한 캔티레버, 스팬드럴 시공
⑤ 피난기구, 비상조명등, 인명구조기구, 비상방송, 비상경보설비

(2) 화학공정 방화대책

① 방화벽, 방화구획
② 반응폭주가 우려되는 반응로 및 주위에 연소방지 위해 물분무설비
③ 공정재료 공급중지설비
④ 반응기에서 원료방출설비
⑤ 불활성가스 주입설비
⑥ 냉각용수, 냉매공급설비
⑦ 반응중지제, 반응억제제, 주입설비
⑧ Human Error를 최소화할 수 있는 Fool Proof 공정 설계

6) 화재경계지구내의 건축물 구조

건축물의 주요 구조부 및 외벽은 내화구조로 하여야 하고 간판, 광고탑 등 건축물의 지붕

위에 설치하는 공작물은 그 주요부를 불연재료로 하여야 한다. 또한 방화지구내 건축물의 외벽에 설치하는 창문과 연소할 우려가 있는 개구부문에는 다음 방화설비를 설치하여야 한다.

① 갑종방화문 또는 을종방화문
② 창문 등에는 드렌처설비
③ 환기구멍에는 불연재료로 된 방화카바 또는 금속망 그물눈(2[mm])

4. 내화성능 시험

1) 방화문

주요 구조부가 내화구조 또는 불연재료로 된 건축물로서 연면적 1,000[m^2] 이상되는 건물은 내화구조로 된 바닥, 벽으로 구획하여야 한다. 방화구획에 개구부가 있는 경우 그 개구부는 닫힌 상태에서 벽의 내화성능과 동등한 내화력이 유지되는 방화문을 설치하여야 한다. 그러나 벽 전체의 표면적 중 문의 표면적이 작아 통상적으로 벽보다는 문의 내화성능을 낮게 규정한다. 그러나 내화벽과 동등한 내화성능을 유지하려면 문개구부에 스프링쿨러를 설치하면 된다.

① 항상 열 수 있고 닫힌 상태로 유지되어야 한다.
② 문이 닫히면 연기나 화염의 이동이 없어야 한다.
③ 방화문 부착 철물은 문을 폐쇄하였을 때 노출되지 않도록 한다.
④ 방화문틀 재료는 불연재료로 하여야 한다.
⑤ 일반적으로 철재방화문만 인정하고 있다.
⑥ 승강기문도 건축물에 설치된 방화문 성능과 동일해야 한다. 일반적으로 승강기문의 내화성능은 승강기 샤프트의 내화성능에 따라 다르다(4시간 → 3시간, 3 → 2시간, 2시간 → 1시간).

〈표 4-15〉 방화문 설치구분

구 분	갑종방화문(비차열 1시간)	을종방화문(비차열 30분)
철재구조	• 1.5[mm] 철판두께 • 골구를 철재로 하고 그 양면에 각각 두께 0.5[mm] 이상의 철판을 붙인 것	• 0.8 ~1.5[mm] 철판두께 • 골구를 방화목재로 하고 옥내면에는 두께 1.2[mm] 이상 석고판을 붙이고 옥외면에 철판을 붙인 것
사용장소	• 방화구획 • 방화벽 • 비상용승강기 출입구 • 을종방화문	• 피난계단 출입구 • 특별피난계단 출입구 • 연소 우려되는 외벽개구부

2) 방화문의 내화시험

(1) 차열시험

시험중 시험체 이면온도가 시험 시작할 때 온도보다 평균상승온도는 140[°K], 최고상승온도 180[℃] 이상으로 상승하지 않아야 한다. 승강기문을 방화문으로 사용하는 경우 비차열 1시간 이상의 성능이 확보되어야 한다.

① 차열성 방화문 : 차열성능시험 + 차염성능시험
② 비차열성 방화문 : 균열게이지 시험 + 화염전파시험만 적용

(2) 차염시험

① 시험체 이면에 설치된 면패드가 착화되지 않아야 한다(면패드 시험).
② 균열게이지 시험에서는 6[mm] 균열게이지가 시험체를 150[mm] 이상 수평관통하지 말아야 하며 25[mm] 균열게이지는 시험체를 관통하지 않아야 한다(균열게이지 시험).
③ 화염전파시험에서는 시험체 이면에 10초 이상 지속되는 화염이 발생하지 말아야 한다(화염전파 시험).

(3) 차연시험

방화문 차연시험은 차압 25[pa]상태에서 공기누설량이 0.9[m^3/min · m^2]를 초과하지 않을 것으로 정의한다.

3) 방화문 성능시험

① 내화성능시험 : 비차열시험 1시간(6[mm]×150[mm], 25[mm], 10초)
② 차연성능시험 : 25[pa] 차압에서 0.9[m^3/min · m^2] 기밀성 측정
③ 비틀림 강도시험 : 90° 열고 옆방향으로 하중을 가하여(20,40, 60N) 비틀림 측정
④ 연직하중 강도시험 : 90° 열고 문상부에서 하중을 가하고 문처짐량 측정
⑤ 개폐력 시험 : 문이 닫히는 힘, 열리는 힘(최소)
⑥ 개폐반복 시험 : 100,000회(온, 오프 1회)
⑦ 내충격시험 : 30[kg], 지름 35[cm]를 낙하충격

4) NFPA 방화문 성능등급

① 방화구획(내화벽) 개구부(A등급) : 180분(3시간)
② 수직통로(Elev, 계단) 개구부(B급) : 90분 (1.5시간)

③ 칸막이벽(거실, 통로, 복도) 개구부(C급) : 45분
④ 연소우려가 큰 외벽(출입문, 셔터)(D급) : 90분(1.5시간)
⑤ 연소우려가 작은 벽(창)(E급) : 45분

5. 방화셔터

평상시에는 개방되어 있고 화재시 자동으로 폐쇄되어 방화구획을 형성하는 자동문으로 고정벽을 설치하기 곤란한 장소에 설치하며 3[m] 이내에 갑종방화문이 설치된다.

1) 기본구조

① 자동, 수동으로 동작되는 구조
② 임의의 위치에서 정지되는 구조
③ 자중에 의해 폐쇄되는 구조
④ 개폐용 전동기는 저압 3상 유도전동기 또는 단상 유도전동기
⑤ 샤프트롤러 체인은 전동기 롤러체인에 적합한 것
⑥ 갑종방화문과 3[m] 이내에 설치
⑦ 연동제어장치는 연기, 열에 의해 보호

2) 연동 제어시스템

① 열, 연기, 온도 Fuse에 의해 자동으로 동작
② 열감지기는 보상식 또는 정온식 감지기로서 공칭 동작온도가 60~70[℃]
③ 온도 Fuse 장치가 50[℃]에서는 5분 이내 동작해서는 안되고 90[℃]에서는 1분 이내 동작
④ 연기감지기에 의해 일부폐쇄, 열감지기에 의해 완전 폐쇄
⑤ 예비전원은 30분 확보
⑥ 셔터상부는 상부바닥에 맞닿아야 하고, 바닥과의 틈새는 이동통로가 되지 않을 것

3) 방화셔터의 문제점

① 폐쇄장해 위험성
② 뒷면측으로 복사열전달 위험
③ 셔터에 달려 있는 쪽문이 피난장해 우려

4) 일체형 자동방화셔터

별도의 방화문을 설치할 수 없는 경우 방화셔터 부분에 피난을 위한 출입구가 설치된 셔터를 말한다.

① 출입구 부분은 색상으로 셔터를 구분한다.
② 유효너비는 0.9[m] 이상 × 높이 2[m] 이상이어야 한다.
③ 비상유도등, 유도표지를 하여야 한다.
④ 갑종방화문을 설치하지 않을 수 있다.

5) 방화셔터 성능시험

(1) 차연시험(기밀성 시험)

① 시험체 크기 : 시험체는 실물크기 또는 시험상자에 수용할 수 있는 최대크기로 한다.
② 시험방법
　㉠ 시험체를 기밀성시험 상자(입력챔버와 기밀챔버 사이)에 밀착 고정한다.
　㉡ 송풍기를 동작한다.
　㉢ 문의 양쪽 차압을 10-30-50-100-50-30-10[pa]로 하고 공기누설량을 측정한다.
　㉣ 25[pa] 차압에서 공기누설량이 0.9[m^3/min. · m^2] 이하이어야 한다.

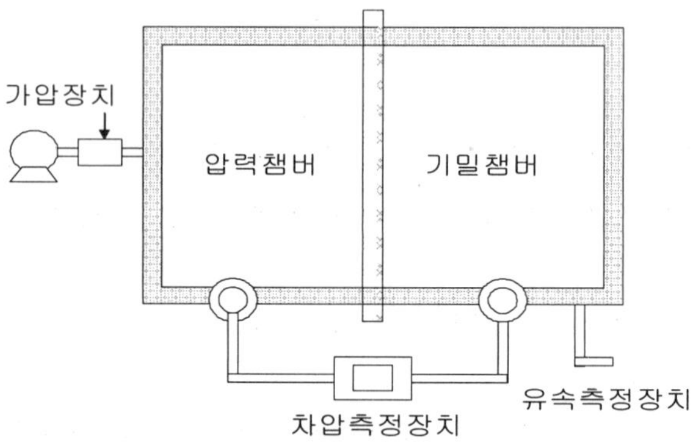

[그림 4-20] 기밀성 차압시험상자

(2) 차염시험(내화시험)

① 시험체 크기 : 시험체는 실물크기 또는 시험상자에 수용할 수 있는 최대크기
② 시험방법 : 시험체를 가열로에 고정시키고 가열로 내에 설치된 5개 고정열전대에서 측정된 온도값이 그림의 표준가열 온도곡선에 맞도록 시험체에 1시간 동안 가열한다. 시험은 시험체 양면에 대해 각각 실시한다.

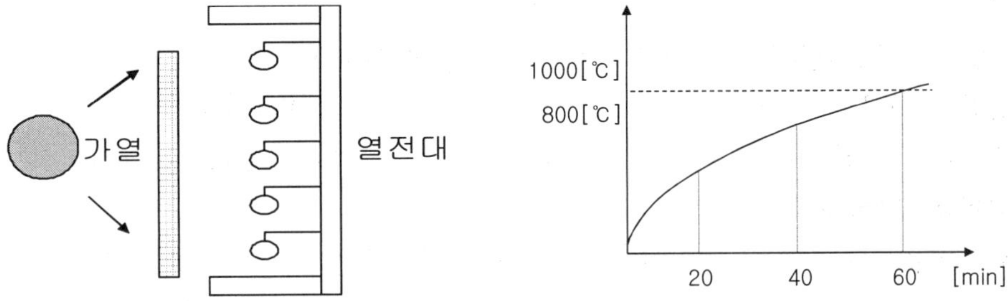

[그림 4-21] 가열시험로 및 표준가열 온도곡선

③ 판정기준(1시간 가열로 차염시험)

㉠ 시험체 이면에 설치된 면패드가 착화되지 않아야 한다(면패드시험).

㉡ 균열게이지 시험에서는 6[mm] 균열게이지가 시험체를 150[mm] 이상 수평관통하지 말아야 하며 25[mm] 균열게이지는 시험체를 관통하지 않아야 한다(균열게이지 시험).

㉢ 화염전파시험에서는 시험체 이면에 10초 이상 지속되는 화염이 발생하지 말아야 한다(화염전파시험).

㉣ 시험중 시험체 이면온도가 시험 시작할 때 온도보다 평균상승온도는 140[°K], 최고상승온도 180[℃] 이상으로 상승하지 않아야 한다.

(3) 충격시험

화재시 방화문의 내충격성을 측정하기 위한 시험으로 가열시험 종료 후 약점부에 무게 10[kg], 지름 20[cm]의 둥근 모래주머니를 연직거리 50[cm] 낙하시 파손이 없어야 한다. 유리방화문은 3[kg]으로 3회 반복실험한다.

(4) 셔터 성능기준

① 방화문 내화시험 기준에 따른 내화시험 결과 비차열 1시간 성능유지

② 방화문 차연성능

6. 방화벽, 경계벽, 칸막이벽

1) 방화벽

연소확대 방지를 위한 자립벽을 말하며 주로 목조건축물 등에 설치한다.

① 목조건축물 1,000[m^2] 이내마다 설치
② 2.5 × 2.5[m]개구부의 3시간 내화성능 갑종방화문 설치
③ 방화벽 상단과 양단을 지붕면이나 외벽 면으로부터 50[cm] 이상 돌출
④ 급수관, 배선관 등의 관통부는 시멘트 모르타르, 불연재료로 충전하고 풍도(환기, 냉·난방)는 방화댐퍼 설치
⑤ MFL기준으로 방화벽 내화기준 4시간 내화성능의 자립성이 있는 구조

2) 설비용 샤프트

전기, 냉난방, 위생 등 건물의 기능유지를 위해 수직샤프트가 설치되어 상하층으로 공급되는데 이 샤프트를 통해 화재시 연기나 화염이 상층으로 확대되므로 방화가 필요하다.

① 샤프트벽체는 내화구조로 상층 바닥슬라브까지 축조한다.
② 각 층 분기관통부 주위 틈새를 시멘트모르타르, 내화충진재로 밀폐한다.
③ 점검구 문은 갑종방화문 구조로 한다.
④ 샤프트벽체에 설치된 배기그릴에도 자동방화댐퍼를 설치한다.
⑤ 케이블덕트 대책 : 틈새는 모르타르 시공, 내부는 로크울섬유 충진(내화피복판 설치)
⑥ 금속덕트 대책 : 덕트외부에 내화피복판을 둘러쌓거나 분사(20[mm])
⑦ 버스덕트 대책 : 로그올섬유 충진

3) 경계벽, 칸막이벽

3시간 이상의 내화성능을 요구하는 구획에는 방화벽을 사용하고 2시간의 내화성능을 요구하는 장소는 방화 칸막이를 사용한다. 방화벽은 최초의 화재지역으로부터 다른 지역으로 연기나 열흐름을 억제할 수 있도록 서로 다른 공간을 구획하거나 위험물의 저장 또는 위험물 공정을 구획하기 위해 방화벽이나 방화칸막이를 사용한다. 화재확대 방지를 위해 구획벽은 화세가 돌파되지 않도록 위층의 바닥판까지 방화구조로 연결한다.

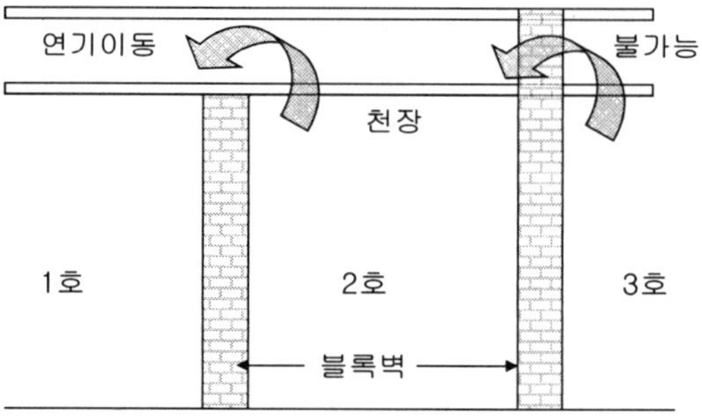

[그림 4-22] 경계벽 설치

① 경계벽 : 공동주택(20[cm] 이상 블록, 15[cm]철근콘크리트)
② 칸막이벽 : 객실, 병원(10[cm] 이상 블록), 침실, 교실

7. 방화댐퍼

1) 방화댐퍼 설치기준

방화구획이나 수직샤프트를 관통하는 덕트는 화재시 화세통로가 되므로 감지기 또는 온도Fuse에 의해 자동으로 폐쇄하는 댐퍼를 시설한다. 방화댐퍼는 바닥, 벽 등과 방화력이 동등하여야 하며 공기 이동방향으로 자동으로 닫히고 수동, 자동으로 폐쇄할 수 있어야 한다. 또한 벽체에 매입 설치하여 화재시 탈락이나 변형이 없어야 한다. 댐퍼주위에는 시멘트 모르타르 등 불연재료로 충진한다.

- 방화댐퍼(FD : Fire Damper) : 덕트내부에 설치하며 연기감지기, 온도 Fuse에 동작
- 방연댐퍼(SD : Fire smoke Damper) : 연기감지기에 동작하고 솔레노이드댐퍼와 모터댐퍼
- 풍량조절댐퍼(VD : Volume Damper) : 공조설비 풍량제어, 버터플라이, 다익댐퍼

① 화재발생시 열 감지기나 연기 감지기에 온도 Fuse(약 74[℃])가 용해되어 자동으로 닫히고, 수동개폐가 가능해야 함
② 닫힌 경우에는 방화에 지장이 있는 틈이 없을 것
③ 철재로서 철제 두께가 1.5[mm] 이상일 것
④ 누출량은 20[℃]에서 2[kg/cm^2]의 압력으로 5[m^3/min · m] 이하일 것
⑤ 구조체에 견고하게 부착되어 화재시 탈락이 없을 것
⑥ 점검구는 적당한 위치에 설치될 것
⑦ 가요성링크의 녹는점은 설비안의 평상시 최대온도보다 280[℃] 이상 높아야 하며 최소한 74[℃] 이상이어야 함
⑧ 덕트의 재질은 스틸, 알루미늄, 콘크리트, 조적벽 또는 Factory Mutual Research가 인증재료

2) Honey Comb Fire Damper

종이재질의 벌집모형에 발포성 도료를 칠한 댐퍼로서 도포된 도료가 화재열기로 가열되면 팽창하여 두꺼운 패널막을 형성하여 완전 밀폐시키는 구조로 동력이나 금속을 이용하지 않는다. 도료는 약 200[℃]에서 발포가 시작되며 Cell의 크기가 10[mm], 두께가 50[mm]

인 종이 하니콤에 발포성도료를 5[kg] 도포한 경우 약 1시간 정도의 내화성능을 갖는다.

3) 날개형 방화댐퍼

상부날개(퓨즈고리에 부착), 하부날개(재개방을 방지하기 위해 날개가 닫히면 걸쇠동작), 댐퍼틀, 대봉(날개와 함께 회전)으로 구성되며 주로 소형에 사용되며 퓨즈볼링크가 이탈하면 날개가 동작한다.

4) 주름셔터식 방화댐퍼

중·대형에 주로 사용되며 덕트날개가 셔터식으로 접혀있다가 갑자기 동작시 자체무게, 중력에 의해 동작한다.

5) 방연커튼

스프링클러설비가 설치된 가연구조 건물에서는 합판과 같은 가연재료도 방연커튼(Draft Curtain)으로 사용될 수 있으나 스프링클러가 설치되지 않은 가연구조 건물에서는 방연커튼이 불연구조(시멘트플라스터, 시멘트판, 석고판, 금속판, 골판강철)이어야 한다.

0.455[mm]보다 얇은 강판, 알루미늄, 유리섬유 강화플라스틱(FRP), 기타 플라스틱 재료는 SP설치여부와 관계없이 방연커튼으로 사용되어서는 안된다. 방연커튼이 효과적이기 위해서는 충분한 길이를 갖추어야 하며 최소한의 길이는 다음과 같다.

$$D \geqq \mathrm{H}_{max}/8 \text{ 또는 } 1.2[\mathrm{m}] \text{ 이상}$$

방연커튼은 지붕하단까지 방화재료로 틈새없이 축조되어야 한다.

6) 급기댐퍼 설치기준

① 전동구동은 24[V]DC로 동작된다.
② 화재감지기에 의한 자동기동과 수동기동이 가능하여야 한다.
③ 차압범위를 수동으로 설정할 수 있어야 한다.
④ 급기댐퍼 제어부는 댐퍼에 대한 기동여부를 확인할 수 있는 표시장치와 기동을 표시하는 신호를 수신기에 보낼 수 있어야 한다.
⑤ 급기댐퍼는 제어부, 구동부, 기동장치, 댐퍼날개, 프레임, 루버 등으로 구성된다.
⑥ 날개 및 프레임은 두께 1.5[mm] 강판이나 알루미늄의 불연재료를 사용한다.
⑦ 부식방지조치를 하여야 한다.

〈표 4-16〉 사용목적에 따른 댐퍼 분류

사용목적	감지방식	설치위치	조작방법
덕트 통한 화염과 연기 이동방지	온도Fuse식	방화구획, 외벽개구부 주방 배기덕트	74[℃] 동작
수직덕트 이동방지	연기식	덕트내부, 샤프트	연기감지기
수직덕트 이동방지	열식	방화구획, 외벽개구부	열감지기

8. 내화피복

1) 철근피복

철근이나 철골의 내화피복 재료는 열전도도가 낮아야 하며 열로 인한 균열이 생기지 않는 재료를 선택해야 한다. 콘크리트로 피복된 철골기둥의 내화성능은 콘크리트 피복두께와 콘크리트 골재에 따라 다르며 또한 화재확대 방지를 위한 이면온도는 벽체두께가 두껍고 단열성이 클수록 억제된다. 벽체 내에 중공부가 있는 경우 공기의 단열성으로 열이 이면으로 전도되는 것이 억제되어 이면온도 상승이 늦어지지만 중공부가 너무 크면 내부공기 대류열 이동을 촉진시켜 단열성이 저하된다.

철골콘크리트 기둥의 가로방향 주보강재의 콘크리트 피복 최소두께는 골조종류에 관계없이 필요한 내화성능시간에 25[mm](1[inch])를 곱한 값이거나 51[mm](2[inch])의 값 중 작은 값보다 작아서는 안된다. 51[mm]보다 작은 두께의 콘크리트 피복은 거의 효과가 없다.

2) 목재계 부재

목재계는 주요 부재가 큰 경우에는 내화피복 없이도 탄화층의 차열성으로 내화성을 확보할 수 있다. 그러나 작은 목재부재에 내화성을 갖게 하기 위해서는 석고모드로 피복한다.

3) 내화공법

① 습식공법 : 콘크리트 타설공법, 모르타르 미장공법, Spray(암면, 석고, 시멘트)뿜칠공법
② 건식공법 : 붙임공법(규산칼슘판, 강화석고보드, ALC판), 도장공법(석유화학공장, 체육관)
③ 특수공법 : 내화강 사용, 수냉강관 내장공법

4) 내화시간

내화시간은 피복재의 두께와 밀도, 부착강도에 따라 다르다.

① 피복없는 철골 : 1시간 내화
② Spray피복(무기질 결합재 + 결석, 펄라이트 골재, 석고 플라스터) : 2~4시간 내화
③ 2중 석고보드(박스형 피복) : 4시간 내화
④ 특수공법 : 수냉관사용, 내화강사용(크롬, 몰리브덴 합금), 조적공법

5) 수냉 철강구조물(Steel Column) 내화공법

4각형 강관을 구조물로 강관 속에 물을 채워 강관기둥과 물저장 탱크 사이에 대류에 의한 물순환으로 열을 흡수하는 내화공법이다. 수냉 철강구조물의 내화공법 특징은 다음과 같다.

① 상부 저장탱크에 설치된 증기배출구를 통해 증기가 배출된다.
② 초기에는 단일강관을 사용했으나 최근에는 2중의 Double Steel Type
③ 동결을 방지하기 위해 물에 부동액(탄산칼슘)을 혼합

설치장소는 다음과 같다.

① US Steel Building(필라델피아 피츠버그시)
② Michegon Building(캘니포니아 뉴포트비치)
③ America security Insurance Building(조지아주 아틀란다)

6) 건축물 단열재료

건축물 단열재료는 단열콘크리트, 섬유판(Fiber Board), 코크스(Cork), 유리섬유(Fiber Glass), 암면(Rock Wool), 이중유리(Pair Glass), 폴리에틸렌, 폴리스틸렌 등이 있다.
단열재로 인한 피난상 문제점은 다음과 같다.

① 가연성
② 화재하중, 화재가혹도 큼
③ 발연량
④ 연기발생
⑤ 유독성가스

7) 내화종류 특징

뿜칠 내화피복의 주재료는 무기질 섬유(암면), 석고, 질석, 진주암(펄라이트)와 시멘트, 물 등의 혼합물로 구성된다.

(1) 암 면

바위에서 원료를 추출하여 1,370[℃] 온도에서 섬유를 생산된다. 암면은 타재료에 비하여 비중이 작고 내화성능이 우수하지만 시공 후 피복재가 비산하는 단점이 있다.

(2) 석 고

화재초기 흡열양이 커 내화성능이 우수하지만 고온에서는 표면층이 갈라진다.

(3) 팽창질석

운모계의 광석으로 1,000[℃]로 소결하여 유공질의 물질로 제조한다. 질석은 석고와 마찬가지로 내부에 결정수를 보유하여 400[℃]로 상승하면 결정수가 방출되면서 부피가 6~10배로 팽창하여 내화성능을 갖는다.

(4) 팽창진주암

펄라이트는 화산석으로 된 진주암으로 1,200[℃] 소결하여 내부에 미세공극을 갖도록 한 무기질 재료로 석고, 질석과 같이 내부에 2~6[%] 결정수를 보유하여 온도가 700[℃] 정도 상승하면 결정수 기화로 부피가 20배 정도 팽창하여 단열층을 형성한다.

(5) 세라믹계 뿜칠재

근래에 사용되는 세라믹계 뿜칠재는 고온에서 수산화 알루미늄이나 탄산칼슘의 흡열반응을 이용한 재료로 시멘트를 이용하여 사용하면 암면 등 기존의 뿜칠재에 비하여 강재에 대한 부착성이나 내구성이 우수하고 방청효과도 있어 내화성능 이외의 효과도 기대할 수 있다. 기타 다른 팽창점토나 팽창혈암은 가열시 다공물질의 단열층을 형성하여 내화피복재로서 성능을 나타낸다.

9. 방화재료

1) 방화재료 종류

(1) 불연재료

열에 노출되면 착화나 인화성증기 방출이 없는 무기질재료로 콘크리트, 벽돌, 기와, 석면 슬레이트, 철강, 알루미늄, 유리, 진흙이 있다.

① 심한 화재에도 타지 않고 유독가스가 나지 않는 무기질계의 재료를 말한다.
② 전체 용융이 없고 두께 1/10 이상의 균열이 없으며 30초 이상의 잔염이 없다.

(2) 준불연재료

주원료는 석고, 시멘트, 암면 등의 보드판이 있으며 불연재료에 준하는 방화성능을 가진 무기질재료로 불연성, 단열성이 우수하다. 화염확산계수가 50 이하이고 구조적 측면에는 불연재에 만족하고 재료두께가 3.2[mm] 미만이다. 무기질 석고모드는 내화성능이 요구되는 칸막이 벽, 천장내장재에 주로 사용된다.

① 약간의 연기는 나오지만 유독가스는 발생하지 않는다.
② 두께 1/10 이상 균열이 없으며, 30초 이상 잔염이 없는 건축재료이다.
③ 화염확산계수(Flame Spread Index)는 무기질 시멘트판을 화염확산계수 0으로 하고 Red oak판의 화염 확산계수를100으로 등급한다.

(3) 난연재료

초기화재 발생성상을 어렵게 하여 피난이나 초기 소화활동이 용이하도록 목재나 플라스틱을 난연처리한 유기질 재료로 난연합판, 난연섬유판, 난연플라스틱판이 있다. 난연화란 고분자재료의 발염연소를 억제하기 때문에 화재진행을 방지하는 효과가 있으며 내장재, 가구, 케이블 등에 시행한다. 난연재료와 난연처리는 염격히 구분된다.

2) 난연화 공법

가연성고체 재료의 난연화는 흡열 → 분해 → 혼합 → 발화연소 → 배출 연소공정 중에서 하나를 억제하면 된다.

① 열전달 억제 : 흡열과정을 억제하기 위해 고체표면에 열절연성이 높은 피막(난연성 Paint)을 형성한다.

② 열분해 속도제어 : 열분해 속도를 저하시켜 가연성가스 발생을 적게 하거나 속도를 증가시켜 연소에 필요한 온도에 도달하기 전에 전체 가연물을 방출시켜 버린다.
③ 열분해 생성가스 제어 : 분자구조를 변형하여 가연성가스 성분을 억제시켜 연소가 되지 않도록 한다.
④ 연쇄반응 억제 : 연쇄반응 억제제를 방출한다. 고상억제 반응제인 인, 안티몬, 비소, 비스므스 등이 있고 기상억제 반응제로는 할로겐탄화수소가 있다.

난연처리의 문제점은 난연처리를 아주 잘해도 유기물질의 열분해까지 완전 제거할 수 없다. 난연처리를 하면 발염연소 대신 훈소가 진행되어 오히려 더 심한 유독가스가 배출되는 경우도 있다. 차열재란 표준온도-시간곡선에 따라 화재에 노출시킨 후 15분 후에 노출되지 않은 이면의 평균온도상승이 121[℃] 이하로 제한하는 재료를 말한다.

3) 난연가공 방법

① 분자구조 설계를 통해 내열성을 갖는 고분자 생성
② 고분자 제조시 첨가하여 반응형 난연성 증가
③ 나중에 첨가하는 첨가형 난연제

4) 방화재료 등급 및 성능시험

방화재료의 난연등급과 등급별 시험방법은 다음과 같다.

〈표 4-17〉 내장재 난연등급 및 시험종류

내장재 성능구분	난연등급	시험종류
불연재료	난연 1급	표면시험(10분), 기재시험(20분)
준불연재료	난연 2급	표면시험(10분), 부가시험, 연소유해성시험
난연재료	난연 3급	표면시험(6분), 연소유해성시험

(1) 표면시험

표면시험은 가열에 의한 발열량, 발연량, 배기온도, 잔염시간, 균열, 용융, 변형을 알 수 있는 시험으로 시험체 표면(18×18[cm])에 주어진 시간동안(10분, 6분) 가열하여 난연성을 측정하는 화재시험이다.

① 발연계수 : 30/60/120
② 불꽃 잔류시간 : 30초 미만

③ 균열폭 : 전체 두께의 1/10 미만

내장재 발연계수는 다음과 같다.

$$C_A = 240\log_{10}\frac{I_o}{I_x}$$

C_A : 단위면적당 발연계수(불연재료 : 30, 준불연재료 : 60, 난연재료 : 120)
I_x : 연기 두께가 x일 때 빛의 세기[l_x]
I_o : 연기가 없을 때 빛의 세기[i_x]

그러므로 내장재 중 불연재료 발연계수를 계산하면 다음과 같다.

$$C_A = 240\log_{10}\frac{I_o}{I_x} = 30,\ \log_{10}\frac{I_o}{I_x} = \frac{30}{240},\ \frac{I_O}{I_x} = 10^{\frac{1}{8}}$$

$$I_o = 1.335I_x,\ I_x = 0.7499I_o$$

연기발생 I_x는 I_o의 75[%]로 빛의 세기가 25[%] 감소하는 연기가 발생한다.

(2) 기재시험(기본재료의 발열량 시험)

시험체를 일정한 가열온도(750±10[℃]) 속에 20분 동안 있을 때 발열량과 연소상태를 측정하는 시험이다.

(3) 부가시험

표면시험의 일종으로 시험체에 직경 25[mm]의 구멍 3개를 뚫어 태워보는 시험으로 시험체의 표면뿐만 아니라 이면의 난연성능도 파악하는 시험이다. 10분 동안 가열하여 발열량, 배기온도, 잔염시간 등을 측정한다.

(4) 연소유해성 시험

시험체를 일정한 가열조건으로 6분간 태웠을 때 발생하는 연소가스를 15분 동안 실험용 쥐에 흡입시켜 행동정지 현상이 나타날 때까지 시간을 측정하고 그 시간이 9분이 초과한 때를 합격한 것으로 한다. CO, CO_2가스 등을 가스분석기로 측정할 수 있다.

10. 방 염

방염이란 가연물을 물리, 화학적으로 변화시켜 가연성 재료에 방염성능을 부여하는 것으로 열을 받았을 때 연소를 어렵게 하는 것이다.

불연재료는 금속이나 무기질로 구성된 재료로 고온(800~1,000[℃])에서도 잘 타지 않지만 방염재료는 유기물과 같은 가연성 재료를 물리, 화학적으로 처리하여 초기연소가 일어나지 않게 한 것으로 약한 조건에서는 난연효과가 있으나 고온이나 가혹한 연소조건에서는 일반 가연성물질과 연소성에서 큰 차이가 없다. 그러므로 방염재료가 성냥불, 스파크 등 초기화재에서는 효과적이지만 다량의 화염과 지속적인 열에 노출될 때는 방염효과를 기대할 수 없다.

1) 방염처리 대상물

① 근린생활시설 중 안마시술소, 헬스클럽장, 문화 · 집회, 운동시설
② 연면적 100[m^2] 이상인 다중이용법, 호텔, 병원, 방송국, 숙박시설
③ 11층 이상 건축물(APT 제외)
④ 정신보건시설 및 숙박시설이 있는 청소년시설

2) 방염대상 물품

불연, 난연재료는 방염성능이 필요 없으나 연소성이 큰 목재, 섬유, 플라스틱 등 가연재료는 모두 방염처리 대상이 된다.

① 커튼(블라인드 포함)
② 카펫 (두께 2[mm] 이하 종이벽지 제외)
③ 전시용 합판, 섬유판, 무대용 합판
④ 암막, 무대막
⑤ 실내장식품(종이, 플라스틱, 섬유, 목판), 반자돌림대(10[cm] 이하 제외)

3) 방염성능

방염성능은 순간적인 열원이 재료에 접했을 때 잔염이나 탄화현상의 지속시간에 따라 판정된다.

① 버너 불꽃을 제거한 때부터 불꽃을 올리며 연소하는 상태가 그칠 때까지 시간은 20초 이내(잔염시간)
② 버너 불꽃을 제거한 때부터 불꽃을 올리지 않고 연소상태가 그칠 때까지 시간을 30초 이내(잔신시간)
③ 탄화한 면적은 50[cm^2] 이내, 탄화길이 20[cm] 이내

④ 불꽃에 의해 완전히 녹아질 때까지 불꽃 접촉횟수는 3회 이상
⑤ 소방방재청장이 정하여 고시한 방법으로 발연량을 측정하는 경우 최대연기밀도는 400 이하

4) 방염효과

① 연소시 불활성가스 생성하여 산소희석
② 비가연성액체를 생성하여 화염과 가연물 접촉금지
③ 흡열반응(냉각작용), 연쇄반응억제, 복사열 차단(메타인산)

5) 방염제 조건

① 방염효과가 우수할 것
② 독성이 없을 것
③ 물적변화(퇴색, 변색)가 없을 것
④ 방염 내구성이 유지될 것(방염효과 2년)
⑤ 방염액은 방염성이 있는 물질을 유기 또는 무기용제에 용해한 액체
⑥ 방염도료는 방염성을 보유한 분말 또는 고체형태 물질

6) 방염방법

(1) 섬유, 플라스틱

방염수조에 담그거나 Spray 분무하는 표면처리법과 원료 합성단계에서 하는 공중합법, 성형단계에서 방염제를 혼합하는 폴리브랜드법이 있다.

(2) 목 재

Spray 표면처리법, 목재표면을 금속판이나 불연재료로 감싸는 라이닝법, 방염재료를 목재내부로 침투하는 합침법이 있다.

7) 방염검사

선처리인 경우에는 제조·생산 완료 후 실시하고 후처리는 작업기간 중 실시하며 방염성능 기준에 적합시에는 방염표지를 부착한다.

내열처리는 열로 인하여 어떤 자재가 팽창하는 힘을 제한되는 상태가 되면 그 자재는 내열처리되었다고 간주된다. 자재가 열로 인해 팽창하고 지지부로부터 이탈한다면 내열처

리가 되지 않았다고 본다.

LOI 17[%]란 공기 중 산소농도가 17[%] 이하로 줄어들면 열원이 제거되어 연소가 중단된다. 그러므로 착화점이 높고 LOI가 높은 섬유로 만든 의류나 내장재는 착화가 어렵고 화재가 발생되어도 연소가 쉽게 중지된다. 그러므로 방염섬유는 착화점과 LOI가 높은 섬유이다.

8) 방화물질

① 박막(Thin Film) 코팅 : 염소, 불소를 사용하여 화염과 가연물과의 접촉을 방지한다.
② 팽창성 페인트(Intumescent) : 목재, 철구조물에 사용되는 방화코팅제로 팽창성 페인트층이 산소와 연료를 차단하며 화재열과 접촉하게 되면 팽창한다. 팽창성 페인트는 수용성으로 세척하거나 오버코팅시 문제가 된다.
③ 방화장벽(Barrier) : 방화제로 가장 적합한 방식으로 열로부터 재료를 단열시키는 두꺼운 방화장벽(숯)을 사용한다(안터몬과 브롬 화합물이 없어 위해성이 없다).

11. 단열내화유리

1) 내화유리

망입유리(Wired Glass)는 철망이 유리중심부에 있으며 45분간 내화성능을 유지하지만 단열기능은 없다. 표준온도-시간곡선을 이용한 시험에서는 시험시작 후 몇 분 안에 유리가 갈라진다. 철망은 갈라진 유리조각들을 고정시켜 화염속에서 견디면서 개구부 생성방지를 충족하는 역할하며 화염이나 가스가 통과하는 것을 막는다. 화염온도가 870[℃]를 초과하여 유리가 용융되어 창틀사이로 흘러내린다. 망입유리 이외에 내화유리는 세라믹유리, 칼슘실리카유리, 붕규소유리, 복층유리 등이 있다.

2) 단열내화유리

스틸스페이서에 의해 분리된 두겹의 유리로 유리사이에 중합체 물질이 채워져 있으며 최대 2시간 내화성능이 가능하다. -15[℃]로 온도가 떨어지거나 40[℃] 이상으로 온도가 초과한다면 유리가 흐려지거나 불투명해지므로 외벽 사용시 보호조치가 필요하다.

12. 연소방지도료

1) 설치기준

지하구안에 설치된 케이블, 전선 등에는 연소방지용 도료를 도포하여야 한다. 단 케이블, 전선 등을 옥내소화전설비의 화재안전기준에 적합한 내화배선방법으로 설치한 경우와 이와 동등 이상의 내화성능이 있도록 한 경우에는 도료를 도포하지 않아도 된다.

연소방지도료는 전선, 전선관, 케이블 등에 도포하여 화재시 도포부분이 발포하거나 단열되어 전선이 연소되는 것을 지연시킨다. 도료는 인체에 유해한 석면 등이 함유되서는 안되며 난연처리시 케이블, 전선 등 기능에 변화를 주어서는 안된다.

2) 도료종류

① 발포성도료 : 불꽃이 접촉할 때 발포하여 불꽃의 전파를 지연·차단시키는 성질
② 비포성도료 : 불꽃이 접촉할 때 발포하지는 않지만 단열효과가 있어 불꽃의 전파를 지연·차단
③ 유성도료 : 유기용제에 용해 또는 희석하여 사용
④ 수성도료 : 물에 용해 또는 희석하여 사용

3) 도포부분

연소방지 도료는 다음 각 부분의 중심으로부터 양쪽방향으로 전력케이블은 20[m], 통신케이블은 10[m] 이상 도포해야 한다.

① 지하구로 인입, 인출되는 부분
② 지하구와 교차되는 분기구 및 수직구
③ 분전반, 절연유 순환펌프 등이 설치된 부분
④ 집수정 또는 환풍기가 설치된 부분
⑤ 케이블 상호연결 부분

4) 도료의 문제점

① 도료규격과 시방이 없으며 도포결과, 시행결과, 사후관리의 제도가 없다.
② 첨단케이블을 다량 시공한 첨단 정보화 건물도 연소방지용 도료추가 요구
③ 국내특성에 맞는 도료개발 필요(주로 미국규격)
④ 형성승인과 개별검정 필요

⑤ 도포후 도료두께 여부 확인할 수 있어야 한다(굴곡특성, 점착성).
⑥ 지하공동구에 방염도료와 함께 소화설비도 개발

5) 케이블 화재특징

① 연소열이 높고 연소속도가 빠르며 화점파악 곤란
② 착화가 용이하고 연소생성물 다량방출

6) 케이블 연소방지제

연소방지제가 화염에 노출(200~300[℃])되면 급격히 팽창 발포하여 피복두께보다 50~100배 두꺼워져 단열층을 형성하여 열전달을 억제한다.

① 연소방지제는 석면이 포함되지 않을 것
② 연소방지제는 케이블에 도포하거나 감아서 팽창, 발포시킴

7) 케이블 난연화 방법(연소속도 감소, 초기소화 및 대피시간 연장)

① 방화도료 도포(Spray, 솔, 롤러)
② 방화테이프(대용량 케이블)
③ 방화시트(방화도료 + 유리섬유, 통신케이블)
④ 난연케이블 사용(FR-3, FR-8)

8) 도포방법

① 도포하고자 하는 부분을 깨끗이 청소하고 충분히 건조시킨 후 도포
② 도포두께는 평균 1[mm] 이상으로 할 것
③ 유성도료의 1회당 도포간격은 2시간으로 환기가 잘되는 장소

9) 케이블 난연성능 시험

816 ± 10[℃]의 화원에 20분 이상 접촉시 수직 Cable Tray에 설치된 케이블에 2.4[m] 이상 연소확대가 되지 않으며 자기소화성이 있는 것을 기준으로 한다.

13. 내장재 제한 건축물

건축물은 용도, 규모, 높이에 따라 방화를 위한 내장재 제한을 받는다. 내부마감재에 대

한 법 규정이 건축법에서 규정하고 있기 때문에 시공현장에서 소방감리자와 건축업자간의 논쟁의 여지가 있다.

1) 내장재 제한 건축물

① 다중이용업, 2종 근린시설(숙박시설, 공연장, 당구장)
② 문화집회, 위탁시설, 판매영업(200[m^2] 이상 건축물)
③ 공동주택, 의료시설, 복지시설로 3층 이상 층에 200[m^2] 이상
④ 5층 이상 층 거실이 500[m^2] 이상
⑤ 위험물저장시설, 공장, 발전소, 방송국, 촬영소

2) 내부마감재

① 거실벽과 반자 : 불연재료, 준불연재료, 난연재료
② 복도, 계단의 벽과 반자 : 불연재료, 준불연재료

그러나 다음에 해당하는 거실벽과 반자는 불연재료 또는 준불연재료로 하여야 한다.

① 지하층 또는 지하공작물에 설치한 거실
② 다중이용업, 숙박업 거실

3) 플라스틱 재료의 화재위험성

① 열방출률이 목재의 5배 이상
② 합성고분자는 천연고분자 물질보다 독성가스가 다량 함유
③ FM Global사에 의해 플라스틱 재료가 더 큰 화재강도 입증

14. 샌드위치 패널

샌드위치 패널은 불연강판 사이 단열성이 좋은 스트로폼, 우레탄폼, 글라스울 등을 심재로 구성하여 건축물 벽과 지붕 등에 사용된다. 이러한 패널은 표면이 불연재료이기 때문에 초기착화는 어렵지만 시간경과시 열이 철판내부 가연물에 전달되어 연소가 확대된다. 내부가연물에서 많은 연기와 독성가스가 발생되고 용융된 심재로 화재확대가 지속된다.

1) 샌드위치 패널 종류

(가) 발포폴리스틸렌폼 패널(Expanded Polystylene Foam Panel)

심재로 발포폴리스틸렌을 사용하고 열중합방식으로 외부표면재인 아연도장강판과 일체화시킨 패널이다. 경량이며 단열성능과 내구성이 강하여 광범위하게 사용된다. 그러나 화재시 심재가 용융하면 소화가 곤란하고 유독가스 발생과 화염전파가 빨라 방화대책이 필요하다.

(나) 폴리우레탄폼 패널(Polyurethane Foam Panel)

우레탄을 심재로 자기접착방식으로 아연도장강판을 일체화시킨 패널로 단열성과 내구성이 우수하다. 그러나 폴리스틸렌 폼처럼 유기질 단열재로 화재에 의해 내부심재가 용융되면 유독가스(HCN)가 발생된다. 이러한 것을 개선한 것이 PIR 패널이다. PIR 패널을 화재시 화재저항을 강화시켜 손상 및 변형에 강하고 발연성을 감소시킨 패널로 안정된 내장재이다. 미국과 유럽에서 우레탄을 단열재로 사용하는 경우 유해가스 안전검사를 반드시 받는 조건으로 단층건물에만 사용되지만 국내에서는 창고, 가건물뿐만 아니라 초고층 주상복합 건물 등에도 광범위하게 사용되어 화재시 대형참사가 우려된다.

(다) 글라스울 패널(Glass Wool Panel)

심재로 무기질인 글라스울을 사용하고 열중합방식으로 아연도장강판을 일체화시킨 패널로 단열효과뿐만 아니라 불연성 자재로 유독가스 발생이 없다. 방화구획 시공이 가능하며 50[mm] 패널은 30분 내화성능을 갖으며 100[mm]는 1시간 내화성능을 갖는다.

(라) 미네랄울 패널(Mineral Wool Panel)

규산칼슘계의 광석을 1,500~1,700[℃]의 고열로 용융 액화시켜 고속회전 원심공법으로 만든 무기질 섬유단열재로 내화성과 단열효과가 우수하다.

2) 화재위험성

발포폴리스틸렌폼, 우레탄폼 등의 패널은 고열로 인한 심재용융과 연기발생으로 인명피해가 발생되고 폐쇄된 심재로 인해 소화의 어려움 때문에 내부마감재 사용을 법으로 금지하고 있다. 이의 대안으로 심재를 글라스울, 미네랄울로 사용하면 유독성가스 및 연기발생을 억제할 수 있다. 다만 화재위험이 적은 업종으로 연면적 1,000[m^2] 미만의 1층의 소규모 공장으로 화재시 쉽게 대피할 수 있는 출구를 갖출 경우 난연 3급인 난연재료로 사용할 수 있도록 하고 있다.

3) 방지대책

① 자동연기 배출장치 : 화재 열상승으로 지붕공간 고온가스, 열기확대를 방지하기 위해 자동연기 배출장치를 이용한다.
② 접합부 성능향상 : 샌드위치패널 접합부 성능향상으로 화재시 외부공기 유입을 억제한다.
③ 주요 구조부 등급판정

〈표 4-18〉 내화구조 등급판정

구 분	기둥 / 바닥 / 보 / 외벽	지 붕
1급	내화구조	내화
2급	내화구조	불연
3급	불연재료	불연
4급	상기 이외	

4) 보험요율

내화구조의 인정여부에 따라 보험의 기본요율 적용이 다르다. 보험료는 보험가입금액에서 보험 기본요율을 곱해 산출하는데 보험요율이 낮으면 보험료는 낮아진다. 주요 구조부 등급에 따라 보험의 기본요율이 달라진다.

〈표 4-19〉 보험 기본요율

종 별	기본요율			
	1급	2급	3급	4급
공장	0.69	1.1	1.8	2.7

03 방재계획

41[m]를 넘는 고층건축물은 방재계획서를 작성하여 건축준공시 제출하는 것이 권장되고 있다. 방재계획이란 화재, 지진, 천재지변 등의 재해가 발생한 경우 신속하게 피난할 수 있도록 계획을 세우는 행위이다. 소방법에서는 화재예방과 진압을 위한 시설규정이 있고 건축법에서는 인명보호를 위한 피난로 확보, 내진조치 규정이 있다.

1. 방재계획서

1) 작성목적

① 인명, 재산의 안전성 확보
② 법규 이상의 자율적인 방재안전시스템화 확립

2) 소방의 기본원칙

① 예방(회피성) : 발화방지, 화재예방노력(소방훈련, 방화관리)
② 진압(대항성) : 건축적 대응(내화, 불연, 방화구획, 방연구획), 설비적 대응(소화시설)
③ 피난(도피성) : 인명안전을 위한 피난 및 구조계획

3) 건축물 방재계획

① 건축설계 대책(Hard 대책)
　㉠ 방화구획, 내화구조, 방연구획, 불연재료, 방연
　㉡ 피난로 확보, 내부구조 세분화

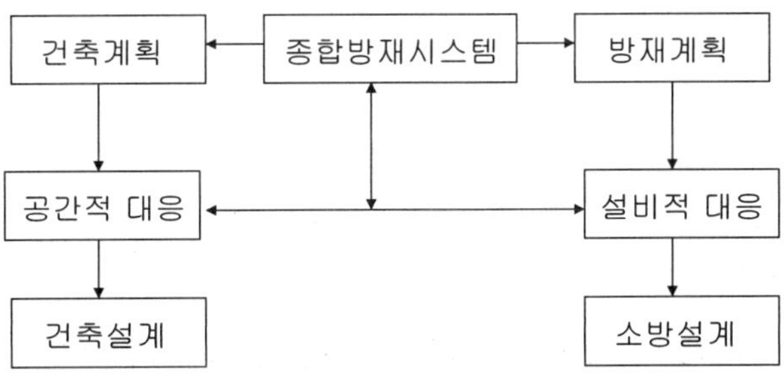

[그림 4-23] 건축물 방새계획 언관도

② 소방설계대책(Soft 대책)
　㉠ 자동화재탐지설비
　㉡ 피난유도등설비
　㉢ 소화활동설비
　㉣ 소화용수설비
　㉤ 소화설비(소화전, SP 설비 등)

4) 화재진압개념

(1) 화재예방개념

① 관리적 개념 : 출화 미연방지 대책(방호개념)
② 소방적 개념 : 진압 및 구급

(2) 화재예방전략

① 화재에 대한 공격 : 소화설비
② 화재에 대한 방어 : 방화, 방연구획, 제연설비
③ 화재에 대한 정보 : 방재센터, 자탐설비, 통신설비
④ 화재에 대한 피난, 구급 : 유도계획, Fail Safe, Fool Proof
⑤ 소방대 협력 : 진입로, 소화용수 확보

5) 방재계획 작성원칙

① 설계단계부터 고려하는 선행성
② 건축물 고유조건 유지
③ 여러단계에서 접근하는 종합성
④ 기본적인 원칙유지

6) 화재 대응방법

(1) 동적대응(설비적 대응 : Active Protection)

소화전, SP 등을 사용하여 적극적으로 소화 또는 화재를 진압하는 것을 말한다. 소화기, 옥내 · 외 소화전, SP, 물분무, 포, CO_2, Halon, 분말, 동력소방펌프, 제연설비 등이 있다.

(2) 정적대응(공간적 대응 : Passive Protection)

화재억제를 위하여 방화구획, 방연구획, 방화벽, 방연벽 등이 정적대응이다. 또한 유도등, 유도표지, 비상조명등, 피난기구, 인명구조기구 등 피난설비와 비상경보설비, 비상방송설비 등도 포함된다.

2. 방재계획 관리

1) 방화대책 기본요건

① 화원관리, 출화방지
② 피난안전
③ 주변공간에의 가해방지(연소방지, 도괴방지)
④ 소화활동 원활화
⑤ 시가지 화재방지

2) 연소 확대방지

① 초기연소 확대방지
② 도괴방지
③ 대규모 복합건축물 방화관리 구분
㉠ 용도, 소유가 다른 경우 공동방화 관리가 어려움
㉡ 구역별 방화구획 구성

3) 피난계획

병원, 복지시설 등 약자에 대한 안전을 확보할 수 있도록 계획되어야 일반인에 대한 안전도를 향상시킨다.

① 피난장소 확보
㉠ 화재시 열, 연기, 도괴로부터 피난자를 보호하기 위하여 피난장소를 확보한다.
㉡ 피난장소는 외부에 있는 공공장소를 확보한다.
㉢ 피난징소는 경우에 따라 변경이 가능하다.
② 피난경로 확보
㉠ 열, 연기, 도괴로부터 피난자가 위험에 미치지 않도록 한다.
㉡ 피난경로는 2이상의 피난경로를 확보한다.
㉢ 피난경로가 확보하지 않은 경우에는 재실부분이 화염에 견딜 수 있는 구조를 하여야 한다.

4) 구조 · 구급활동 확보

① 소방대에 의한 구조 · 구급활동을 확보한다.
② 소방대에 의한 소화활동을 확보한다.

③ 소방활동상 지장을 초래하는 건축재료 사용 제한한다.

3. 방재센터(중앙지휘소, 화재지휘본부)

건축물의 대형화, 고층화에 따라 화재규모도 대형화되어 인명과 재산손실이 막대하다. 이러한 피해를 감소시키기 위해 방재센터를 설치하여 소방관계자가 화재시 소화활동을 지휘, 통제할 수 있도록 하여야 하며 화재진화시까지도 견딜 수 있는 구조가 되어야 한다.

1) 설치대상

① 건물높이 41[m] 이상 또는 10,000[m^2] 이상 건축물로서
  ㉠ 비상용 Elev 설치 의무장소
  ㉡ 지하층 바닥면적 1,000[m^2] 초과하는 장소
② 지상 5층 이상으로 20,000[m^2] 이상인 건물
③ 백화점, 집회장, 전시장 등 많은 사람이 있는 곳에서는 자위상 설치

2) 설치장소

① 화재, 침수우려가 없는 장소에 전용실을 설치하고 방화를 구획
② 피난층 또는 지하1층에 설치한다. 단, 특별피난계단(비상용Elev)에서 보행거리 5[m] 이내에 전용실의 출입구가 있는 경우 지상 2층에 설치가능하며 화재시 소방대원이 감시제어반 조작에 필요한 최대면적 40~50[m^2] 이상을 확보
③ 비상조명등 및 급·배기 설비설치
④ 무선기기 접속단자
⑤ 내부는 불연재료 마감하며 외부로 통하는 출입은 2개 이상으로 관계자 접근이 용이해야 한다.
⑥ 효율적인 기기배치와 근무여건 고려한 환경

3) 방재센터 기능

① 화재 조기발견
② 소화설비 운전제어
③ 소화작업 지휘통제 및 피난유도
④ 관리자의 특별한 조작이 필요 없을 것
⑤ 정확한 정보로 인적 대응제어(층마다 잔류인원)

4) 방재센터 구성기기 기능

① 자탐설비 감시제어
② 공조·환기 감시제어
③ 제연설비 감시제어
④ 비상용 승강기 감시제어
⑤ SP소화설비 감시제어

5) 표시방법(DDC : Direct Digiral Control)

종래에는 중앙집중방식으로 운전관리하였으나 현재에는 분산-집중감시방식으로 운행하고 있다.

① 개별식
　㉠ 표시등식 : 발광다이오드식, 램프식
　㉡ 디지털식 : 평면 및 단면 Graphic
② 집약식 : 숫자 표지판식, 캐릭터 Display식, CRT Display식

4. 방재계획서 작성

화재로부터 인명과 재산을 보호하고 피해를 최소화시키기 위해서는 설계초기에 방재계획서가 수립되어야 한다. 방재계획서에 고려되어야 할 사항은 다음과 같다.

① 출화 방지대책(화원관리, 유류, 가스 관리)
② 연소확대 방지대책(방화구획, 방연구획)
③ 소화활동 원활화
④ 피난안전성 확보
⑤ 구조안전 확보(도괴방지)
⑥ 법규 이상의 소방시설 설계
⑦ 설치 후 유지관리 철저
⑧ 설계단계부터 소방기술자 참여

방재계획서 작성시 주요 항목은 다음과 같다.

① 부지 및 건물배치 계획(피난, 구조경로 확보)
② 평면·단면계획(복도, 계단, 엘리베이터)

③ 피난계획(안전구획)
④ 방재설비계획
⑤ 연소방지계획(방화물, 방화구획, 방화댐퍼)
⑥ 내화구조 계획, 내장재료 계획(불연, 난연)
⑦ 제연설비계획
⑧ 교육훈련계획
⑨ 점검계획
⑩ 종합방재센터

1) 방재 기본원칙

① 예방 : 발화방지
② 진압 및 방호
　㉠ 건축적 대응 : 내화구조, 방화구획, 불연재료
　㉡ 설비적 대응 : 소화설비, 소화활동설비
③ 피난 : 인명의 안전을 위한 피난 및 구조계획

2) 계획서 작성

방재계획은 건축물배치, 평면계획, 단면계획, 공조환기 설비계획 등에 대응하여 결정되므로 건축계획 초기단계부터 종합적인 검토가 이루어져야 한다. 또한 연기확산으로 안전 거주공간이나 피난경로 등에 연기제어시스템이 구축이 필요하다.

(1) 배치계획

주변 건축물로부터 안전위험성이 검토되어야 하고 소화활동을 위한 충분한 폭의 도로가 확보되어야 한다.

① 피난자 대피통로 확보 : 안전한 공지나 도로에 접근할 수 있도록 하고 낙하물로부터 보호
② 소방차 진입로 확보 : 소화활동, 구조활동을 위해 건축물에 쉽게 접근되도록 충분한 도로를 확보한다(도로폭, 회전장소, 주차공간 확보). 펌프차 회전반경 : 8.5~12[m], 사다리차 : 12~9.5[m] 지하주차장 육교높이 : 2.7~3.6[m]
　㉠ 가동식 문과 차량통과 방지장치(금속, 콘크리트, 나무)설치
　㉡ 울타리, 펜스
③ 도로계획 : 회전할 수 없는 좁고 긴 도로나 막다른 골목을 피하도록 계획(T형, 광장형,

환상도로를 계획)
④ 인접건물과의 연관성 고려
⑤ 분출연기가 건축물 자체의 급기구나 자연배연구에 역류검토
⑥ 밀집지역 : 일정공간에 피난교, 연소방지를 위한 물분무설비
⑦ 위험물제조소 등과는 충분한 이격, 물분무설비, 방화벽

㈎ 소방도로

① 건축물의 대지안에는 건축물 출구 및 계단으로부터 도로나 공지에 통하는 3[m] 이상의 통로를 설치하여야 한다.
② 통로길이가 35[m] 이상인 경우 통로 유효너비는 6[m] 이상이어야 한다.

㈏ 부지 내 도로

① 16층 이상이거나 연면적 10,000[m^2] 이상 건축물에는 그 주위에 3[m] 이상 통로를 설치하여야 한다.
② 하나의 대지안에 2동 이상의 건축물은 그 주위에 폭 3[m] 이상 통로를 설치하여야 한다.

NFPA에서 도로는 다음과 같이 기준되어 있다.

① 소방차용 접근로는 일반도로, 소방도로, 주차로이다.
② 모든 건축구조물에는 소방차용 접근로가 확보되어야 한다.
③ 길이 91[m] 초과 막다른 도로는 U턴 지정을 확보해야 한다.
④ 소화전, SP, 연결송수관 연결부의 6[m] 이내에는 주차를 허용하지 않아야 한다.
⑤ 층 바닥면적이 93[m^2] 초과 구조물은 소방도로와 15[m] 초과하여 떨어지지 말아야 한다.

㈐ 외부진입구

① 건축물의 높이 31[m] 이하인 부문에 있는 3층 이상의 층은 비상용 진입구를 설치한다(예외 : 비상용승강기 설치, 개구부를 10[m]마다 설치한 경우).
② 진입구 간격은 40[m]이내로 하며 폭과 높이는 0.75×1.2[m] 이상이고 바닥면에서 0.8[m] 이하로 한다. 진입구는 외부에서 쉽게 파괴하여 실내로 진입이 가능하도록 한다.
③ 진입구는 도로와 공터(폭 4[m] 이상)와 면하는 각층 외측면에 설치한다.
④ 진입구에는 세로[m]×가로 4[m]노대를 설치해야 한다.

㈑ 내부진입구

비상용 승강기, 피난계단, 특별피난계단 등이 있다.

(2) 평면구획

방화구획 구성과 안전구획 Zone으로 피난경로를 확보한다.

① 방화구획(면적, 수직, 용도)을 구성하여 화염과 연기를 좁은범위로 제한하여 화재확대를 최소화한다.
② 순차적으로 안전성이 높은 공간으로 대피할 수 있도록 1차, 2차, 3차로 계층별 안전구획으로 구별한다.
③ 피난안전 거주지역을 확보해야 한다.
④ 방화문, 방화셔터, 방화댐퍼 구성으로 연소확대방지
⑤ 제연설비계획 : 피난경로가 되는 복도, 통로, 계단 등으로 연기가 침입되는 것을 방지하기 위해 제연설비를 계획한다.
⑥ 2방향 피난동선을 확보해야 한다.

(3) 화재하중계획

① 내화구조 설계 : 화재하중, 화재강도를 고려한 내화구조 설계
② 내장재, 불연화 : 벽,천장의 불연화, 방염시설, 가연물 수납

(4) 단면계획

① 수직통로 구획
② 중간절연층(초고층 건축물)
③ 옥외피난구획(옥상광장)
④ 발코니(취침시설)
⑤ 상층연소 확대방지 조치(캔트리버, 스팬드럴)

(5) 소화설비 설치계획

① 소화설비 : 경보설비, 소화설비, 소화활동설비, 방재설비
② 전기설비 : 배상전원, 비상조명, 내화배선
③ 공조설비(제연) : 방화, 방연댐퍼
④ 급배수설비 : 소화용수확보, 수손방지설비
⑤ 지연 탈출용 잠금장치(Delayed Egress Locks)는 지연 탈출용 잠금장치는 평상시에는 항시 폐쇄하는 문으로써 화재시 거주자가 피난하고자 했을 때 문이 잠김으로 인한 그 문이 Dead End되어 인명피해 발생을 방지하기 위한 것

지연탈출용 잠금장치가 개방되는 경우는 다음과 같다.

① 열, 연기감지기 동작시 열려야 한다.
② 자물쇠가 잠금장치를 제어하는 동력이 상실되었을 때 열려야 한다.
③ 열림장치는 3초 이내의 시간에 6.8[kg] 힘을 가하면 잠금장치를 여는 과정이 시작되어 15초 이내에 열려야 한다(합리적인 인명안정 보장시 30초까지 지연).
④ 탈출을 시도하는 사람에서 시스템 동작을 인지시키기 위해 동작과정 시작과 동시에 근처의 작동신호가 동작되어야 한다. 또한 Delayed Egress Locks근처에"경보가 울릴 때까지 계속해서 미시오. 문은 15초 이내에 열릴 것임"이란 글씨가 있어야 하고 표지글씨 크기는 2.5[cm] 이상이어야 한다.

5. 피난계획 원칙

화재시 거주자가 Panic 상태에 이르지 않고 화염과 연기를 피해서 신속하게 피난층까지 피난할 수 있도록 유도등, 유도표시, 피난기구, 피난계단을 설치해야 한다. Panic 현상은 다음과 같이 나타난다.

〈표 4-20〉 장소별 Panic 양상

구 분	저돌형[%]	우왕좌왕형[%]	냉정형[%]
일반장소 화재	40	25	35
Night club 등 화재	70	30	

1) 피난기본 원칙

① 2개 방향의 피난로를 확보한다.
② 피난경로는 간단명료하게 한다(굴곡이 있거나 길이가 긴 것은 곤란하다).
③ 원시적인 피난수단 사용(Elev보다는 계단)한다.
④ 피난설비는 고정설비(고정사다리, 발코니, 계단)로 하고 이동식 피난설비(완강기, 구조대, 피난로브)는 소수인원을 위한 보조수단으로 사용한다.
⑤ 문자보다는 그림이나 색을 이용한다.
⑥ Fool Proof와 Fail Safe 원칙을 지킨다.
㉠ Fool Proof란 비상상태에서 정신이 혼합하여 동물과 같은 지능상태가 되어도 알아보기 쉽도록 한다.
- 피난방향으로 문을 열 수 있도록 한다.
- 도어노브는 회전식이 아닌 레버식(Panic Bar)으로 한다.

- 정전시에도 피난이 용이하도록 피난로나 피난구는 외광이 들어오는 위치에 시설한다.
- 소화설비, 경보설비, 유도표시를 판별하기 쉬운 색채를 사용한다.

㉡ Fail Safe는 하나의 수단이 실패하여도 다른 수단에 의하여 확보될 수 있도록 고려하는 것을 의미하며 2방향성 원칙을 갖는다.

- 시스템의 여유분(병렬 회로) 예비전원 구비
- 전체시스템이 일시에 붕괴되지 않도록 보호협조
- 장치, 설비 안전율 증가

⑦ 안전구획을 정하여 피난 Zone을 형성한다. 피난 zone의 개념은 다음과 같다.

㉠ 화재시 피난군중은 안전한 피난층까지 피난하는 것이 이상적이지만 대규모 건물에서는 안전구획을 정하여 피난하는 것이 안전하다.

㉡ 피난은 거실(화재실) → 복도 → 전실 → 계단실 → 옥외경로의 이동하며 연기도 이와 비슷하게 이동한다.

㉢ 거실에서 화재가 발생한 경우 복도를 제1차 안전구획, 전실을 제2차 안전구획, 피난계단은 제3차 안전구획이 된다.

각 구획은 그 앞의 구획에서 화재의 영향을 받으므로 그 경계의 부분에서 방화, 방연을 행하고, 안전구획이 고차원으로 갈수록 안전성이 증가된다. 또한 각 구획 사이에는 방화문을 사용한다.

⑧ 피난경로는 인간의 행동본능을 고려하여 계획한다.

㉠ 퇴피본능 : 발화점에서 먼 곳으로 피난한다.

㉡ 귀소본능 : 평상시 사용에 익숙한 경로를 사용한다("비상구" 표시가 있어도 처음인 길은 가지 않는다).

㉢ 지광본능 : 밝은 방향을 택하여 그 방향으로 피난한다.

㉣ 추종본능 : 군중심리에 의해 남을 따라 하기 쉬워 적극적인 사람을 따른다.

㉤ 좌회본능 : 본능적으로 왼쪽으로 피한다(오른손 잡이). 그러므로 피난계단도 내려가는 방향으로 좌회전한다. 그 외에도 향개방성, 근거리 선택성, 직진성, 안전지향성 등이 있다.

2) 피난복도 설계(수평방향 피난계획)

① 피난복도 폭은 0.9[m] 이상

② 피난복도의 천장은 연기가 차는 것을 방지하기 위해 높게 하고 불연재료를 사용

③ 피난복도에는 피난에 방해가 되는 시설물을 설치금지

④ 피난복도에는 피난방향과 계단위치를 알 수 있는 표지

⑤ 고층건축물에서 막다른 복도의 길이는 약 15[m] 이하

3) 피난계단 설계(수직방향 설계)

① 피난시 계단실은 양압을 유지
② 피난계단은 옥상층으로 연결
③ 피난층을 지나쳐 지하로 내려가지 않도록 경계면에 표지
④ 계단식 내장은 불연재료로 하고 특히 손잡이는 가연재를 설치금지
⑤ 계단식은 2시간 이상의 내화성능
⑥ 계단실 바닥면에는 미끄럼 방지를 위한 조치와 난간을 설치

피난계단 크기는 백화점은 바닥면적 100[m^2]에 대하여 폭 60[cm]피난계단 설치하고 영화관은 바닥면적 100[m^2]에 대하여 폭 170[cm] 피난계단을 설치한다.

[문제 11] 피난에 유효한 건축계획으로 잘못된 것은?
① 피난경로는 단순하게 하고 미로를 만들지 않아야 한다.
② 피난통로는 불연화하여야 한다.
③ 1방향 피난로만 만들어야 한다.
④ 정전시에도 피난방향을 알 수 있게 하여야 한다.

[문제 12] 피난대책의 일반적 원칙이 아닌 것은?
① 2방향의 피난통로를 확보한다.
② 피난경로는 간단 명료하게 한다.
③ 피난설비는 고정설비를 위주로 설치한다.
④ 원시적인 방법보다는 전자설비를 이용한다.

[문제 13] 피난계획의 일반원칙 중 fool proof 원칙이란 무엇인가?
① 한가지가 고장이 나도 다른 수단을 이용하는 원칙
② 두 방향의 피난동선을 항상 확보하는 원칙
③ 피난수단을 이동식 시설로 하는 원칙
④ 피난수단을 조작이 간편한 원시적 방법으로 하는 원칙

[문제 14] 갑작스런 화재 발생시 인간의 피난 특성으로 틀린 것은?
① 본능적으로 평상시 사용하는 출입구를 사용한다.
② 최초로 행동을 개시한 사람을 따라서 움직인다.
③ 공포감으로 인해서 빛을 피하여 어두운 곳으로 몸을 숨긴다.
④ 무의식 중에 발화 장소의 반대 쪽으로 이동한다.

4) 거주가능조건(Tenable Condition)

거주가능조건이란 화재시 열기나 연기가 거주자의 생명에 위협을 주지 않는 거주환경조건으로 건물화재시 피난장소에 제연설비를 설치하고 연기가 침투되지 않도록 하여 일정시간으로 머물 수 있는 거주공간이다. 복도, 전실, 계단실 등을 안전구획 계통별로 분할하여 거주공간을 확보한다. 또한 고차 안전구획으로 연기가 유입되지 않도록 분할구획 경계마다 배연구를 설치하고, 배연계통도 동일한 팬이 아니고 2~3계통으로 분할한다. 특히 전실은 안전구획 중 특별피난계단 다음으로 우선순위가 있는 곳으로 복도, 화재실보다 청정공기에 의한 정압이 확보되어야 한다.

5) 안전구역

① 안전구역은 피난자가 그 장소에 도달하면 안전이 확보되는 구역을 의미한다.
 ㉠ 건물밖 지표면(지상)
 ㉡ 피난전실
 ㉢ 발화층의 2~3층 아래
 ㉣ 옥상발코니(직접 지상으로 통하는 계단을 가진 옥상광장)
② 안전구역에 수용인원 공간확보 면적은 다음과 같다.
 ㉠ 30분 미만 단시간 : 0.3[m^2/인] 이상
 ㉡ 30분 이상 장시간 : 0.5[m^2/인] 이상

안전구역에는 조도, 통신, 환기량, 개구부 확보가 고려되어야 하며 옥상발코니는 하층으로부터 연기위험에 대한 고려가 필요하다.

6) 연기제어 계층시스템

가연물이 없으면 소화가 불필요하든가 또는 소화에 성공하면 연기제어나 피난이 불필요하다는 의미이다. 다른 것보다 우선적으로 작동시키는 시스템을 레벨이 높은 상위 서브시스템이라고 한다. 레벨이 높은 시스템이 작동하면 피해도 작아지므로 상위 서브시스템이 성공하지 못하고 하부 서브시스템이 동작하면 시간이 많이 경과되어 화재규모가 크게 되므로 연기제어이건 소화이건 어렵게 된다. 서브 시스템에는 두 가지가 있다.

① 액티브 서브시스템 : 상위 기계력에 의해 동작되어지고 단전, 단수시에는 동작되지 않는다.
② 패시브 서브시스템 : 방화벽, 방화구획, 배연시설로 단전, 단수시에도 동작한다. 패시브 시스템까지 극한상황에 도달되지 않도록 액티브 시스템으로 안전성능을 확보할 수 있도록 하여야 한다. 이러한 시스템을 Fail Safe의 일종이라 할 수 있다.

7) 피난경로

(1) 복 도

거실에서 복도로 피난이 완료되면 2차 안전구획(피난계단, 전실)으로 유도한다. 수직공간과 안전구획이 인접하지 않도록 구성하며 피난자를 고려하여 연기 유출방향과 피난방향은 반대로 구성한다.

(2) 전 실

제1차 안전구획(복도)과 피난계단 사이에 전실을 만들어 연기흐름을 차단한다. 전실 및 비상용승강기 승강장에 신선한 공기를 공급하여 양압을 유지하고 화재실에서 발생한 연기가 유입하는 것을 방지한다. 가압시에는 공조설비와 급기용송풍기를 이용한다.

(3) 계단실

계단실은 배연이 되지 않으므로 복도와 전실에 의해 연기가 차단되어야 한다. 또한 계단실내에 출화의 우려가 있는 거실이나 창고 등의 문과 접속되어서는 안된다.

8) 피난시간

(1) 피난허용시간(ASET : 위험파급시간)

피난허용시간은 대피자가 안전하게 대피하기 위해 허용되는 시간으로 화염전파와 연기하강이 공간높이와 면적에 좌우된다. 피난허용시간이란 화재위험이 파급되어 피난이 불가능하게 되는 때까지의 시간으로 위험파급시간이다. 위험파급시간에 대한 안전성 평가는 화염전파나 연기하강으로부터 안전을 평가하는 거실 피난평가와 복도 등에서 연기폭로에 의한 평가, 층(계단)피난평가가 있다.

〈표 4-21〉 피난 허용시간(ASET : 위험파급시간)

거실 피난허용시간	$2\sqrt{A}$	A : 거실면적
복도 피난허용시간	$4\sqrt{A_1}$	A_1 : 거실면적 + 복도면적
각 층(계단) 허용시간	$8\sqrt{A_1}$	A_1 : 거실면적 + 복도면적

① 거실 피난시간(T1) : 화재가 발생한 경우 거실 내 전원이 실외로 피난을 완료하기까지 시간

$T_1 = N_1 \div n_1$

N_1 : 거실 피난인원, n_1 : 유동계수[인/m · s]

② 복도 피난시간(T_2) : 최초의 피난자가 거실에서 복도로 탈출 후 최후의 피난자가 계단실로 피난하기까지 시간으로 복도를 이용하고 있는 시간

③ 층 피난시간(T_3) : 최후의 피난자가 각 층으로(또는 부속실)로 피하는 시간

(2) 피난요구시간(RSET : 총 피난시간)

안전하게 대피하는 데 필요한 시간이다.

피난시간 = 지연시간(통보시간 + 반응시간 + 피난 전 행동시간) + 보행(피난행동)시간

① 통보시간 : 화재신호를 인지하는데 걸리는 시간(연기, 열, 불꽃감지기)으로 예측 가능
② 반응시간 : 행동을 결정하는데 걸리는 시간으로 청력, 정신력, 나이 등에 따라 다름
③ 피난전 행동시간 : 준비시간(서류, 짐 등)
④ 보행시간 : 보행거리, 폭, 건물친밀도, 나이 등이 고려됨

피난시설용량을 산정하는 경우에는 피난행동시간에 대해서만 평가한다.

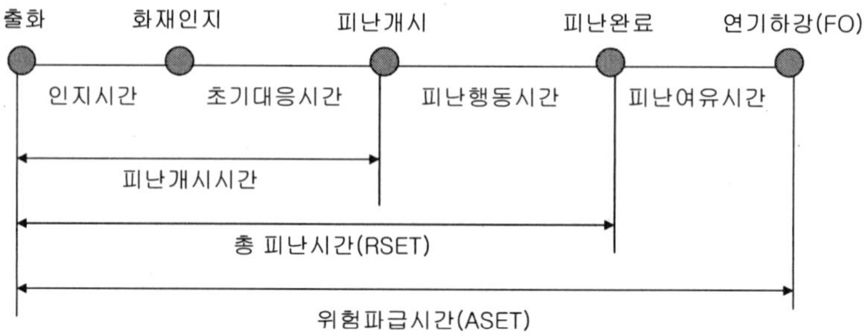

[그림 4-24] ASET와 RSET

RSET(Requied Safe Egress Time) 〈 ASET(Available Safe Egress Time)

(3) 피난설계

설계초기에 거실, 복도, 피난계단 등의 위치와 수량폭 등을 결정하고 피난상 안전성을 검토한다. 피난계획은 복도, 피난계단, 발코니, 피난기구 배치 등에 혼란이 없도록 하여야 하며 피난계획 수립시 고려사항은 다음과 같다.

① 피난로 배치계획(복도, 피난계단, 발코니)

② 피난로 용량고려

③ 피난로 안전확보(도괴)

(4) 보행속도

① 체류인수 : 피난실의 선두자 도착 t_1, 후미자 도착 t_2, 시간당 집결 인수 a, 출입문 유출계수 N, 폭을 B라 하면 시간 t에 집결인수는 $X = \Sigma a(t_2 - t_1)$이고 유출인수 $(Y) = \Sigma N \times B$이며 체류인수는 집결인수(X)-유출인수(Y)이다.

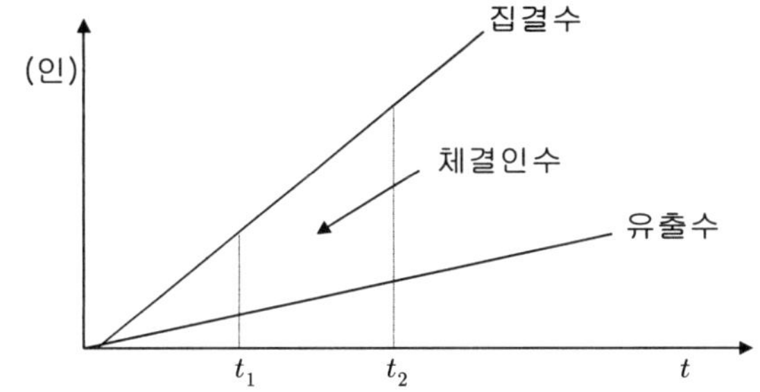

[그림 4-25] 피난실 체결인수

② 보행속도 : 인간의 보행속도는 보행자의 능력(반응시간 요소, 지각과 판단요소)과 혼잡여건 등에 좌우된다. 수평방향으로 1[m/s]로 보행하는 경우 비상구나 복도에서 사람이 혼잡하면 군중의 속도는 0.75[m/s]로 줄어든다. 일반적으로 화재경보를 듣고 난 후부터 안전한 장소로 이동하는데 1.5~2분이 경과되는데 비상통로까지 보행거리는 속도×시간=0.75×90초=67.5[m]가 된다. 미국에서는 법적으로 인정되는 최대보행거리는 60[m]이고 국내에서는 50[m]이다. 군집보행속도는 1[m/s]이고 자유보행속도는 0.5∼2[m/sec]이다. 보행속도와 피난통로의(폭)은 피난시간에 영향을 미친다. 통로통과시간은 단위시간, 단위폭당 통과사람 수, 즉 유출계수(인/m)에 의해 좌우된다. 이러한 유출계수는 사람의 단면적에 따라 다르지만 일반적으로 복도 등의 수평부분의 경우는 1.5[인/m·초], 계단통로는 1.3[인/m·초]값을 사용한다. 수직군집밀도(crowdimf Density)란 우산을 펴서 그것이 접촉하지 않는 정도는 1[인/m^2], 영화관 좌석 3[인/m], Elev 정원밀도 5[인/m^2]이고 12[인/m^2] 정도가 되면 사방에서 체압이 가해진다. 보행에 지장을 받지 않는 보행자 밀도는 1~2[m^2/인]이다.

③ 유출계수 : 단위시간, 단위폭당 통과인수[인/m·초]로 이 값이 1.5이고 출입구 폭이 1.2[m]인 경우에는 유출계수는 1.2×1.5=1.8[인/m·초]가 된다.

④ 보행거리(Trarel Distance) : 보행거리란 거실 각 부분으로부터 가장 가까운 피난계단

까지의 거리를 말한다. 피난층 이외의 층의 거실에서 직통계단까지 거리는 30[m] 이내로 한다(불연재, 내화구조는 50[m], 16층 이상 공동 주택 40[m]이고 SP에 의해 완전 방호가 되는 경우 보행거리는 50[%] 정도 증가시킬 수 있다).
보행로가 계단이나 경사로를 통과할 경우 계단이나 경사로 거리에서 계단경사로에 이르기까지 거리와 계단경사로의 끝에서 다른 피난경로로까지 거리합산이다. 보행거리는 피난시 연기나 화재에 노출될 위험이 있기 때문에 건물의 피난설계에 매우 중요한 요소가 된다.

⑤ 피난시간 : 피난시간이란 제연설비를 가동하여 연기가 천장에서부터 차 내려와 사람의 코 높이까지 왔을 때의 시간으로 피난시간 = 피난거리 ÷ 보행속도 [s]로 구할 수 있다.

⑥ 피난방정식 : 감지기 경보시간 + 연기상승, 수평확산시간 + 최상층 연기하강 시간 + 피난시간

(5) 모의 피난시간 구성

① 피난자수 추정(용도별, 시간별 추정 최대인구)

② 가상출화점 선정
- ㉠ 피난행동이 가장 불리한 층
- ㉡ 출화확률이 최대인 층
- ㉢ 자력으로 행동할 수 없는 사람이 있는 층
- ㉣ 안전구역에서 가장 먼 층

③ 피난경로 결정
- ㉠ 피난시간이 최소경로 장소
- ㉡ 가장 출화점에서 먼 방향으로 피난
- ㉢ 인간의 행동본능 고려

④ 피난군중 유동해석(장애자, 익숙자, 미익숙자의 보행속도)과 체류장소에서 인원수 변동상황 고려(분기, 정체, 합류)

⑤ 연기유동 상황
- ㉠ 연기유동 시각
- ㉡ 연기농도 변화

⑥ 피난군중과 연기유동 상황비교(최후피난자, 체류지점, 정체자)

⑦ 계획의 수정 및 재검토

⑧ 그래프에 의한 피난도식 해법의 장점
- ㉠ 피난도중 분기, 정체 등 복잡한 상황에서도 수식표현보다는 그래프를 그리면서 피난자의 흐름을 예측하는 방법이 가능

㉡ 피난경로에서 피난상황을 검토하고, 문제가 발생하면 대책을 강구하는 방법이 가능

구 분	피난방향 종류	피난로 방향	
X형	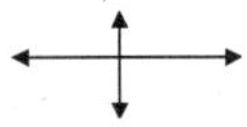	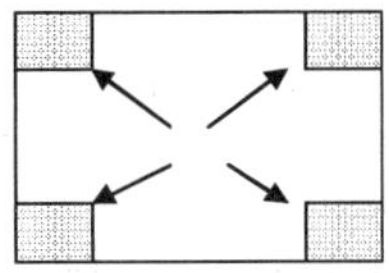	확실한 피난로 보장
Y형			
T형	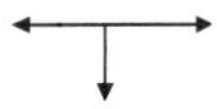	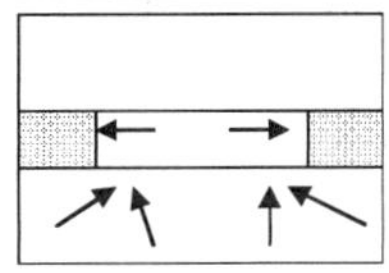	방향이 확실하게 분간
I형			
Z형		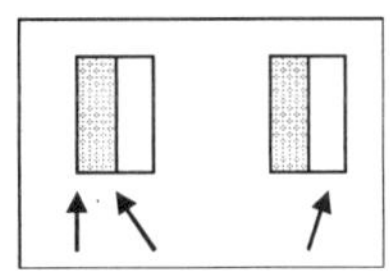	중앙복도형 Core식 중 양호
ZZ형	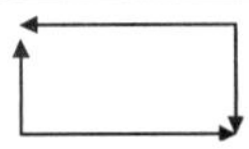		
H형	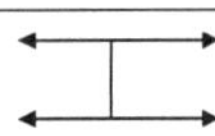	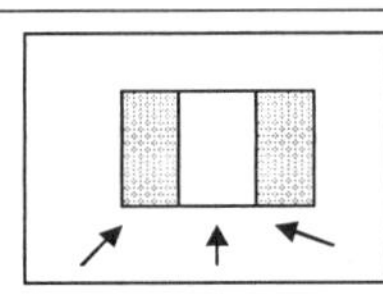	중앙복도식 Panic 현상 우려
CO형	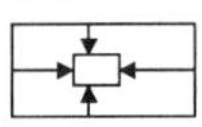		

[그림 4-26] 피난방향 및 피난로

[문제 15] 건물의 화재시 피난자들의 집중으로 패닉(panic) 현상이 일어날 수 있는 피난방향은?

①  ②  ③  ④ 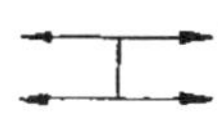

(6) 비상탈출구 구조기준

① 비상탈출구의 유효너비는 0.75[m] 이상, 높이 1.5[m] 이상이다.
② 비상탈출구의 피난통로는 유효너비 0.75[m] 이상으로 실내마감은 불연재료로 한다.
③ 비상탈출구는 출입구로부터 3[m] 이상 떨어진 곳에 설치한다.
④ 비상탈출구 높이가 1.2[m] 이상에 위치한 경우 발판너비 20[m] 이상 사다리 설치한다.
⑤ 문을 피난방향으로 열리도록 하고 내 · 외부에 표시를 해야 한다.
⑥ 비상탈출구 통로에 통행지장이 없도록 물건을 방치하지 않아야 한다.

⑦ 비상탈출구의 유도등과 비상조명등은 소방법에 의하여 설치해야 한다.

(7) Dead-End(막다른 골목)와 Common Path(공용보행로)

(가) Dead-End

① 출구를 찾기 위해 왔던 경로를 되돌아가게 되는 부분을 Dead-End라 한다.
② Dead-End에서 출구까지는 한 방향으로만 이동이 가능하다.
③ 이 경로에서 화재가 발생하면 갇혀버리므로 피난설계시 Dead-End를 만들지 않아야 한다.

(나) Common Path

출구로 갈 때 단지 한 방향으로만 이동이 가능한 보행로를 말한다.

6. 화재성상 시뮬레이션

화재를 물리적인 방정식(유체역학, 열전달, 연소방정식)으로 표현하고 컴퓨터를 이용하여 이 방정식을 계산하는 것을 시뮬레이션(Simulation)이라 한다. 그러나 화재현상을 수식적으로 완벽히 표현하는 것은 어렵기 때문에 불가능한 부분을 근사치의 수식화 작업을 모델링(Medeling)이라 한다. 그러므로 화재성상 시뮬레이션에서는 필연적으로 화재 모델링이 필요하다.

1) 모델링 특성

화재발생시 나타내는 복사열로 인한 사람이나 건축물의 피해를 계산하기 위해 화재를 몇 가지 유형으로 나누어 모델링한다. 안전성 확보를 위해 실제연소가 아닌 여러 경험과 자료를 통해 화재성상 및 피난경로를 모델링할 수 있다. Fire 모델링으로 알 수 있는 상황은 다음과 같다.

① 연기생성 및 이동상태
② 실내공간 열의 이동상태(연소속도, FO),복사열 전달과정
③ 피난안전시간
④ 감지기 및 SP헤드 동작시간

피난 시뮬레이션은 화재시 예상되는 공간 내 거주자의 피난특성을 예측하고 정보를 제공하기 때문에 모델링 결과를 기준으로 PBD 설계가 가능하다. 입력 Data가 필요하고 예측능력 평가개법이 필수적이다.

2) 모델링 방식

① Zone 모델링 : 화재가 발생한 공간을 고온 상부영역, 하부 저온영역, 연소물질이 나오는 고온가스 기둥영역으로 나누어 화재발생시 각 Zone의 화재진행 과정들을 수식화된 알고리즘을 이용하여 결과를 예측하는 방식으로 간단하여 널리 사용된다.

② Field 모델링 : 화재공간을 3차원적 공간(Cell)으로 나누고 열, 연기의 이동상태를 수리적으로 계산하는 방식으로 계산이 복잡하고 어려우므로 컴퓨터 활용이 필요하며 정밀예측이 요구되는 장소에 적용한다. 이 모델은 단위공간 내에서 구체적인 연소가스의 흐름, 온도분포, 가스농도 분포 등을 계산할 때 유용하며 복잡한 계산문제 때문에 전체건물에 대한 모델링은 적합하지 않다.

③ Network 모델링 : 광역적인 방법으로 여러 공간들이 상호 연결통로 등으로 되어 있는 경우, 화재 발생지점과 멀리 떨어진 지점간 연기 이동상태를 예측하는 방법이다. Network 모델링은 건물전체에 대한 화염예측을 수행할 때 적합한 모델이다.

3) 프로그램 종류

① Simulex : 다층건물에서 다수거주자가 피난하는 상황을 분석평가하는 피난전용 프로그램이다. 1995년 영국 에든버러 대학 Dr.Thompson에 의해 개발되어 피난자의 개인적 특성을 반영하면서 피난하는 특성을 볼 수 있다.

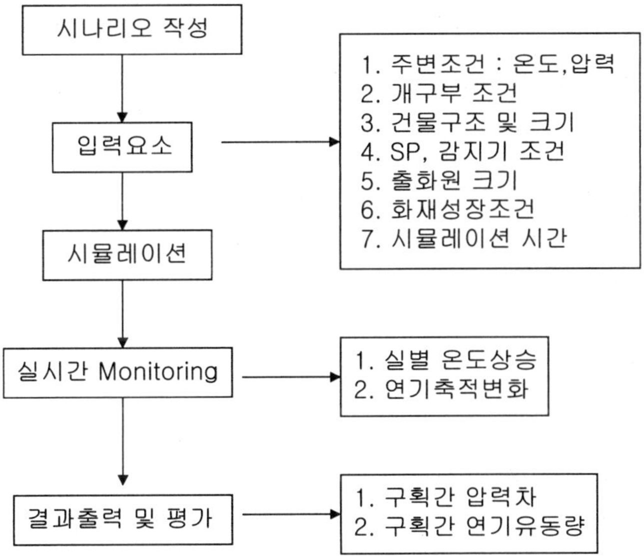

[그림 4-27] 화재모의 시뮬레이션 순서도

② Exodus : Air-Exodus와 Building-Exodus 두 가지 모델이 있다. 전자는 항공기 내부 화재시 피난상황을 후자는 건물피난을 예측하기 위한 프로그램이다. Building-Exodus 모델은 개인별 피난경로나 연기중에서 탈출상황을 분석한다. 대상공간에 대한 CAD 도면을 이용하여 이를 아크와 노드로 구성된 공간으로 분석하고 여기에 인명을 배치하여 실행하면 시간별 피난상황을 볼 수 있다. 5개 서브모델이 있는데 거주자, 피난이동, 피난형태, 유독성, 위험도 등이다.

③ FAST(Fire and Smoke Transfer) : 화재 및 연기유동 예측을 위해 미국 표준연구소(NIST)에서 최근 개발된 컴퓨터 화재모델로 건축화재 예측에 유용하다. 이 프로그램은 DOS 체계에서 운영되며 누구나 쉽게 입·출력할 수 있는 그래픽 메뉴방식이다.

7. 성능위주 내화설계(PBD)

규정중심의 사양설계는 법규정을 획일적으로 적용하여 실제화재시 효과적이지 못하는 경우가 있다. 그러므로 잠재적 위험요소를 정량평가하여 위험가능성이 높은부분에 내화설계를 강화하는 것이 보다 효과적이다. 그러므로 건축설계시 법규정을 준수하는 사양설계법과 법규정에 의하지 않고 건축물 실제 화재성상이 예측되어 설계된 성능위주 내화설계(PBD : Performance Based Design)로 하는 방식으로 구분된다.

〈표 4-22〉 내화설계 특징

법중심 사양설계(Prescriptive Regulation)	성능위주 내화설계(PBD)
• 설계단순가 단순하다. 화재발생시 지속적인 온도상승을 나타내는 표준화재온도-시간곡선에 대한 화재를 지표로 설계 • 층수/위치/성능시간에 따른 화재안전 code 활용 • 사전 기술된 포괄적 안전기준 제시 • 원하는 안전수준이나 달성결과 없다. • 방화수준 불분명하고 비경제적 과도설계	• 화재안전목표를 분명히 기술 • 포괄적보다는 특정용도에 적용 • 각각의 건축물특성이 반영된다. 화재하중, 열특성, 구조부재, 실규모, 개구부, 환기량 • 신기술, 신재료 도입이 용이하다. • 높은 설계수준요구(과학적, 공학적), 설계과정 복잡(화재하중, 개구부, 공간조건), 내화단계별 요구되는 평가항목이 높다.

1) 법적기준

내화설계는 건축물의 형태나 특성에 관계없이 건축물의 용도, 규모, 층수에 따라 내화성능 기준이 법에 설정되어 있으나 이 규정으로 대형 복합건축물의 합리적인 내화설계에 적용하기에는 한계가 있다. 그렇지만 최근 도입된 "건축물 피난·방화구조 등의 기준에 관한 규칙"으로 성능위주 내화설계법이 법적으로 가능하게 되었다. 즉 한국건설기술연구원장이 인정한 성능설계에 따라 내화구조의 성능을 검증할 수 있는 구조로 된 것도 내화구조로 인정하도록 하였다.

① 성능위주설계 특정소방 대상물은 다음과 같다.
   ㉠ 연면적 200,000[m^2](APT 제외]
   ㉡ 건축물 높이가 100[m] 이상이거나 지하층 포함 30층 이상(APT 제외)
   ㉢ 연면적 30.000[m^2] 이상 철도역사, 공항시설
   ㉣ 하나의 건축물에 영화상영관이 10개 이상
② 성능위주 설계자 자격은 다음과 같다.
   ㉠ 전문소방시설 설계업
   ㉡ 소방방재청이 고시하는 전문소방시설 설계업 기술인력을 갖춘 연구기관 또는 단체 소방기술사 2인 이상

2) 내화설계법

내화설계가 요구되는 건물의 특정구획에서 개구율, 주변벽체 열전도를 계산하여 화재성상과 구조부재온도, 변형 등을 예측하여 설계된 구조부재가 요구하는 성능에 만족하는가를 검증한다. 내화설계법의 특징은 다음과 같다.

① 경험적 방법과 분석적 방법을 통한 잠재적 화재위험 도출
② 화재공학적 분석의 맞춤형 설계
③ 자율적 설계가 허용되기 때문에 설계상 제한이 없음
④ 요구하는 화재안전수준을 절감된 비용으로 얻을 수 있음

또한 내화설계법이 과학적으로 입증되기 위해서는 다음 항목이 요구된다.

① 실물화재시험 Data Base
② 모의 화재프로그램 검증
③ 화재공학기술 선진화

(1) 설계요소

① 연기생성, 연기이동시간이 고려
② 온도상승, 화재확산속도 고려
③ 동작시간에 적절한 감지기 선정
④ 화재 Plume 길이에 따라 거리별 방출열량을 계산하여 적절한 수막설비 계산

(2) 성능위주 내화설계 순서

① 방화설계 목표설정
② 방호대상(인간, 물건)평가
③ 화재시나리오 작성
④ 화재 Modeling(방출열량, 노출형상계수)으로 복사열 계산
⑤ 해결방안 제시
⑥ 목표적용시 검증
⑦ 방화설계 반영(안전거리, 방화대책 수립)

(3) 성능위주 내화설계 평가요소

① 화재성장 예측 : 최성기 화재성상을 예측하여 내화구조에 영향을 미치는 화재온도, 지속시간을 예측한다.
② 구획부재 온도예측 : 방화구획부재의 내부온도와 이면온도를 예측한다. 내부온도는 구획부재의 연소확대 가능성평가에 이용된다. 역학성상 예측으로 구획부재의 응력이나 변형을 알 수 있어 구조의 안전성평가에 사용된다.
③ 피난시간 제시 : 모의 화재시험을 통해 얻은 피난시간에 안전계수를 곱하여 피난설계시간을 구한다. 안전계수는 건축물 용도, 방호설비에 따른 값이다.
④ 부재성능평가 : 평가항목으로 차열성, 차연성, 차염성, 구조안전성 등이 있다. 구조부재 성능평가에는 피난안전성, 연소 확대방지, 도괴방지 등이 있다.
⑤ 평가기준을 만족하지 못하는 경우 : 부재사양을 변경하거나 화재구획을 변경하여 다시 화재성상예측, 온도예측을 평가하여 만족시까지 반복한다.

(4) 성능평가 순서

① 내화설계 Data Base
  ㉠ 화재료의 고온 열정수 : 열전도율, 비열
  ㉡ 기계적 열특성 : 강재 항복응력도, 탄성계수, 변형률-응력 관계
② 표준실험법 : 명확한 설계용 정수를 계산하기 곤란한 경우 내화성능평가를 위한 표준시험 실시
  ㉠ 고온열정수 측정시험 : GHP법, 열선법
  ㉡ 기계적 열특성시험 : 고온인장시험
  ㉢ 부재의 내화성능시험 : 가열시험, 재하가열시험(기둥, 문, 벽, 바닥)

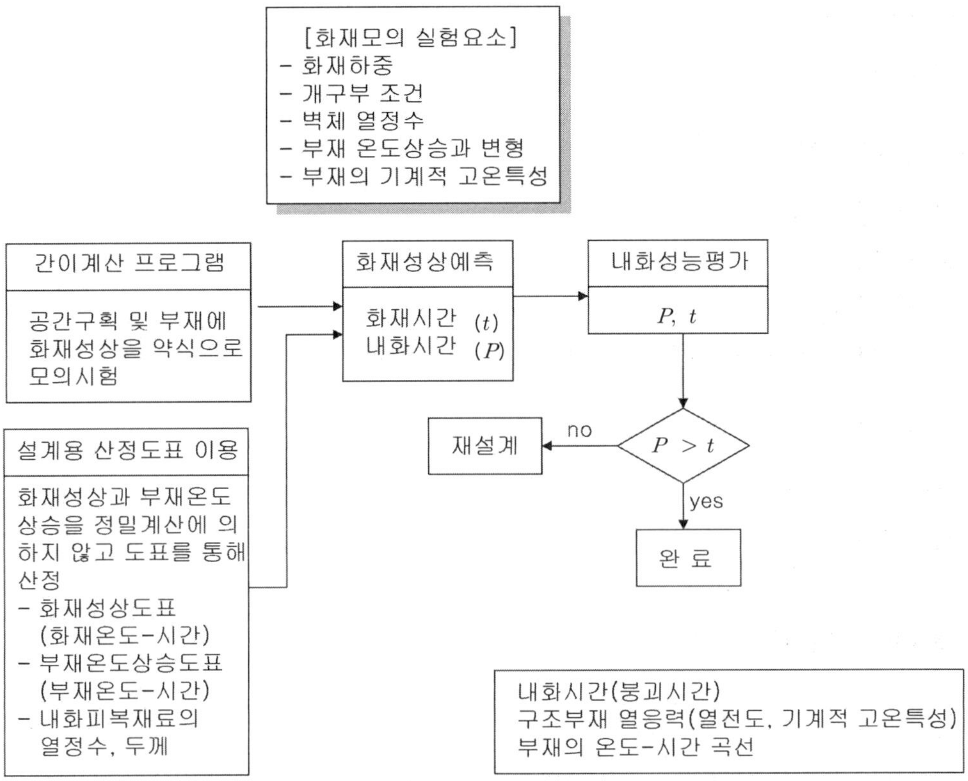

[그림 4-28] 성능평가 순서도

③ 성능평가 관련기술
㉠ 연소성상 예측기술
㉡ 내화성능 예측기술(내화성능 시험방법 및 평가기준)

3) 소방설비 설계순서

(1) 발화원인 파악

① 폭발, 발화, 위험성
② 화재하중, 연소속도
③ 연소생성물의 위험성

(2) 방어적 측면 검토

① 방화, 방연구획
② 피난계획

③ 내장재 처리
④ 완충지대

(3) 소방시설 검토

① 자동화재탐지설비
② 소화설비
③ 화재확산 속도
④ 화재확산 소화설비(물분무소화설비, 드렌처 설비)

(4) 인명구조시스템

① 제연설비
② 피난설비

8. 화재위험평가(CRISP)

Simulation으로 피난자를 모의실험하는 것은 사람 개개인의 특성을 무시하고 사람을 유체로 취급하기 때문에 현실적인 프로그램 개발이 필요하다. CRISP(Computation of Risk Indiced by Simulation Procedures)는 화재성상, 연기확산, 거주자행태, 감지기, 스프링클러 등의 소화활동시스템을 계산하는 Monte-Carlo 시뮬레이션 프로그램 중 하나이다. CRISP는 초기조건들이 무작위로 주어지기 때문에 서로 다른 화재 시나리오가 나타난다.

평가방식의 특징을 보면 다음과 같다.

① 인명피해만을 모델링(재산피해는 적용 안함)
② 화재안전관리 상태(경보기, 방화문)를 시뮬레이션
③ 무작위 상태를 수백번 반복되기 때문에 불확실성이 감소되고 통계적 평가가 가능
④ 주거용, 대형공공 건물 등의 모델로 적당

1) 사용변수

① 건물의 구성내용 : 창문개폐여부, 계단, 승강기 등의 위치, 화재하중, 탈출상황도 작성
② 화재성상과 연기확산 : 가연물 종류, 양, 개구부 개폐여부
③ 화재감지기와 스프링클러 : 위치, 종류에 따라 시간추정(열, 연기, SP)
④ 유독성, 고온노출
⑤ 거주자수와 위치

⑥ 거주자 형태 : 근로자, 노인, 어린이, 경비원, 일반인의 각각 특정역할 담당
⑦ 거주자 반응시간 : 각각의 임무와 관련된 지연시간을 도입함으로 모델링이 가능

2) 시뮬레이션 결과

① 감지기 작동시간
② 요구되는 탈출시간
③ 사망, 부상의 위험성

9. HPR와 PBD

HPR(Highly Protected Risk)이란 화재·폭발사고가 발생하지 않도록 계획적인 방재운영계획과 화재시 소화효과가 높고 신뢰성이 높은 SP설비와 같은 고도의 방재시설을 갖춘 건물에 대한 방재보험을 말한다. HPR은 재산보호 위주로 하고 있지만 건축내 거주자나 불특정 다수인의 안전도 포함한다. 그러므로 HPR은 Fire Modeling을 통하여 연기이동이나 건물구조 등에 따라 화재를 효과적으로 진화할 수 있는 소방설비 선정이 필요하며 이에 대한 과학적인 설계방법인 성능위주 내화설계(PBD)가 필요하다. HPR Engineering과 Underwriting 두 가지 기능을 결합시킨 불가분의 관계가 HPR개념의 근본이다. HPR 건축물은 사고빈도 감소, 피해제한 등에 따라 저렴한 보험료로 가입할 수 있으며 Non-HPR과 비교할 때 1/5 수준이다.

1) HPR 소화설비기준

① 스프링클러가 완비되어 있어야 한다(자동식).
② 수동설비가 부수적으로 확보되어 있어야 한다(소화전).
③ 소화용수 공급능력의 신뢰성이 확보되어야 한다.
④ 소방펌프에 필요한 조치는 다음과 같다.
　㉠ 동일능력 펌프 2대 이상 확보
　㉡ 정전을 대비한 디젤엔진 소방펌프
　㉢ 수직축 소방펌프 설비(물올림탱크(Priming Tank) 제외)
⑤ 상수도를 급수원으로 하는 경우 소화배관 접속부분을 반드시 2개로 하여야 한다.
⑥ 상수도배관과 접속부분이 1개인 경우 저수조와 소방펌프를 별도로 설치해야 한다.
⑦ SP작동시 중앙감시실에서 Water Flow Alarm을 감지할 수 있어야 한다.
⑧ 자체소방대가 조직되어 있고 잘 훈련된 소방대원으로 구성되어 있어야 한다.

⑨ 훈련된 방화관리자를 채용 관리하여야 한다.
⑩ 합리적인 보험금액이 계약되어야 한다(500 달러 이상).
⑪ 경비원과 경보시설에 의한 감시확보가 필요하다.

2) 보험요율 확인

국내 보험회사는 Fire Protection Engineering 항목을 종합적으로 평가하여 요율할인을 적용한다.

① 공지거리 할인 : 공지거리(5~13[m] 이상)에 따라 기본요율 10~20[%] 할인
② 소화설비 할인 : 소화기, 옥내 · 외 소화전, SP설비 등이 규정에 적합하게 설치되어 있을 때 기본요율의 3~60[%] 할인
③ 관리등급 할인 : 화재예방 관리등급(5등급)에 따라 최대 32.5[%] 할인

3) 보험요율적용

하나의 건물을 여러 용도로 사용될 때 방화구획이 된 경우 각 용도에 따른 요율을 적용하고 방화구획이 안된 경우에는 그 중 최고요율을 적용한다. 만일 사무실과 공장이 동일건물에 있는 경우 새로 방화구획이 되었다면 각각 요율을 적용하지만 방화구획이 안된 경우에는 높은 요율을 전체면적에 적용한다.

〈표 4-23〉 내화구조 등급

구 분	기둥, 보, 바닥, 외벽	지 붕
1급	내화구조	내화구조
2급	내화구조	불연재료
3급	불연재료	불연재료

4) 보험회사 관리조직

① 언더라이팅 지원 및 정보제공
② 방재활동을 통한 사고예방
③ 방재컨설팅 서비스제공
④ 중소형 물건에 대한 사고예방 활동대행
⑤ 방재기술 개발 및 보급

5) 보험회사 검사

① 준공 전 검사
② 준공 후 검사
③ 건축중인 건물검사
④ 소방시설검사
⑤ 정기검사
⑥ 특별검사

6) HPR 적용시 고려사항

① 건물구조(불연, 난연)
② 점유사항(1건물, 1소유)
③ 정기적인 유지관리
④ 취급공정 방호대책
⑤ 경영진의 방재관심도
⑥ 감시체계
⑦ 외부화재 위험대책

10. 건물 커미셔닝

커미셔닝은 설계의도대로 성능이 부합하는가 검증하는 절차로 설계단계부터 준공후 최소한 1년 동안 건물시설이 기획, 설계, 시공, 시험동작, 관리되는지 확인하여 문서화하기 위한 성능기반 (Quality-based)절차이다. 기존 건물의 커미셔닝에서는 소유주의 현재 설비성능 요구사항을 만족하기 위해 새로운 성능기준을 개발해야 할 필요가 있을 수도 있다.

어느 건물시스템에서 연기제어 설비를 커미셔닝한다는 것은 설비가 동작, 운전되어 설비가 설계의도대로 수행하는 것을 말한다. 예를 들어 모터의 적절한 회전과 공기흐름이 설계량에 맞는지 검사를 하는 것이 커미셔닝이며 총체적 운전의 중간단계로 볼 수 있다. 커미셔닝을 하기 전에 다음 사항을 확인하여야 한다.

① 연기감지기 적절농도 동작확인
② 화재경보설비, 시각/청각경보기 동작확인
③ 컴미셔닝 성능평가 방법
  ㉠ 설비의 연계동작 확인 : 연기감지기, 스프링클러 유수검지스위치, 제연설비 기동, 펌퍼기동

㉡ 설계컨셉에 접근성 수행여부 : 설계성능평가

커미셔닝은 설계와 더불어 시작되며 설계의도를 명확히 수행하는 것은 성공적인 커미셔닝이다.

11. 화재영향평가

화재영향평가(Fire Consequence Impact Analysis)란 건축물의 내화도, 소방설비, 피난설비 등의 적정성을 화재 발생시 최악의 시나리오를 대상으로 검토하고 적절한 방재계획을 수립하기 위해 필요하다. 이러한 평가는 기본설계시부터 반영하여 사고발생시 그 영향을 최소화하기 위한 행위로 과학적이론과 공학적 Data에 근거한다.

1) 화재영향평가 대상

① 30층이 넘는 초고층 건물 또는 100[m] 이상 신축건물
② 50,000[m^2] 이상 건축물
③ 철도역사 등 공공시설(공항시설, 영화상영관)
※ 다중이용업소는 화재위험 평가실시
④ 평가대상(서울시 안)
㉠ 1000[m2] 이상 : 지하상가, 지하철차량, 위락시설
㉡ 3000[m^2] 이상 : 숙박시설, 판매 · 영업시설, 관람시설
㉢ 5000[m^2] 이상 : 의료시설
⑤ 3대 영향평가 : 환경영향평가, 교통영향평가, 재해영향평가(화재영향평가)

2) 평가방법

① 체크리스트
② 3차원 모델링에 의한 시뮬레이션 방법

화재영향평가 제도는 대형건물 출현에 따라 이들 화재에 대한 건물신축 전에 안전성을 사전에 평가하여 화재시 대형참사를 방지하기 위함이다.

3) 화재영향평가시 고려사항

① 화재시 인명피해 가능성
② 화재시 재산피해 규모

③ 적절한 소방시설 설치 유무
④ 건물붕괴 가능 여부
⑤ 피난로 확보 여부
⑥ 유독가스 발생 여부
⑦ 사용자재의 내화성, 불연성, 난연성
⑧ 화재시 발생하는 열, 연기, 독성물질의 환경에 미치는 영향
⑨ 인접건물로의 연소가능성 여부

4) 도시방화관리 등급

미국, 볼티모어, 샌프란시스코 화재를 계기로 ISO에서 고안한 것으로 4분야 결점의 합계를 10등급으로 구분한다.

(1) 평가내용(총 벌점합계 5,000점)

① 소방서(인력,장비) : 1,95 점
② 소방용수 : 1,950점
③ 소방통신 : 450점
④ 방화관리 : 650점

(2) 평가등급

① 1등급 : 결점합계 0~500점
② 2등급 : 결점합계 501~1,000점
③ 3등급 : 결점합계 1,001~5,000점

12. 화재손해용어

① MAS(Maximum Amount Subject) : SP나 방화벽 등 모든 방재설비가 제기능을 할 수 없고 방화벽이 열이나 폭발에 의해 무너진다는 상황을 가정하여 손해규모 산정한다.
　㉠ SP설비 : 용수부족으로 효과 없다.
　㉡ 방화벽 : 방화문이 열려 있어 효과 없고 이격거리가 유일한 소화조건이 된다.
② MFL(Maximum Foreseeable loss) : 소방시설, 자체소방대, 공공소방기관 등이 소용없을 정도로 악화되어 인위적 소화능력이 상실되는 상태이며 스스로 소진되는 조건이다.
③ MPL(Maximum probable loss) : 자체 소방시설은 유효하게 동작하지 않으나, 공공기관 협조를 유효하게 받을 수 있는 경우의 화재이다.

〈표 4-24〉 화재손해 규모

항 목	MAS	MFL	MPL	EML	PML
소방시설		×	×	○	○
자체소방대 활동		×	×	○	○
공공소방대 활동		×	○	×	○
방화벽	무너짐	○	○	○	○
이동거리	○	○	○	○	○

④ EML(Estimate Maximum loss) : 소방대상물 자체소방시설에서 일상적인 소화활동에서 입는 최대손해를 뜻한다.

⑤ PML(Probable Maximum loss) : 자체소방시설과 공공소방시설이 유효하게 동작하는 때 입는 최대손해를 뜻한다.

⑥ MFL 방화벽 종류는 다음과 같다.

㉠ 방화벽(Fire wall) : 인위적으로 화재를 진압할 수 없는 상황에서 한 지역에서 다른 지역으로 화재확산을 방지하기 위하여 건물을 완전 분리시키는 벽체로 4시간 내화도가 요구되는 자립벽이다.

㉡ 방화구획(Fire partition) : 산업시설의 위험한 공정, 제조시설, 고층건물 수직확산 방지 등 외부로부터 위험확산을 보호하기 위한 벽체로 2시간 내화도가 요구되며 구조물의 안전성이 확보되어야 한다.

㉢ Tied Fire wall : 방화벽이 건물의 철골구조물에 고정되어 화염으로 방화벽 한쪽 철골구조물이 붕괴되어도 다른 쪽 철골지지를 받을 수 있는 방화벽 구조이다.

㉣ Oneway Fire wall : 방화벽 자체가 벽체 한쪽 철골에 고정되어 다른 쪽은 고정되지 않은 구조물이다.

㉤ Double Fire wall : 두 개의 Oneway Fire wall이 맞대어 있는 구조이다.

㉥ Cantilever Fire Wall(Free Standing Fire wall) : 벽체가 건물구조에 고정되지 않고 자력으로 서있는 방화벽이다.

13. 화재예방활동(4E)

John. Harvey에 의해 주장된 것으로 화재뿐만 아니라 안전공학분야에서도 적용되는 이론이다. Engineering, Education, Enforcement 3가지를 말하고 4E는 여기에 Environment가 추가된다.

1) Engineering

화재피해를 최소화하기 위한 연소공학, 방화·방폭공학, 각종 경보설비, 소화설비에 관한 기술이 확립되어 있어야 한다.

2) Education

소화설비의 정기적인 유지관리와 관계자들 교육을 통하여 설비유지보수를 철저히 한다.

3) Enforcement

소방시설의 설치유지 및 안전에 관한 법률, 위험물안전관리법, 국가화재안전 규칙 등을 제정하여 국민들이 최소한의 기준을 준수토록 해야 한다.

4) Environment

화재가 발생할 수 있는 환경조건으로 소화활동관리를 통해 억제될 수 있다.

찾아보기

소방학개론

2020년 2월 25일 2판 1쇄 발행

저 자 홍기헌 · 윤석호
발행인 남 승 우

발행처 도서출판 상尙 학學 당堂
서울특별시 동작구 사당로9가길 6
TEL : 02) 595-1692~4
FAX : 02) 595-1394
E-mail : namdoo6@unitel.co.kr
신고 : 2-155호 (1968. 11. 29)

정가 29,000원

ISBN 978-89-6587-184-2 93500

〈디자인〉 편집 엄해숙 / 표지 토틀컴